수학의 아이콘
20가지 핵심 이미지에 대한 탐구

This translation of *Icons of Mathematics: An Exploration of Twenty Key Images* is published under license from the American Mathematical Society.

Copyright © 2011 held by the American Mathematical Society.

All rights reserved.

Authorized translation from the English language edition published by Rights, Inc.

Korean Translation Copyright © MathLove 2024

이 책의 한국어판 저작권은 Mathematical Association of America ("MAA")와의 독점계약에 의하여 (주)수학사랑에 있습니다. 신저작권법에 의해 한국 내에서 보호를 받는 저작물이므로 무단전재·복제를 할 수 없습니다.

수학의 아이콘
20가지 핵심 이미지에 대한 탐구

로저 넬센, 클라우디 알시나 지음

김태수, 박대원, 박부성, 박정하, 손대원, 임문태 옮김

우리의 삶의 아이콘인
우리의 영웅, 멘토 그리고 사랑하는 이들에게 바칩니다.

저자 머리말

> 많은 의사소통을 위한 모든 발명품 중에 도형 그림은 여전히 가장 보편적으로 이해되는 언어로 사용됩니다.
> **월트 디즈니(Walt Disney)**

아이콘(그리스어 εικών, 이미지)은 "어떤 것을 대표하는 것으로 보편적으로 인식되는 그림"으로 정의됩니다. 세상은 독특한 아이콘으로 가득한데 깃발과 방패는 국가를 나타내고 그래픽 디자인은 상업적인 기업을 나타내기도 합니다. 그림, 사진, 개념, 신념, 시대 등도 아이콘으로 표현됩니다. 컴퓨터의 아이콘은 다양한 전자 장치를 사용하는 데 필수적인 도구입니다.

그럼, 수학의 아이콘은 무엇일까요? 수의 아이콘은? 기호의 아이콘은? 방정식의 아이콘은 어떻게 될까요? 시각적인 증명인 『말이 필요 없는 증명』을 출간한 지 여러 해가 지났습니다. 우리는 특정 기하적인 그림이 수학을 증명하고 시각화하는 데 중요한 역할을 하는 것을 잘 알고 있습니다. 이 책에서 우리는 수학의 아이콘이라고 부르는 20개의 아이콘을 제시하고 그 안에 있는 수학과 창조될 수 있는 수학들을 탐구합니다. 이 책에 나타난 아이콘은 모두 2차원이며, 3차원 아이콘은 후속 작업으로 출간할 예정입니다.

일부 아이콘은 수학 안팎으로 오랜 역사가 있습니다(음과 양, 별다각형, 벤 다이어그램 등). 하지만 그들 대부분은 우리가 매우 광범위한 수학적 결과(신부의 의자, 반원, 직각쌍곡선 등)를 탐색할 수 있게 해주는 필수적인 기하학적 도형입니다.

수학의 아이콘은 다음과 같이 구성됩니다. 머리말 다음에는 20개의 주요 아이콘이 있는 표를 제시합니다. 그런 다음 각각에 대해 한 장을 할애하여 실생활에서의 존재, 주요한 수학적 특성 및 광범위한 수학적 사실의 시각적 증명에서 중심적 역할을 하는 방법을 설명합니다. 이 중에는 평면기하학, 정수의 성질, 평균과 부등식, 삼각 항등식, 미적분학의 정리, 레크리에이션 수학 퍼즐이 있습니다. 미국 배우 로버트 스택이(다른 아이콘에 대해 말하면서) 말한 것처럼 "이것들은 소중히 여겨야 할 아이콘들입니다."

각 장은 독자가 아이콘의 추가 속성과 응용 프로그램을 살펴볼 수 있는 다양한 도전 문제를 선택하는 것으로 마무리됩니다. 각 장 후에 이 책의 모든 도전 문제에 대한 해답을 제시합니다. 많은 독자가 우리보다 나은 풀이를 찾기를 바랍니다. 수학의 아이콘은 참조 자료와 완전한 색인으로 마무리합니다.

MAA와의 이전 책들과 마찬가지로, 우리는 중고등학교와 대학교 그리고 대학교 선생님들 모두가 그것의 일부를 문제 해결 시간의 보충 자료로, 증명과 수학적 추론 과정의 심화 자료로, 또는 교양과목 학생들을 위한 수학 과목에서 사용하기를 희망합니다.

이 원고의 초안 작성에 있어 탁월한 업적을 남긴 Rosa Navarro에 특별한 감사를 전합니다. Underwood Dudley와 Dolciani 시리즈의 편집위원회 위원들에게 이 책의 초기 초안을 주의 깊게 읽고 많은 도움이 되는 제안을 해주신 것에 감사드립니다.

또한 이 책을 출판하기 위해 준비해 주신 MAA 도서 출판 담당자의 Carol Baxter, Beverly Ruedi, Rebecca Elmo에도 감사의 말씀을 드립니다.

마지막으로, 우리가 이 프로젝트를 추진하도록 격려하고 최종제작을 지도해 주신 MAA의 편집장인 Don Albers에 특별한 감사를 드립니다.

> Claudi Alsina
> Universitat Politecnica de Catalunya
> Barcelona, Spain
>
> Roger B. Nelsen
> Lewis & Clark College
> Portland, Oregon

역자 머리말

'교학상장'이라는 말을 좋아합니다. '가르치고 배우고 함께 성장한다'는 말을 실천하기 위해 전국수학문화연구회에서 번역에 관심이 있는 몇 분의 선생님이 모여 『Icons of Mathematics』를 번역했습니다. 처음 이 책을 접했을 때부터 번역해야겠다는 욕심을 가질 만큼 책의 내용과 구성이 너무 훌륭했습니다. 이 책을 통해 선생님이 많은 것을 배우고 학생들과 수학의 멋진 이야기들을 나눌 수 있겠다는 기대감이 더욱 크게 다가왔습니다.

이 책의 번역에 참여한 선생님들은 여러 지역을 오가면서 공부했습니다. 1차 번역에 꽤 많은 시간이 들었고 제대로 된 공부를 하기 위해 2차 번역도 시도했지만, 갑자기 COVID-19로 만나지 못하는 시간이 길어지면서 마무리하는 시간이 늦어졌습니다. 하지만 이 책으로 선생님과 학생들이 함께 수학을 배우고 나누며 서로 성장할 수 있는 좋은 기회를 가질 수 있다면 그것만으로도 저희들은 더 바랄 수 없는 보람을 느낄 것 같습니다.

요즘은 구글이나 네이버에서 번역 기능도 있지만 가능하면 수학 선생님의 언어로 번역하려고 노력했습니다. 어설프게 공부하면서 번역한 내용이라 번역에 불편한 문장이나 서투른 표현이 있을 수 있지만, 여러분이 이 책을 통해 수학을 즐기고 알아가는 데 도움이 되길 바랍니다.

이 책에 소개된 수학의 20가지 주제는 수학사와 함께 공부할 수 있으며, 이 주제들이 어떻게 실생활에서 사용되고 적용됐는지 살펴볼 수 있습니다. 또한 교육과정 중 심화과정에 대한 자료나 영재교육자료로 활용해도 매우 좋을 것입니다.

끝으로, 판권을 구해주신 수학사랑 장혁 대표님과 번역에 도움을 주신 경남대학교 수학교육과 박부성 교수님께 진심으로 감사드립니다.

2024년 7월 옮긴이

수학의 20가지 핵심 아이콘

신부의 의자	주비산경의 현도	가필드의 사다리꼴	반원
닮은 도형	체바 직선	직각삼각형	나폴레옹 삼각형
각과 호	원에 접하는 다각형	두 개의 원	벤 다이어그램
포개진 도형	음과 양	다각선	별다각형
자기닮음 도형	다다미	직각쌍곡선	타일링

목 차

저자 머리말 ··· vii
역자 머리말 ··· ix

CHAPTER 1 신부의 의자   1

1.1 피타고라스 정리 - 유클리드의 증명 그리고 추가 증명 ·················· 2
1.2 벡텐 구조(The Vecten configuration) ··· 4
1.3 코사인 법칙 ··· 7
1.4 그레베의 정리(Grebe's Theorem)와 반 라모엔(van Lamoen)의 확장 ·············· 8
1.5 놀이 수학에서 피타고라스 정리와 벡텐 구조 ································· 9
1.6 도전문제 ·· 12

CHAPTER 2 주비산경의 현도   15

2.1 피타고라스 정리 - 고대 중국의 한 증명법 ···································· 16
2.2 두 개의 고전 부등식 ··· 17
2.3 두 개의 삼각함수 공식 ·· 18
2.4 도전문제 ·· 19

CHAPTER 3 가필드의 사다리꼴   21

3.1 피타고라스 정리 - 대통령의 증명 ··· 22

3.2 가필드의 사다리꼴과 부등식 ·· 22
3.3 삼각함수 공식과 항등식 ·· 23
3.4 도전문제 ·· 27

CHAPTER 4 반원   29

4.1 탈레스의 삼각형 정리 ·· 30
4.2 직각삼각형의 높이 정리와 기하평균 ·························· 31
4.3 여왕 디도의 반원 ·· 32
4.4 아르키메데스의 반원 ··· 34
4.5 파포스와 조화평균 ·· 37
4.6 삼각함수 항등식의 예 ··· 38
4.7 정다각형의 넓이와 둘레의 길이 ································ 40
4.8 다섯 플라톤 다면체의 유클리드 작도 ························ 40
4.9 도전문제 ·· 42

CHAPTER 5 닮은 도형   45

5.1 탈레스의 비례 정리 ··· 46
5.2 메넬라우스의 정리 ·· 52
5.3 복제 타일 ·· 53
5.4 중심닮음 함수 ··· 57
5.5 도전문제 ·· 59

CHAPTER 6 체바 직선(Cevian)   61

6.1 체바와 스튜어트의 정리 ·· 62
6.2 중선과 무게중심 ·· 65
6.3 높이와 수심 ··· 66
6.4 각의 이등분과 내심 ··· 69
6.5 외접원과 외심 ··· 71

6.6 한 점에서 만나지 않는 체바 직선 ·· 72
6.7 원에 대한 체바의 정리 ·· 73
6.8 도전문제 ·· 75

CHAPTER 7 직각삼각형 77

7.1 직각삼각형과 부등식 ·· 78
7.2 내접원·외접원·방접원 ·· 79
7.3 직각삼각형의 체바 직선 ·· 83
7.4 피타고라스 수의 특성 ·· 84
7.5 몇 가지 삼각함수 등식과 부등식 ·· 85
7.6 도전문제 ·· 87

CHAPTER 8 나폴레옹 삼각형 91

8.1 나폴레옹의 정리 ·· 92
8.2 페르마의 삼각형 문제 ·· 93
8.3 나폴레옹 삼각형들 사이의 넓이 관계 ·· 95
8.4 에스허르의 정리 ·· 98
8.5 도전문제 ·· 100

CHAPTER 9 각과 호 103

9.1 각과 각의 측정 ·· 103
9.2 원과 교차하는 두 직선이 이루는 각 ·· 106
9.3 방멱(The power of a point) ·· 108
9.4 오일러의 삼각형 정리 ·· 111
9.5 테일러 원 ·· 112
9.6 타원에 대한 몽주 원(Monge circle) ···································· 113
9.7 도전문제 ·· 114

CHAPTER 10 원에 접하는 다각형   117

    10.1 원에 내접하는 사각형 ·········· 118
    10.2 산가쿠와 카르노의 정리 ·········· 121
    10.3 외접사각형과 이중원 사각형(bicentric quadrilaterals) ·········· 125
    10.4 푸스(Fuss)의 정리 ·········· 126
    10.5 나비 정리 ·········· 127
    10.6 도전문제 ·········· 129

CHAPTER 11 두 개의 원   131

    11.1 안구 정리 ·········· 132
    11.2 원으로 원뿔곡선 만들기 ·········· 133
    11.3 공통현 ·········· 135
    11.4 베시카 피시스 ·········· 137
    11.5 베시카 피시스와 황금비 ·········· 139
    11.6 달꼴 ·········· 139
    11.7 초승달 퍼즐 ·········· 141
    11.8 미니버 부인 문제 ·········· 142
    11.9 동심원 ·········· 143
    11.10 도전문제 ·········· 145

CHAPTER 12 벤 다이어그램   149

    12.1 세 원 정리 ·········· 150
    12.2 삼각형과 교차하는 원 ·········· 153
    12.3 뢸로 다각형 ·········· 155
    12.4 도전문제 ·········· 158

CHAPTER 13 포개진 도형   163

    13.1 양탄자(carpet) 정리 ·········· 164

13.2 무리수 $\sqrt{2}$ 와 $\sqrt{3}$ ··· 165

13.3 피타고라스 세 수의 다른 특징 ··· 166

13.4 평균들의 부등식 관계 ··· 167

13.5 체비쇼프 부등식(Chebyshev's inequality) ·· 168

13.6 세제곱의 합 ··· 169

13.7 도전문제 ·· 171

CHAPTER 14 음과 양   173

14.1 위대한 모나드 ··· 174

14.2 음(yin)과 양(yang)의 조합 ··· 176

14.3 음과 양의 대칭을 통한 적분 ··· 178

14.4 음과 양을 이용한 놀이 수학 ··· 179

14.5 도전문제 ·· 181

CHAPTER 15 다각선   183

15.1 직선과 선분 ·· 184

15.2 다각수 ·· 186

15.3 미적분에서 다각선 ··· 188

15.4 볼록 다각형 ·· 189

15.5 다각형 사이클로이드(Polygonal cycloids) ·· 193

15.6 다각형 카디오이드(cardioids, 하트) ·· 196

15.7 도전문제 ·· 198

CHAPTER 16 별다각형   201

16.1 별다각형의 기하학 ··· 202

16.2 오각별 ·· 206

16.3 다윗의 별 ··· 208

16.4 락슈미(Lakshmi)의 별과 팔각별 ·· 211

16.5 놀이 수학의 별다각형 ·· 214

16.6 도전문제 ·· 216

CHAPTER 17 자기닮음 도형   221

17.1 등비급수 ·· 222

17.2 반복해서 자라는 도형 ·· 224

17.3 12번 종이접기 ·· 227

17.4 기적의 나선 ·· 228

17.5 멩거 스펀지와 시에르핀스키 카펫 ····························· 229

17.6 도전 과제 ·· 231

CHAPTER 18 다다미   233

18.1 피타고라스 정리 - 바스카라(1114-1185)의 증명 ········ 234

18.2 다다미 매트와 피보나치 수 ······································· 235

18.3 다다미와 제곱수의 표현들 ··· 237

18.4 다다미 부등식 ··· 239

18.5 일반화된 다다미 ··· 239

18.6 도전 과제 ·· 240

CHAPTER 19 직각쌍곡선   243

19.1 곡선 하나에 여러 가지 정의 ····································· 245

19.2 직각쌍곡선과 접선 ·· 245

19.3 자연로그의 부등식 ·· 247

19.4 쌍곡사인과 쌍곡코사인 ··· 249

19.5 삼각수의 역수에 대한 급수 ······································· 251

19.6 도전문제 ·· 251

CHAPTER 20 **타일링** 253

    20.1 격자 곱셈 ··· 254

    20.2 타일링의 증명 기술 ·· 255

    20.3 직사각형들로 직사각형을 타일링하기 ···································· 256

    20.4 피타고라스 정리-무한히 많은 증명 ······································· 257

    20.5 도전문제 ·· 259

도전문제 풀이 ·· 261

참고문헌 ·· 313
찾아보기 ·· 325
저자소개 ·· 333

CHAPTER 1

신부의 의자

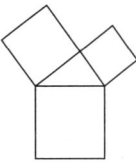

> 잘못된 그림을 잘 이해하는 것이 기하학의 예술이라고 전해져왔다.
>
> **장 뒤외도네(Jean Dieudonné)**
> 수학은 이성의 음악이다.

수학에서 가장 유명한 정리는 피타고라스 정리이다.

기원전 300년경에 집필된 『유클리드 원론』의 제1권 명제 47은 "직각삼각형에서 빗변의 길이의 제곱은 나머지 두 변의 길이의 제곱의 합과 같다."이다.

수학에서 많이 알려진 이미지 중 하나는 피타고라스 정리에 자주 나오는 그림으로 신부의 의자, 공작의 꼬리, 풍차, 프란치스코 수도승의 두건 등 다양한 이름으로 알려진 아이콘이다.

그림1.1에서 1575년 세비야(Seville)에서 출판된 스페인 번역본 『Los Seis Libros Primeros de la Geometria de Euclides』에 신부의 의자 그림이 있다. 그리고 1955년에 발간된 그리스 우표에도 있다.

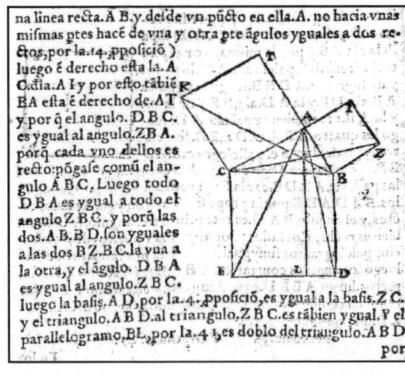 

그림1.1

신부의 의자가 피타고라스 정리의 많은 증명에 등장한 이후로 우리는 여러 가지 방법으로 그것을 사용하여 몇 가지 증명을 제시한다. 그 후에 벡텐 구조(Vecten configuration: 임의의 삼각형의 세 변을 각각 한 변으로 하는 정사각형)를 일반화하여 증명에 사용하는 몇 가지 놀라운 결과를 제시한다. 벡텐 구조를 위해 우리가 제시한 모든 결과는 신부의 의자에도 적용된다.

> **왜 신부의 의자라고 이름이 붙여졌는가?**
> 플로리안 카조리(Florian Cajori) [Cajori, 1899]에 의하면 "신부의 모습이라고 불리는 로맨틱한 이름의 피타고라스 정리는 베하 엣딘(Behâ Eddîn) 같은 아랍 작가들이 그리스어 $\nu\nu\mu\phi\eta$를 잘못 번역한 것에서 유래한 것으로 보이며 이것을 13세기 비잔틴 작가들이 정리의 이름으로 많이 사용하였다. 그리스어 $\nu\nu\mu\phi\eta$는 '신부', '날개 달린 곤충' 두 가지 의미를 지니는데 3개의 정사각형을 가진 직각삼각형의 그림을 '곤충'이라는 이름의 정리로 표현하였지만, 이것을 베하 엣딘은 '신부'라고 번역하였다."라고 한다.

1.1 피타고라스 정리 - 유클리드의 증명 그리고 추가 증명

> 피타고라스 정리는 수학에서 가장 유명한 정리이다.
> **엘리 마오어(Eli Maor)**
> 피타고라스 정리: 4,000년의 역사

수학에서 피타고라스 정리는 다른 어떤 정리들보다 많은 증명 방법이 알려져 있다. 엘리샤 스콧 루미스(Elisha Scott Loomis) [Loomis, 1968]는 피타고라스 정리의 다양한 증명 방법들을 모아둔 책 『피타고라스 정리(The Pythagorean Proposition)』에 370가지 이상 다양한 증명을 실어두었고, 알렉산더 보고몰니(Alexander Bogomolny)의 웹사이트 www.cut-the-knot.org에는 122가지의 증명법이 소개되어 있는데 일부는 웹에서 상호작용이 가능하다.

이들 증명의 많은 부분이 '신부의 의자'를 이용한다. 피타고라스 정리의 증명에서 유클리드는 먼저 그림1.2a의 두 삼각형이 합동이므로 그림1.2b의 회색으로 나타난 정사각형과 직사각형의 넓이가 같음을 보인다. 같은 방법으로 그림1.2c의 두 삼각형이 합동이므로 그림1.2d에서 회색 정사각형과 직사각형의 넓이가 같음을 보여 피타고라스 정리를 증명한다.

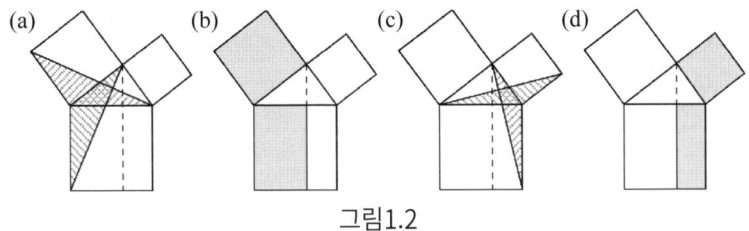

그림1.2

그림1.3에서 유클리드의 동적(動的) 증명법[Eves, 1980]을 볼 수 있다. 정사각형을 넓이가 같은 평행사변형으로 변형하고, 이를 다시 넓이가 같은 직사각형으로 변형하여 피타고라스 정리가 성립함을 증명한다.

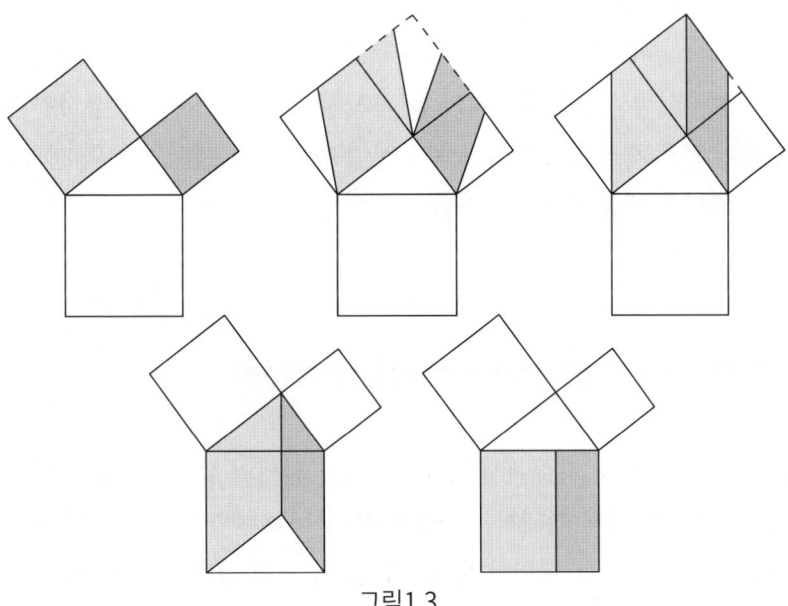

그림1.3

그림1.4는 신부의 의자를 세 부분으로 나누어 피타고라스 정리를 증명하였다. 직각삼각형에서 직각을 끼고 있는 변의 정사각형을 잘라서 빗변의 정사각형에 조각을 옮긴다. 이러한 분할 증명에 대한 의문이 있을 수 있지만, 첫 번째 그림은 유휘(Liu Hui, 3세기)[Wagner, 1985], 두 번째 그림은 타빗 이븐 꾸라(Thābit ibn Qurra, 836~901), 세 번째 그림은 헨리 페리갈(Henry Perigal, 1801~1899)[Frederickson, 1997]이 제시하였다. 다른 분할 증명은 이 책의 20장 4절에서 볼 수 있고, 2장, 3장, 18장에서도 다른 아이콘을 사용하여 추가적인 증명법을 소개한다.

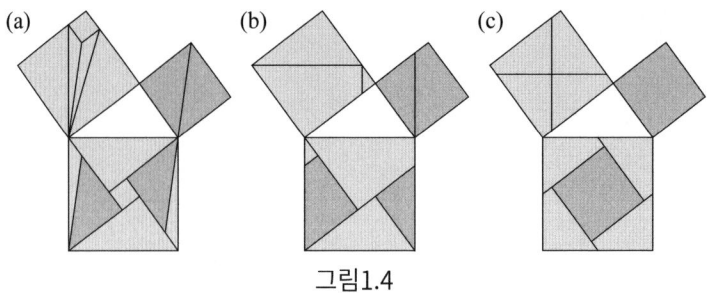

그림1.4

3차원에서 신부의 의자

3차원 공간에서 피타고라스 정리의 의미는 무엇일까?

가장 공통으로 나오는 대답은 각 모서리의 길이가 a, b, c인 직육면체의 대각선의 길이 d에 대한 관계식 $d^2 = a^2 + b^2 + c^2$이다.

하지만 프랑스 수학자 장 폴 드 구아 드 말베스(Jean Paul de Gua de Malves, 1713~1785)는 직각사면체(사면체의 한 꼭짓점에서 세 모서리가 수직인 사면체)에서 세 면이 서로 직각으로 만나는 꼭짓점이 마주 보는 면의 넓이의 제곱은 나머지 세 면의 넓이의 제곱의 합과 같음을 증명하였다.

1.2 벡텐 구조(The Vecten configuration)

그림1.5a와 같이 신부의 의자에서 직각삼각형을 임의의 삼각형으로 바꾸면 벡텐 구조를 만들 수 있다. 벡텐에 대해서는 1810년부터 1816년까지 프랑스 리세 드 님므에서 수학과 교수였다는 것을 제외하면 알려진 것이 거의 없다. 오늘날 벡텐 구조로 불리는 그의 이름은 프랑스에서 풍차를 처음으로 연구한 사람 중 한 명으로 기억된다. 동료인 조셉 디에즈 제르곤(Joseph Diez Gergonne, 1771~1859)의 저널에서 22개의 논문을 발표했다.

벡텐 구조에서 정사각형의 인접한 꼭짓점을 연결하면 그림1.5b에서 회색 삼각형을 추가로 얻을 수 있는데 이를 측면삼각형(Flank Triangles)이라 한다.

벡텐 구조에서 3개의 측면삼각형의 넓이는 각각 처음 주어진 삼각형의 넓이와 같다. 이것을 증명[Snover, 2000]하기 위하여 정사각형을 지우고 그림1.6a처럼 측면삼각형을 시계 반대 방향으로 90° 회전하여 그림1.6b의 위치로 나타낼 수 있는데 3개의 측면삼각형은 처음 주어진 삼각형과 같은 밑변과 높이를 갖는다는 것을 알 수 있다.

그래서 넓이도 같다.

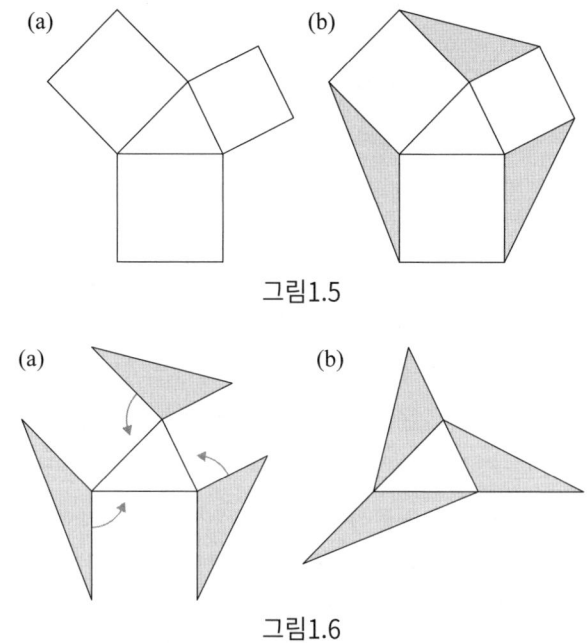

그림1.5

그림1.6

  그 결과로, 그림1.7a처럼 두 개의 정사각형이 한 꼭짓점을 공유하면 두 측면삼각형을 만들 수 있고 이때 두 측면삼각형의 넓이는 같다. 이것은 그림1.5b의 벡텐 구조로 즉시 나타낼 수 있다. 게다가 두 정사각형의 중심과 측면삼각형 변의 중점을 연결하면 이들 점은 또 다른 정사각형의 꼭짓점이 되는데 이를 핀슬러-하트비거 정리(Finsler-Hadwiger theorem)라 한다. (그림1.7b 참조, 증명은 도전문제 1.6 참조)

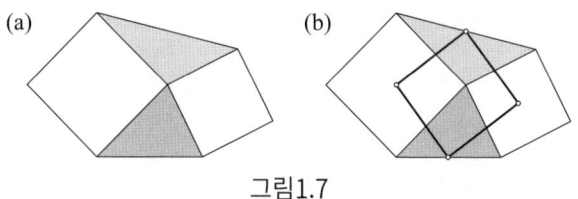

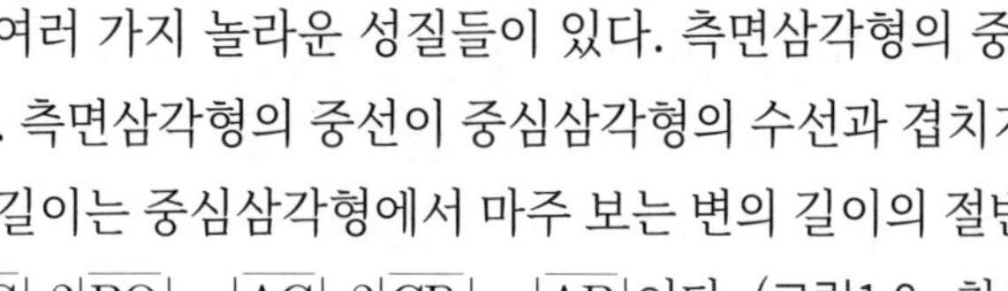

그림1.7

  벡텐 구조에는 여러 가지 놀라운 성질들이 있다. 측면삼각형의 중선은 중심삼각형의 높이와 만난다. 측면삼각형의 중선이 중심삼각형의 수선과 겹치기 때문이다. 측면삼각형의 중선의 길이는 중심삼각형에서 마주 보는 변의 길이의 절반이 된다.
  즉, $2|\overline{AP}| = |\overline{BC}|, 2|\overline{BQ}| = |\overline{AC}|, 2|\overline{CR}| = |\overline{AB}|$이다. (그림1.8a 참조)

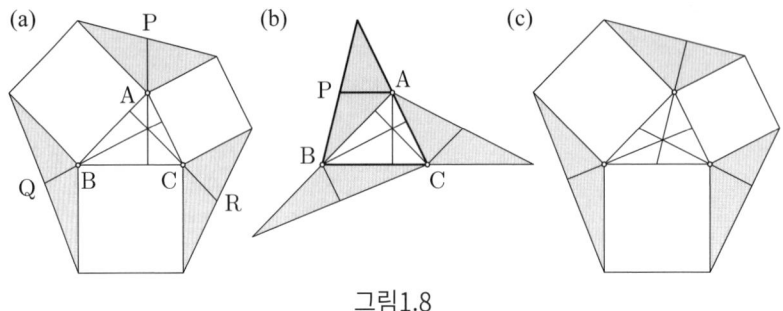

그림1.8

이것을 증명하기 위하여[Warburton, 1996] 그림1.8b와 같이 측면삼각형을 시계 반대 방향으로 90° 회전한다. 그러면 선분 AP는 선분 BC와 평행하게 되고 $2|\overline{AP}| = |\overline{BC}|$이다. 따라서 그림1.8a에서 선분 AP는 선분 BC에 수직이다. 그리고 같은 방법으로 다른 중선들도 수직이다. 마지막으로 그림1.8c에서 중심삼각형이 측면삼각형 각각의 측면삼각형이기 때문에 중심삼각형의 중선은 측면삼각형의 높이가 된다.

그림1.9에서 점 P_a, P_b, P_c는 벡텐 구조 정사각형의 중심을 나타낸 것이다. 점 P_a와 점 P_b를 선분으로 잇고, 점 C가 마주 보는 점 P_c를 선분으로 잇는다. 여기서 선분 P_aP_b와 선분 CP_c는 서로 수직이고 길이도 같다.

다음은 [Coxeter and Greitzer, 1967]의 증명이다.

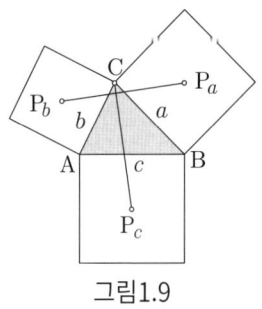

그림1.9

그림1.10a처럼 삼각형 ABK와 삼각형 CBK를 그리자. 그리고 그림1.10b처럼 삼각형 ABK와 삼각형 CBK의 변의 길이를 $\frac{\sqrt{2}}{2}$ 배만큼 줄이자. 선분 BK가 줄어든 길이는 서로 같고 평행하다. 그림1.10c에서처럼 옅은 회색 삼각형을 시계방향으로 45° 회전이동하여 삼각형 ACP_c가 되도록 하고 짙은 회색 삼각형을 시계 반대 방향으로 45° 회전이동하여 삼각형 CP_aP_b가 되도록 한다. 결과적으로 선분 P_aP_b와 선분 CP_c는 길이가 같고 서로 수직이 된다.

그림1.11에서 세 선분 AP_a, BP_b, CP_c는 각각 선분 P_bP_c, P_aP_c, P_aP_b에 수직이다. 또, 이 세 선분은 삼각형 $P_aP_bP_c$의 각 꼭짓점의 수선이 되고 한 점에서 만나는데 이 점을

삼각형 ABC의 벡텐 점(Vecten Point)이라고 한다.

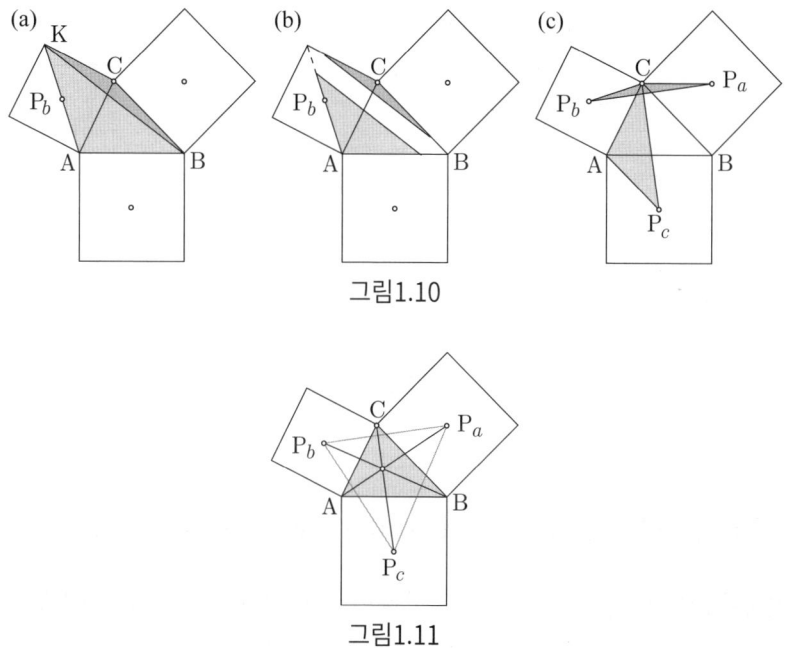

그림1.10

그림1.11

1.3 코사인 법칙

신부의 의자와 벡텐 구조를 이용하면 코사인 법칙을 멋지게 증명할 수 있다[Sipka, 1988]. 그림1.12a와 같이 변의 길이가 a, b, c이고 벡텐 구조로 이루어진 임의의 삼각형이 있다. 꼭짓점 A에서 변 BC에 높이를 그리고 이 높이를 꼭짓점 A를 중심으로 시계 반대 방향으로 그림처럼 회전하자. 이 높이의 길이는 $b\sin C$이다. 이제 한 변의 길이가 각각 $b\sin C, a-b\cos C$인 정사각형을 작도하자. 그림1.12b에서 신부의 의자처럼 넓이가 c^2인 정사각형 하나와 나머지 두 개의 정사각형의 형태로 나타낼 수 있다. 여기서 피타고라스 정리를 적용하면

$$c^2 = (b\sin C)^2 + (a-b\cos C)^2$$
$$= a^2 + b^2 - 2ab\cos C$$

을 얻는다. 비슷한 방법으로

$$a^2 = b^2 + c^2 - 2bc\cos A, b^2 = a^2 + c^2 - 2ac\cos B$$

이다.

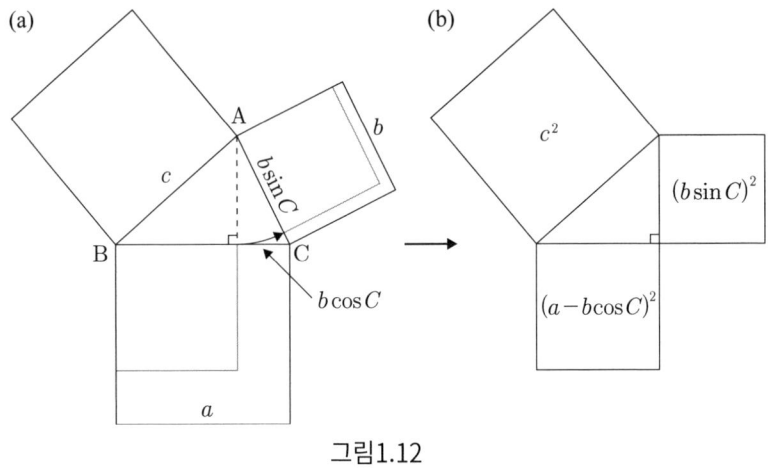

그림1.12

1.4 그레베의 정리(Grebe's Theorem)와 반 라모엔(van Lamoen)의 확장

그림1.13a처럼 벡텐 구조에서 정사각형들의 가장 바깥쪽 변들을 연장하면 하나의 삼각형이 만들어진다. 이렇게 나타난 큰 삼각형은 중심삼각형과 정확히 닮음이다. 삼각형의 변은 중심삼각형의 각 변과 평행하다. 다시 살펴보면 이 두 삼각형은 닮았다. 두 삼각형의 대응하는 두 꼭짓점을 연결한 직선들은 한 점에서 만나며 이것을 그레베의 정리(Grebe's theorem)이라 한다. 그리고 이 점을 삼각형의 르무안 점(Lemoine point) 또는 그레베의 점(Grebe's point)이라 한다.

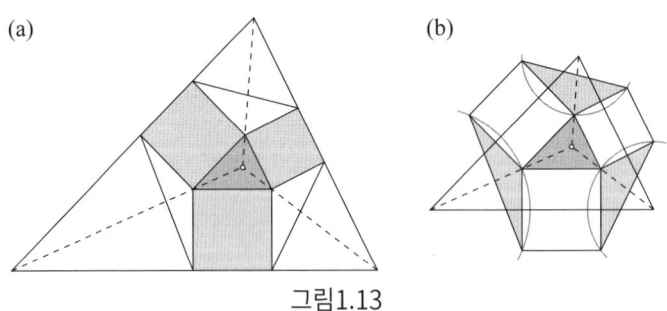

그림1.13

비슷한 방법으로 그림1.13b와 같이 측면삼각형에 외접원이 그려진 그림을 생각해 보자. 각 측면삼각형의 외심은 각 정사각형의 변의 수직이등분선 교점 위에 있다. 이 삼각형은 벡텐 구조에서 중심삼각형의 변에 평행하고 정사각형의 이등분선을 삼각형의 변으로 갖는다. 따라서 이 삼각형은 중심삼각형과 닮음이다[van Lamoen, 2001]. 이 닮음의 중심점은 그레베의 정리에서 닮음의 중심점과 일치한다.

1.5 놀이 수학에서 피타고라스 정리와 벡텐 구조

샘 로이드(Sam Loyd, 1841~1911)는 그 당시 가장 잘 알려진 수학 퍼즐 제작자이다. 그의 책 『Sam Loyd's Cyclopedia of 5000 Puzzles, Tricks and Conundrums With Answers』[Loyd, 1914]에는 2,700여 가지의 수학 퍼즐과 놀이 수학 문제들이 담겨 있다.

그 책 101쪽의 "피타고라스의 오래된 문제"는 다음과 같다.

> "두 정사각형이 그려진 종잇조각을 세 조각으로 잘라서 다시 하나의 정사각형으로 만드시오."

이 문제를 그림과 함께 나타낸 것이 그림1.14b이다.

(a) 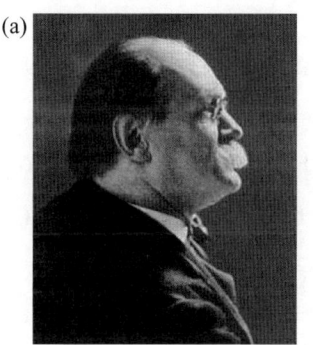 (b)

그림1.14

이 퍼즐의 이름은 피타고라스 정리의 해법을 암시한다. 그림1.4b, 그림1.15의 증명은 분할을 이용한 피타고라스 정리 증명의 특별한 경우이다.

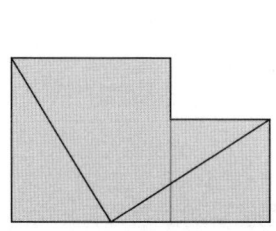 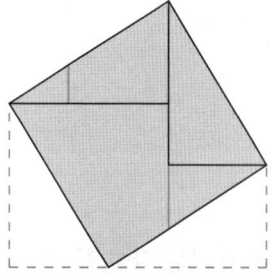

그림1.15

그 책 267쪽부터 "The Lake Puzzle"에는 벤텐 구조가 나타난다. 이것은 3개의 정사각형 모양의 땅으로 둘러싸인 삼각형 모양의 호수에 관한 것이다(그림1.16). 여기서 샘 로이드는 퍼즐리스트들에게 "넓이가 각각 370, 116, 74 에이커인 3개의 정사각형으로 둘러싸인 삼각형 모양의 호수의 넓이는 얼마인가?"라고 물었다.

그림1.16

삼각형의 세 변의 길이를 a, b, c, 넓이를 K, 삼각형의 둘레의 길이의 반을 $s = \dfrac{a+b+c}{2}$ 라고 하자. 헤론의 공식 $K = \sqrt{s(s-a)(s-b)(s-c)}$ 는 $16K^2 = 2(a^2b^2 + b^2c^2 + c^2a^2) - (a^4 + b^4 + c^4)$ 과 같다. 이것은 삼각형의 넓이를 삼각형의 각 변을 한 변으로 하는 정사각형의 넓이로 표현한 것이다. 즉, $a^2 = 370$, $b^2 = 116$, $c^2 = 74$ 라고 하면 $16K^2 = 1936$이 되고 $K = 11$이 된다.

다른 해법으로는 $370 = 9^2 + 17^2$, $116 = 4^2 + 10^2$, $74 = 5^2 + 7^2$ 임에 주목한다면 그림 1.17의 상황을 알 수 있다. 이 호수의 넓이 K(회색 삼각형)는

$$K = \frac{9 \cdot 17}{2} - \left(4 \cdot 7 + \frac{4 \cdot 10}{2} + \frac{5 \cdot 7}{2}\right) = 11$$

이다.

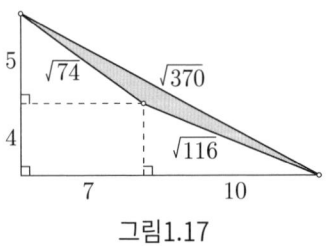

그림1.17

벤텐 구조에 관련된 다른 문제도 살펴보자. (도전문제20.5 참조)

피타고라스에 대한 상상

고대 수학자들의 초상화와 흉상은 예술가와 조각가의 상상력에서 비롯된다. 수 세기 동안 피타고라스 정리의 명성이 그와 관련된 작품을 수집하는 동기가 되었다. 그림1.18은 왼쪽부터 로마의 카피톨리니 박물관의 흉상, 뉘른베르크 연대기의 삽화(1493), 라파엘의 아테네 학당(1509), 산 마리노의 우표(1982)이며 피타고라스의 모습을 나타낸 것이다.

그림1.18

1.6 도전문제

1.1 그림1.1의 우표에 있는 직각삼각형은 변의 길이가 3, 4, 5인 직각삼각형이다.
(a) 세 변의 길이가 등차수열인 직각삼각형이 더 있을까?
(b) 세 정사각형의 넓이가 등차수열인 신부의 의자가 있을까?
(c) 세 정사각형의 넓이가 등비수열인 신부의 의자가 있을까?

1.2 그림1.19처럼 측면삼각형의 변에 정사각형을 작도하고 벡텐 구조를 확장하여 다음을 증명하여라.

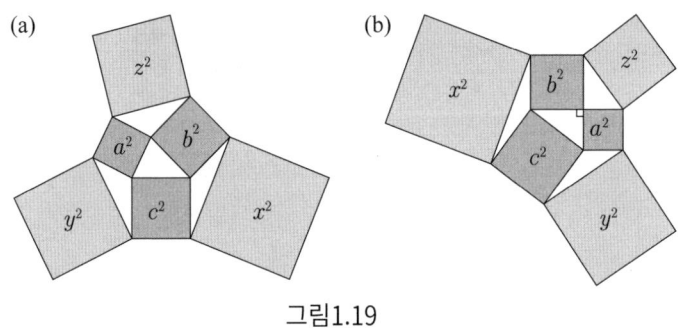

그림1.19

(a) 안쪽 정사각형의 넓이의 합의 3배가 바깥쪽 정사각형의 넓이의 합과 같다. 즉, 바깥 정사각형의 각 변의 길이를 x, y, z라 하면
$x^2 + y^2 + z^2 = 3(a^2 + b^2 + c^2)$이다.
(b) 그림1.19b처럼 $a^2 + b^2 = c^2$을 갖는 신부의 의자인 경우는 $x^2 + y^2 = 5z^2$이다.

1.3 그림1.20의 확장된 벡텐 구조에서 P_a, P_b, P_c, P_x, P_y, P_z는 각 변의 길이 a, b, c, x, y, z를 한 변으로 하는 정사각형의 중심이다. 세 꼭짓점 A, B, C는 각각 세 선분 P_aP_x, P_bP_y, P_cP_z의 중점임을 보여라.

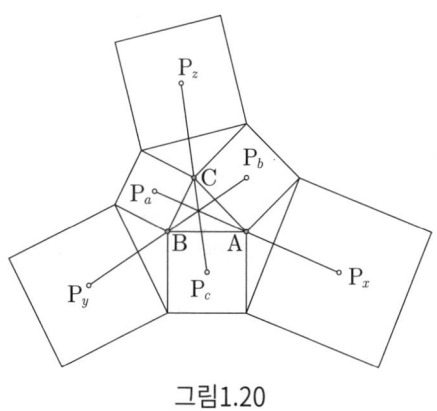

그림1.20

1.4 산가쿠는 일본의 에도시대(1603~1867)에 기하학 관련 정리를 나무판에 새겨서 절에 공물로 걸어 둔 것이다. 이 문제는 1844년 일본의 아이치현에 있는 산가쿠 문제이다. 5개의 정사각형을 그림1.21처럼 배열하였다. 그림에서 회색인 삼각형과 사각형의 넓이가 같음을 보여라.

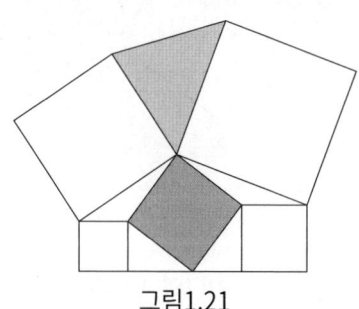

그림1.21

1.5 그림1.22와 같이 빗변에 정사각형이 없는 신부의 의자를 생각하자. 그림과 같이 예각의 꼭짓점에서 반대편 사각형의 꼭짓점까지 선분을 그린다. 삼각형 ABH와 사각형 HICJ의 넓이 중에서 어느 것의 넓이가 더 넓을까?

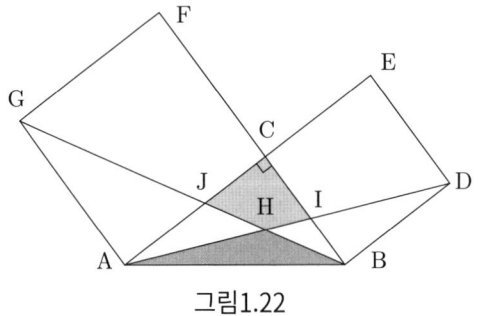

그림1.22

1.6 핀슬러-하트비거 정리(Finsler-Hadwiger theorem)를 증명하여라. 그림1.23에서 정사각형 ABCD와 정사각형 AB′C′D′은 꼭짓점 A를 공통으로 갖는다. 선분 BD′과 선분 B′D의 중점을 각각 Q, S라 하고 처음 정사각형의 중심을 각각 R, T라 하면 사각형 QRST는 정사각형이다.

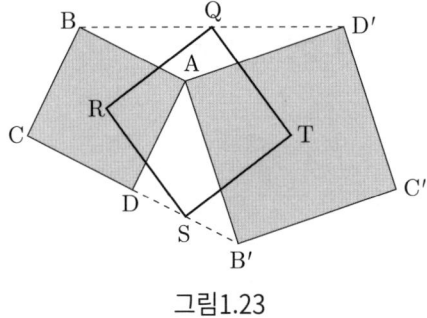

그림1.23

1.7 그림1.24에서 임의의 삼각형 ABC의 변 위에 정사각형 ACED와 정사각형 BCFG를 작도하자. 점 P가 선분 AF와 선분 BE의 교점일 때, 세 점 D, P, G는 한 직선 위에 있음을 보여라.

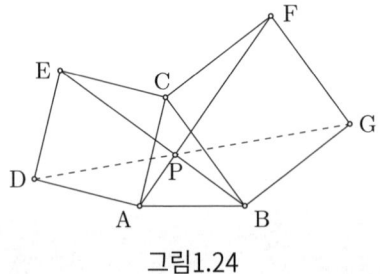

그림1.24

CHAPTER 2
주비산경의 현도

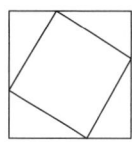

주비산경의 현도(弦圖)라는 도표는 피타고라스 정리의 가장 오래된 증명법이다.
프랭크 스웨츠와 카오(Frank J. Swetz and T. I. Kao)
피타고라스는 중국인이었나?

천문학과 수학을 정리한 주비산경(周髀算經)은 고대 왕조 주나라(기원전 1046~기원전 256) 때부터 전해져 오는 책이다. 주로 천문학을 다루고 있지만, 직각삼각형에 관한 내용도 있다. 그림2.1은 중국에서 현도(弦圖)라고 부른다. 이 아이콘을 주비산경의 현도라고 하자.

우리는 주비산경에 나와 있는 피타고라스 정리의 증명을 검토하고 산술평균-기하평균 부등식, 코시-슈바르츠 부등식, 두 개의 삼각함수 공식을 증명하기 위하여 직사각형 형태의 아이콘으로 일반화하자.

그림2.1

2.1   피타고라스 정리 - 고대 중국의 한 증명법

주비산경의 현도는 세 변의 길이가 3, 4, 5인 직각삼각형에 대한 피타고라스 정리를 그림으로 보여주지만 그림2.2는 피타고라스 정리의 증명을 쉽게 일반화한 것이다. 두 변이 a, b이고 빗변이 c, 넓이가 T인 직각삼각형에서 한 변의 길이가 $a+b$인 정사각형을 두 가지 방법으로 표현할 수 있다. 첫 번째 정사각형의 넓이는 $4T+c^2$, 두 번째 정사각형의 넓이는 $4T+a^2+b^2$이며, 두 정사각형의 넓이는 같으므로 $a^2+b^2=c^2$이다.

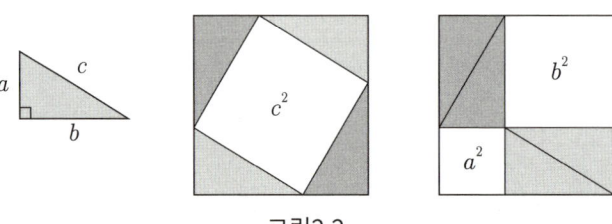

그림2.2

그림2.3a에서 직각삼각형의 직각의 이등분선이 빗변을 한 변으로 하는 정사각형의 넓이를 이등분함을 보일 때 주비산경의 현도를 사용할 수 있다. 증명은 그림2.3b를 참조하자[Eddy, 1991]. 또한 직각의 이등분선은 정사각형의 중심을 지난다. 이 이등분선은 그림2.3b와 같이 큰 정사각형의 대각선을 따라 내부의 정사각형을 2개의 합동인 사다리꼴로 나눈다. 이것은 피타고라스 정리의 다른 증명뿐만 아니라 다음 장에서 좋은 결과들로 이어진다.

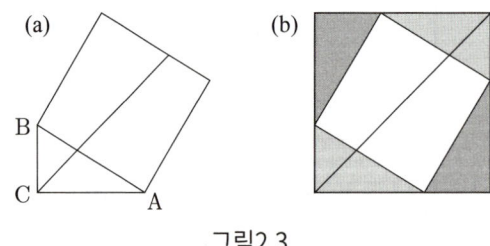

그림2.3

100가지의 위대한 정리

1999년 7월에 폴과 잭 아베드는 「The Hundred Greatest Theorems(100가지의 위대한 정리)」의 목록을 발표했다. 문헌에서 정리가 차지하는 위치, 증명의 질, 결과의 기대치 등을 기준으로 순위가 매겨졌다.

피타고라스 정리는 네 번째 정리였다. 첫 번째 정리도 피타고라스 학파에 의해 만들어진 '$\sqrt{2}$가 무리수이다'였다. (13.2절 참조)

1971년 니카라과에서 '세상을 바꾼 10가지 수학 공식'이라는 제목으로 10개의 우표 시리즈를 발행했는데 이 시리즈의 다섯 번째 우표가 피타고라스 정리인 그림2.4이다.

그림2.4

2.2 두 개의 고전 부등식

주비산경의 현도는 고전적인 두 부등식(두 수에 대한 산술평균-기하평균 부등식(또는 AM-GM 부등식), 2차원 코시-슈바르츠 부등식)의 증명을 시각적으로 보여주기 위해서 4개의 삼각형이 들어가 있는 직사각형을 이용한다. 이들 증명에서 우리는 두 변의 길이가 a, b이고 꼭짓각이 θ인 평행사변형의 넓이가 $ab\sin\theta$이고 $\sin\theta \leq 1$임을 이용한다.

a, b에 대한 산술평균과 기하평균은 각각 $\dfrac{a+b}{2}$, $\sqrt{ab}$인데 양수 a, b에 대해 산술평균과 기하평균의 절대부등식

$$\sqrt{ab} \leq \frac{a+b}{2} \tag{2.1}$$

가 성립한다.

그림2.5a에서 각각의 흰 사각형의 넓이는 $\sqrt{ab}$이고 그림2.5b의 흰 평행사변형의 넓이는 $(\sqrt{a+b})^2\sin\theta$이다. 따라서 $2\sqrt{ab} = (\sqrt{a+b})^2\sin\theta \leq a+b$이고 산술평균과 기하평균의 절대부등식이 성립한다.

실수 a, b, x, y에 대하여 코시-슈바르츠 부등식은 다음과 같다.

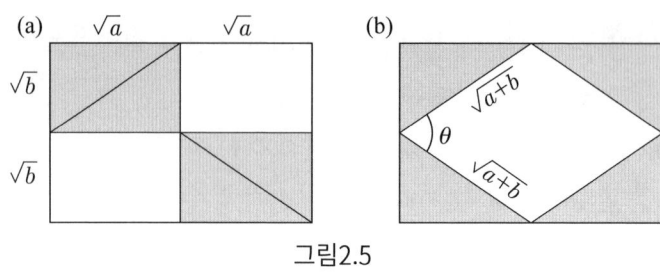

그림2.5

$$|ax+by| \leq \sqrt{a^2+b^2}\sqrt{x^2+y^2} \qquad (2.2)$$

$|ax+by| \leq |a||x|+|b||y|$이기 때문에 그림2.6에서 $|a||x|+|b||y| \leq \sqrt{a^2+b^2}\sqrt{x^2+y^2}$ 임을 보이기에 충분하다[Kung, 2008].

그림2.6a에서 휜사각형 넓이의 합은 $|a||x|+|b||y|$이고, 그림2.6b에서 평행사변형의 넓이는 $\sqrt{a^2+b^2}\sqrt{x^2+y^2}\sin\theta$이다. 따라서

$$|ax+by| \leq |a||x|+|b||y| = \sqrt{a^2+b^2}\sqrt{x^2+y^2}\sin\theta \leq \sqrt{a^2+b^2}\sqrt{x^2+y^2}$$

이다.

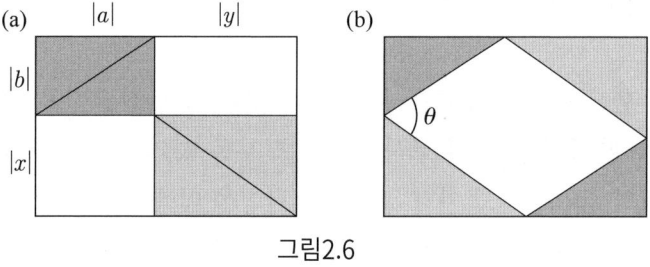

그림2.6

다른 아이콘을 사용하는 추가 증명은 13장과 18장에 있다.

2.3 두 개의 삼각함수 공식

주비산경의 현도에서 두 수의 곱의 합을 포함한 식(즉, $pq+rs$의 꼴)의 표현을 유용하게 사용한다. 이런 형태의 두 삼각함수 공식은 두 각 또는 두 수에 대한 사인의 덧셈 공식, 코사인의 뺄셈 공식이다.

$$\sin(\alpha+\beta) = \sin\alpha\cos\beta + \cos\alpha\sin\beta,$$
$$\cos(\alpha-\beta) = \cos\alpha\cos\beta + \sin\alpha\sin\beta$$

그림2.7a에서 흰 평행사변형의 넓이는 $\sin(\alpha+\beta)$이고 그림2.7b의 두 개의 흰 직사각형의 넓이와 정확하게 같다[Priebe and Ramos, 2000].

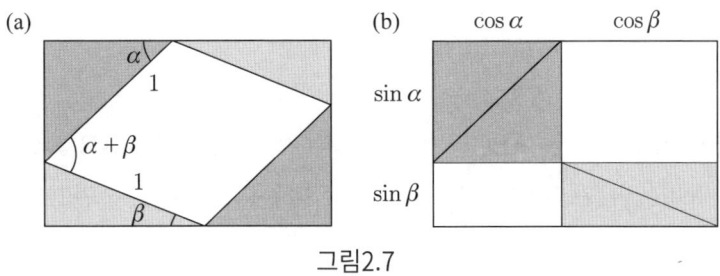

그림2.7

코사인의 뺄셈 공식은 간단하게 증명된다. (도전문제 2.2 참조) 다음 장에서 삼각함수의 다른 덧셈, 뺄셈 공식의 증명뿐만 아니라 다양한 증명법을 제시할 것이다.

2.4 도전문제

2.1 산술평균-기하평균 부등식과 코시-슈바르츠 부등식은 언제 등호가 성립하는가? (그림2.5와 그림2.6 참조)

2.2 주비산경의 현도 직사각형을 사용하여 $\cos(\alpha-\beta) = \cos\alpha\cos\beta + \sin\alpha\sin\beta$를 그림으로 나타내어라.

2.3 주비산경의 현도 직사각형을 사용하여 실수 a, b, t에 대하여 다음을 그림으로 나타내어라.
$$|a\sin t + b\cos t| \leq \sqrt{a^2 + b^2}$$

2.4 실수 a, b, c, x, y, z에 대하여 다음이 성립함을 보여라.
$$|ax + by + cz| \leq \sqrt{a^2 + b^2 + c^2}\sqrt{x^2 + y^2 + z^2}$$

2.5 두 실수 a, b에 대한 또 다른 평균에는 제곱평균제곱근(root mean square) 혹은 이차평균(quadratic mean) $\sqrt{\frac{a^2+b^2}{2}}$이 있다. 제곱평균제곱근은 전기공학이나 물리학에서 파형을 측정할 때 사용한다. 코시-슈바르츠 부등식이 성립하면 양수 a, b에 대한 산술평균-제곱평균제곱근 부등식이 성립함을 보여라.

$$\frac{a+b}{2} \leq \sqrt{\frac{a^2+b^2}{2}}$$

2.6 그림2.3에서 삼각형 ABC의 직각인 각 C의 이등분선이 AB를 한 변으로 하는 정사각형을 두 개의 합동인 사다리꼴로 나눈다. 그 역도 참인가?

CHAPTER 3
가필드의 사다리꼴

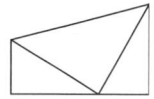

> 나는 평소와 달리 수학을 할 때 확신에 차 있고 열정적이다. 그리고 나의 미래에 대해 상당한 희망과 신념을 가지고 있다.
>
> **제임스 가필드(James A. Garfield)**

　1876년에 뉴잉글랜드의 「교육 저널(3권 161쪽)」에 피타고라스 정리의 새로운 증명이 실렸다. 이 새로운 증명을 한 사람은 제임스 가필드(James A. Garfield, 1831~1881)이고 미국 오하이오주 연방 하원의원이었다. 이 새로운 증명은 직각삼각형을 이용하여 사다리꼴을 작도한 것으로 일반적인 증명과 달랐다. 이 아이콘을 '가필드의 사다리꼴'이라 한다. 1880년에 가필드는 미국의 제20대 대통령으로 선출되었고 취임 후 4개월 만에 암살되었다. 그는 통나무 오두막집에서 태어난 미국의 마지막 대통령이었다. 가필드의 삶과 그의 수학에 대한 자세한 이야기는 [Hill, 2002]를 살펴보자.

　이 장에서는 가필드의 증명과 사다리꼴을 직사각형으로 만들어서 얻은 다른 다양한 결과들을 알아볼 것이다.

President James A. Garfield

3.1   피타고라스 정리 - 대통령의 증명

가필드의 사다리꼴은 두 번째 아이콘 '주비산경의 현도'의 안쪽 정사각형의 대각선 아랫부분과 비슷하다. 주변 사람들에 따르면 가필드는 주비산경의 현도의 증명을 알지 못했다고 한다. 가필드의 사다리꼴 증명은 피타고라스 정리의 일반적인 증명과는 전혀 다르다. 다른 것 중의 하나가 기하학적인 증명이기보다는 대수적인 증명이다. 가필드의 증명은 그림3.1에서 사다리꼴의 넓이를 두 가지 방법으로 계산한다.

하나는 밑변 $a+b$와 사다리꼴의 평균 높이 $\frac{a+b}{2}$를 곱해서 사다리꼴의 넓이를 나타낸 것으로 $\frac{(a+b)^2}{2}$이다. 다른 하나는 세 직각삼각형의 넓이를 더해서 사다리꼴의 넓이를 나타낸 것으로 $\frac{ab}{2}+\frac{ab}{2}+\frac{c^2}{2}=\frac{2ab+c^2}{2}$이다. 두 식을 같게 놓고 2를 곱해서 식을 간단하게 정리한다.

$$(a+b)^2 = 2ab + c^2$$
$$a^2 + 2ab + b^2 = 2ab + c^2$$
$$a^2 + b^2 = c^2$$

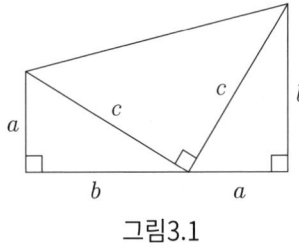

그림3.1

3.2   가필드의 사다리꼴과 부등식

다음은 1969년 캐나다 수학올림피아드 3번 문제이다.

> 직각삼각형의 빗변의 길이를 c라 하고 다른 두 변의 길이를 a, b라 할 때, 다음을 증명하여라.
> $$a + b \leq c\sqrt{2} \tag{3.1}$$

등호는 언제 성립하는가?

그림3.1의 가필드의 사다리꼴을 살펴보면 해결책이 즉시 나타난다. 사다리꼴의 위쪽 모서리의 길이는 $c\sqrt{2}$ (피타고라스 정리로 바로 증명)이고 밑변의 길이인 $a+b$ 이상이다. 두 식이 같을 필요충분조건은 사다리꼴의 위쪽 모서리와 아래쪽 모서리가 평행한 것이다. 이것은 $a=b$와도 필요충분조건이다.

(3.1)의 양변을 2로 나누면 $\dfrac{a+b}{2} \leq \dfrac{c}{\sqrt{2}}$이다. 이때 $c = \sqrt{a^2+b^2}$이므로

$$\frac{a+b}{2} \leq \sqrt{\frac{a^2+b^2}{2}} \tag{3.2}$$

등호는 $a=b$일 때 성립한다.

(3.2)의 우변의 식이 제곱평균제곱근(root mean square)이다. 이것은 도전문제 2.5에서 살펴볼 수 있다. (3.2)의 식은 산술평균-제곱평균제곱근에 대한 절대부등식이다.

3.3 삼각함수 공식과 항등식

가필드의 사다리꼴은 3개의 삼각형의 변을 공유하여 작도하기 때문에 다양한 삼각함수 공식과 항등식을 설명하는 데 매우 적합하다. 이 장에서는 가필드의 사다리꼴에 4번째의 삼각형을 붙여서 만든 직사각형을 이용하여 삼각형의 변과 각 사이의 관계를 탐구하자.

그림3.1에서 $a=1$, $b=2$로 두고 시작하자. 그림3.2a와 같이 3×2 직사각형에 '가필드의 사다리꼴'을 그려 넣자. 이를 통해 회색 삼각형에 ∡ 표시된 특정 각도를 아크탄젠트 또는 아크탄젠트의 합으로 나타낼 수 있다.

그림3.2b, 3.2c, 3.2d에 표시한 각으로부터 다음을 얻는다.

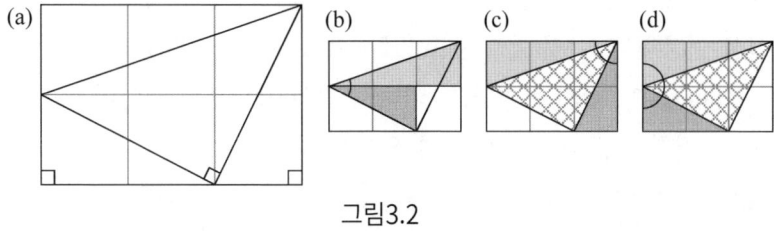

그림3.2

$$\arctan\left(\frac{1}{2}\right) + \arctan\left(\frac{1}{3}\right) = \frac{\pi}{4} \qquad (3.3)$$

$$\arctan(1) + \arctan\left(\frac{1}{2}\right) + \arctan\left(\frac{1}{3}\right) = \frac{\pi}{2}$$

그리고

$$\arctan(1) + \arctan(2) + \arctan(3) = \pi \quad [\text{Wu, 2003}]$$

(3.3)의 식을 간단히 변형하여 오일러의 아크탄젠트 항등식(Euler's arctangent identity)을 유도할 수 있다.

양수 p, q에 대하여

$$\arctan\left(\frac{1}{p}\right) = \arctan\left(\frac{1}{p+q}\right) + \arctan\left(\frac{q}{p^2 + pq + 1}\right) \qquad (3.4)$$

그림3.3[Wu, 2004]을 보면

$$\alpha = \arctan\left(\frac{1}{p}\right), \ \beta = \arctan\left(\frac{1}{p+q}\right), \ \gamma = \arctan\left(\frac{q}{p^2 + pq + 1}\right)$$

이므로 $\alpha = \beta + \gamma$이다.

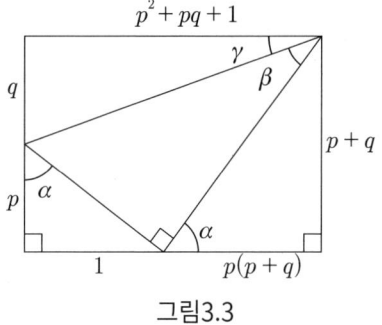

그림3.3

$p = q = 1$일 때, (3.4)의 특별한 경우로서 (3.3)을 얻는다. 아크탄젠트 항등식에 대한 추가 증명은 도전문제 3.3와 3.4를 확인하자.

15°와 75°에 대한 삼각함수 값을 계산하는 일반적인 방법은 삼각함수의 덧셈, 뺄셈 공식을 이용한다. 예를 들어, $\sin(15°) = \sin(45° - 30°)$ 또는 $\sin(60° - 45°)$, $\tan(75°) = \tan(30° + 45°)$ 등이다. 그러나 수정된 가필드의 사다리꼴을 이용하면 기하학적으로 삼각함수 값을 쉽게 얻을 수 있다[Hoehn, 2004].

그림3.4a에서 길이가 각각 $1, 1, \sqrt{2}$ 와 $\sqrt{3}, \sqrt{3}, \sqrt{6}$ 인 두 직각이등변삼각형을 이용하여 사다리꼴을 작도한다. 그림3.4a의 회색 삼각형은 직각을 포함하는 두 변의 길

이가 $\sqrt{2}$, $\sqrt{6}$이고, 나머지 두 예각이 30°와 60°인 직각삼각형이다.

그림3.4b에서 사다리꼴 위에 두 예각이 15°와 75°이고 변의 길이가 $\sqrt{3}-1$, $\sqrt{3}+1$, $2\sqrt{2}$인 직각삼각형을 붙이면

$$\sin 15° = \frac{\sqrt{3}-1}{2\sqrt{2}}, \tan 75° = \frac{\sqrt{3}+1}{\sqrt{3}-1}$$

을 얻는다.

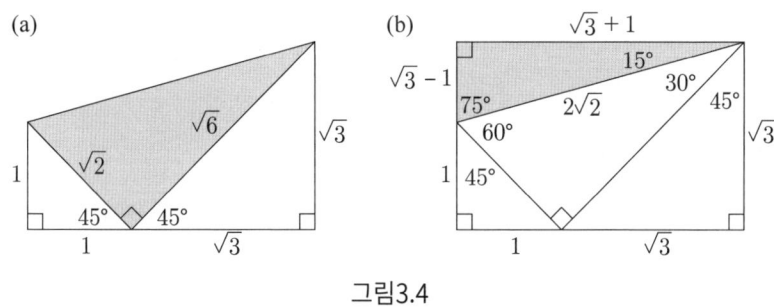

그림3.4

이런 과정은 최소 양의 각도로 sin, cos, tan에 대한 삼각함수의 덧셈과 뺄셈에 대한 공식으로 수정해서 나타낼 수 있다. 이와 같은 방법으로 (예각에 대하여) sin, cos, tan에 대한 덧셈과 뺄셈 공식을 설명할 수 있다. 두 예각 α, β의 합이 $\frac{\pi}{2}$보다 작을 때, 예각 α를 갖는 두 삼각형과 예각 β를 갖는 한 삼각형을 그림3.5와 같이 나타낼 수 있다.

그림3.5a에서 어두운 삼각형의 세 변의 길이를 $\sin\beta$, $\cos\beta$, 1이라 하면 그림3.5b에서 예각 α를 갖는 삼각형의 세 변의 길이를 쉽게 구할 수 있다. 또, 그림3.5b의 어두운 삼각형의 변의 길이를 다음과 같이 계산할 수 있다.

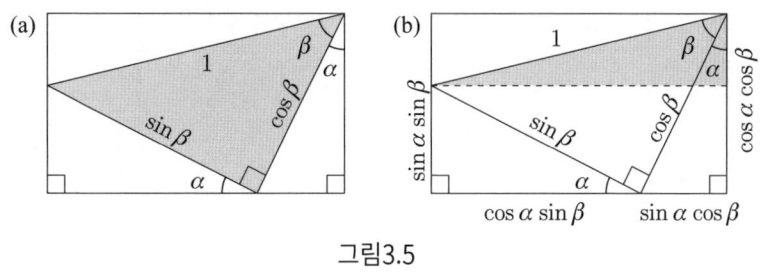

그림3.5

$$\sin(\alpha+\beta) = \sin\alpha\cos\beta + \cos\alpha\sin\beta$$
$$\cos(\alpha+\beta) = \cos\alpha\cos\beta - \sin\alpha\sin\beta$$

도전문제 3.5, 3.6의 다른 공식들도 비슷한 방법으로 구할 수 있다.

잘 알려지지 않은 탄젠트의 합과 곱에 대한 공식을 가필드의 사다리꼴을 조금 수정해서 설명하려고 한다.

그림3.6에서 $\alpha+\beta+\gamma=\pi$을 만족하는 세 양의 각을 α, β, γ라 하면

$$\tan\alpha + \tan\beta + \tan\gamma = \tan\alpha\tan\beta\tan\gamma$$

이다.

이 식은 직사각형의 높이를 나타내는 두 가지 표현의 식을 등식으로 나타내면 얻을 수 있다.

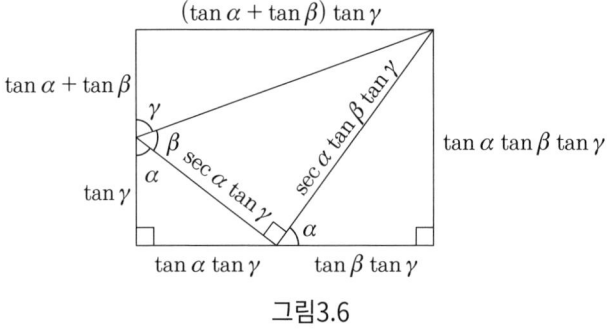

그림3.6

그림3.7에서 보조 정리를 얻을 수 있다. $\alpha+\beta+\gamma=\dfrac{\pi}{2}$를 만족하는 양의 각 α, β, γ에 대해서

$$\tan\alpha\tan\beta + \tan\beta\tan\gamma + \tan\gamma\tan\alpha = 1$$

이다.

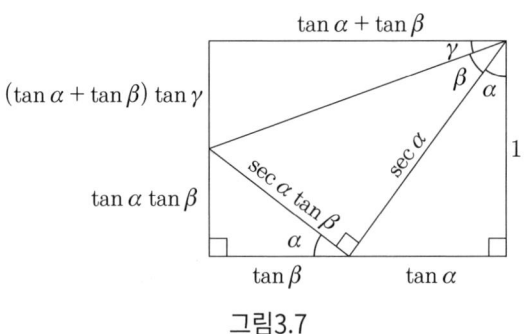

그림3.7

3.4 도전문제

3.1 가필드의 사다리꼴을 사용하여 임의의 각 θ에 대하여 $|\sin\theta + \cos\theta| \leq \sqrt{2}$가 성립함을 보여라.

3.2 가필드의 사다리꼴을 사용하여 산술평균-기하평균 부등식을 설명하여라.

3.3 $0 < a < b$일 때, 그림3.2a를 사용하여 다음이 성립함을 보여라.
$$\arctan\left(\frac{a}{b}\right) + \arctan\left(\frac{b-a}{b+a}\right) = \frac{\pi}{4}$$

3.4 $\{F\}_{n=1}^{\infty}$는 $F_1 = F_2 = 1$이고 $F_n = F_{n-1} + F_{n-2}\,(n \geq 3)$인 피보나치 수열이다.
$$\arctan\frac{1}{F_{2n}} = \arctan\frac{1}{F_{2n+1}} + \arctan\frac{1}{F_{2n+2}}\,(n \geq 1)$$
임을 증명하여라.
[힌트: 오일러의 아크탄젠트 항등식(arctangent identity), 피보나치 수에 대한 카시니의 항등식(Cassini's identity: $F_{k-1}F_{k+1} - F_k^2 = (-1)^k\,(k \geq 2)$)을 사용한다. 카시니의 항등식의 증명은 도전문제 18.2 참조]

3.5 그림3.4를 이용하여 sin과 cos에 대한 뺄셈 공식을 설명하여라.
$$\sin(\alpha - \beta) = \sin\alpha\cos\beta - \cos\alpha\sin\beta$$
$$\cos(\alpha - \beta) = \cos\alpha\cos\beta + \sin\alpha\sin\beta$$

3.6 그림3.4와 비슷한 그림을 사용하여 tan에 대한 덧셈 공식과 뺄셈 공식을 설명하여라.
$$\tan(\alpha + \beta) = \frac{\tan\alpha + \tan\beta}{1 - \tan\alpha\tan\beta}$$
$$\tan(\alpha - \beta) = \frac{\tan\alpha - \tan\beta}{1 + \tan\alpha\tan\beta}$$

3.7 직각삼각형의 변의 길이를 a, b, c라 하고 c를 빗변이라 하자. 그러면 a^2, ab, ac; ab, b^2, bc; ac, bc, c^2을 변의 길이로 하는 3개의 직각삼각형(처음 주어진 직각삼각형에 각각 닮음이다.)이 직사각형 모양의 가필드의 사다리꼴을 형성하며 피타고라스 정리의 또 다른 증명임을 보여라.

3.8 미적분학에서 자주 사용하는 적분 방법이 바이어슈트라스(Weierstrass) 치환법인데 sin과 cos의 유리함수 적분에 유용하다. $z = \tan\left(\frac{\theta}{2}\right)$로 두면 $\sin\theta$와 $\cos\theta$에 대한 z의 유리함수로 나타낼 수 있다. 그림3.8에서 가필드 사다리꼴을 사용하여 $\sin\theta$와 $\cos\theta$를 z에 관한 함수로 나타내어라.

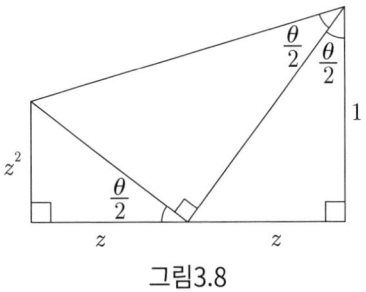

그림3.8

3.9 $a > 0$, $b > 0$와 $k > 0$인 그림3.9의 사다리꼴에서 P_k는 비스듬한 변의 중점이다. k에 대한 함수 P_k의 위치를 설명하여라.

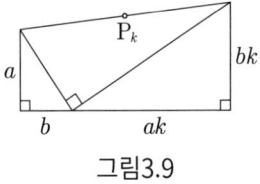

그림3.9

3.10 양수 x에 대하여 산술평균-기하평균 부등식에서 $x + \frac{1}{x} \geq 2$임을 이용하여 다음 부등식이 성립함을 보여라. (2.2절 또는 도전문제 3.2 참조)

$$x + \frac{1}{x} \geq \frac{1}{2}\left(\sqrt{x} + \frac{1}{\sqrt{x}}\right)^2 \geq 2 \tag{3.5}$$

CHAPTER 4

반원

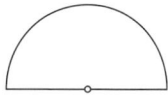

눈은 첫 번째 원이다. 그것이 형성하는 수평선은 두 번째이다. 그리고 자연 전반에 걸쳐 이 기본 형태는 끝없이 반복된다. 그것은 세계의 암호에서 가장 높은 상징이다.

랄프 왈도 에머슨(Ralph Waldo Emerson)
에세이(Essays)

반원은 오랫동안 건축과 예술에서 중요한 역할을 해왔다. 로마인들은 프랑스 님(Nîmes) 근처의 퐁 뒤 가르(Pont du Gard) 수로와 같은 건축물에 반원형의 아치를 사용했다. (그림4.1a 참조) 비슷한 아치 모양은 유럽 전역의 로마네스크 건축에서 찾을 수 있다. 무어인들 또한 스페인 코르도바의 메스키타 모스크 내부와 같이 가장 인상적인 건물에 반원형 아치를 사용했다. (그림4.1b 참조) 반원은 칸딘스키(Wassily Kandinsky<Semicircle, 1927>)와 맹골드(Robert Mangold<Semi-Circle I~IV, 1995>)와 같은 현대 예술가의 그림에도 나타난다.

그림4.1

이 장의 아이콘인 반원은 자와 컴퍼스를 이용하여 단순하고 쉽게 구성되어 있지만 기하학과 삼각법에서 매우 유용하게 사용된다. 반원은 탈레스, 유클리드, 아르키메데스, 히포크라테스, 파포스와 같은 그리스 기하학자들의 작품에서 중요한 역할을 한다. 반원은 문학에서 최초의 최적화 문제인 디도 문제의 해법에도 나타난다. 뿐만 아니라 다양한 삼각항등식에 대한 시각적 설명과 구에 새겨진 다섯 개의 플라톤적 입체 도형을 탐구할 때에도 반원을 만난다.

4.1 탈레스의 삼각형 정리

아마도 기하학에서 반원의 그림이 처음 등장한 것은 초기 위대한 그리스 수학자 중 한 명인 밀레투스의 탈레스(기원전 624~546)의 이름이 붙여진 탈레스 정리일 것이다. 이 정리는 『유클리드 원론』의 제3권 명제31에 다시 나타난다. 일반적으로 탈레스의 정리라고 하면 두 가지가 있는데 하나는 반원에 내접한 직각에 대한 탈레스의 삼각형 정리이고, 다른 하나는 5장에 나와 있는 닮음 삼각형에 관한 탈레스의 비례 정리이다.

탈레스의 삼각형 정리
반원에 내접한 삼각형은 직각삼각형이다. (그림4.2a 참조)

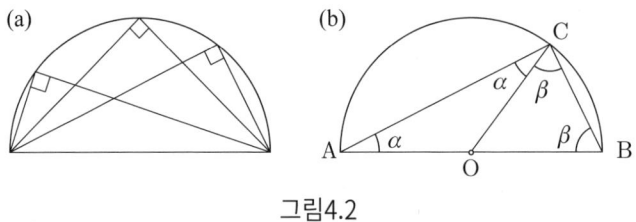

그림4.2

그림4.2b의 삼각형의 꼭짓점을 A, B, C라 하고 점 O를 반원의 중심이라 하자. 이때, 삼각형의 반지름으로 $|\overline{AO}| = |\overline{BO}| = |\overline{CO}|$이므로 삼각형 AOC와 삼각형 BOC는 이등변삼각형이다. 따라서 ∠OAC = ∠OCA = α이고 ∠OBC = ∠OCB = β라 할 수 있다. 삼각형 ABC의 내각의 합은 $180°$이므로 $2\alpha + 2\beta = 180°$, $\alpha + \beta = 90°$이다. 따라서 ∠C는 직각이다. 또한 $2\alpha + 2\beta = 180°$이면 ∠BOC = 2α이다.

탈레스의 삼각형 정리는 이 장 전체에서 반복적으로 사용되며 탈레스의 삼각형 정리의 역도 성립한다. (도전문제 4.1 참조)

4.2 직각삼각형의 높이 정리와 기하평균

2.2절에서 두 양수 a, b의 기하평균이 $\sqrt{ab}$ 임을 다루었다. 13.4절과 18.4절에서 다시 다룰 예정이다. $\sqrt{ab}$ 를 왜 기하평균이라고 부를까?

세 수 a, $\dfrac{a+b}{2}$, $b\left(\dfrac{a+b}{2}\right.$는 a와 b의 산술평균$\left.\right)$가 등차수열인 것처럼 세 수 a, $\sqrt{ab}$, b는 등비수열이다. 하지만 이 질문에 대해 그림4.3a와 같이 『유클리드 원론』의 제4권 명제13의 기하 작도가 더 적절한 답일 것이다.

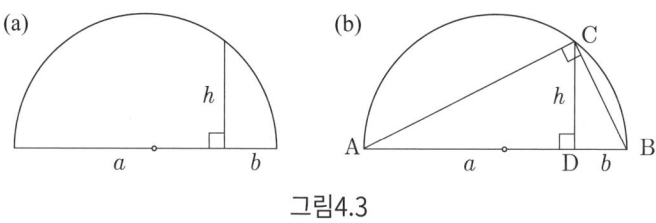

그림4.3

그림4.3a의 작도는 『유클리드 원론』의 제4권 명제8에 대한 따름 정리에 기반을 둔 것으로 직각삼각형의 높이 정리로 알려져 있다.

직각삼각형의 높이 정리

직각삼각형의 빗변에 이르는 높이의 길이는 빗변을 분할한 두 선분 길이의 기하평균이다. 따라서 그림4.3a에서 $h = \sqrt{ab}$ 이다.

탈레스의 삼각형 정리에서 삼각형 ABC는 직각삼각형이고 현의 절반인 선분 CD는 삼각형 ABC를 두 개의 삼각형 ACD, 삼각형 CBD로 분할하고, 분할된 두 삼각형은 삼각형 ABC와 각각 닮음이다. 삼각형 ACD, 삼각형 CBD에서 대응하는 변의 길이 비가 $\dfrac{a}{h} = \dfrac{h}{b}$ 이므로 $h = \sqrt{ab}$ 는 a와 b의 기하평균이다.

$h^2 = ab$이므로 h는 가로, 세로의 길이가 각각 a, b인 직사각형과 넓이가 같은 정사각형의 한 변의 길이이고 a와 b의 기하평균이다. 그림4.3b에서 a와 b의 산술평균은 반원의 반지름이다. 그림4.3b에 그려져 있지는 않지만 점 C에 이르는 반지름은 적어도 h 이상이므로 이것이 산술평균-기하평균 부등식 $\dfrac{a+b}{2} \geq \sqrt{ab}$ 의 또 다른 증명임을 알 수 있다.

주어진 도형과 넓이가 같은 정사각형을 작도하는 것을 도형을 정사각형화(squared) 한다고 한다.

그림4.3a는 직사각형을 넓이가 같은 정사각형으로 변형하는 방법을 보여준다. 삼

각형을 넓이가 같은 정사각형으로 변형하기 위해서 먼저 삼각형과 넓이가 같은 직사각형을 작도한다. 볼록 n각형을 넓이가 같은 정사각형으로 변형하려면 먼저 n각형을 삼각형으로 분할한 후 분할된 삼각형들을 넓이가 같은 정사각형으로 변형한다. 피타고라스 정리에 의해서 두 개의 정사각형의 넓이의 합과 넓이가 같은 하나의 정사각형을 작도할 수 있고, 이 과정을 반복하면 n각형과 넓이가 같은 정사각형을 찾을 수 있다.

4.3 여왕 디도의 반원

디도의 전설은 로마 시인 베르길리우스(Vergilius, 기원전 70~19)가 쓴 서사시 「아이네이드(Aeneid)」에서 나온다.

디도는 페니키아의 도시 티렌(현재의 레바논)의 공주였다. 디도는 그녀의 오빠가 그녀의 남편을 살해한 후 도시를 떠나 기원전 900년경 튀니스만 근처에 있는 아프리카에 도착했다. 디도는 지역 지도자인 누미디아(Numidia)의 자르바스(Jarbas) 왕에게 많은 돈을 지불하고 토지를 사들여 그녀와 그녀의 사람들이 그곳에 정착할 수 있도록 하기로 했다. 그녀는 소가죽으로 둘러쌀 수 있는 만큼의 땅을 샀는데 베르길리우스는 이 장면을 다음과 같이 설명한다.

> 그들이 여기에 왔었어요. 당신은 그들이 쌓은 거대한 벽을 볼 수 있어요.
> 그리고 새로 지어진 카르타고의 떠오르는 요새도 볼 수가 있구요.
> 그들은 '소 한 마리의 가죽만큼' 땅을 샀어요.
> 그들은 그 땅을 '황소의 가죽'이라고 불렀어요.

가능한 많은 땅을 얻기 위해 디도는 그림4.4의 목판화에서처럼 소가죽을 가늘고 긴 조각으로 잘라 이었다. 이 땅은 나중에 카르타고의 도시가 되었다.

이 이야기 속에 디도의 문제가 있다. 가능한 한 많은 땅을 얻기 위해 소가죽을 어떻게 놓아야 할까? 지면이 평평하고 지중해 연안이 직선이라고 가정하면 넓은 땅을 얻기 위한 최적의 해법은 가늘고 길게 잘라 이은 소가죽을 땅 위에 반원 모양으로 놓는 것이다. 이 전설의 이야기가 디도가 해결한 방법이라고 한다. 이것의 증명은 야콥 슈타이너(Jakob Steiner, 1796~1863년)가 제시한 것이다.[Niven, 1981년]

그림4.4

반원이 최적의 해법임을 증명하려면 먼저 기본적인 결과가 필요하다. 두 변의 길이가 고정되고 세 번째 변이 임의의 길이인 모든 삼각형 중에서 넓이가 가장 큰 삼각형은 임의의 변이 빗변인 직각삼각형이다. 고정된 두 변이 길이를 a, b라 하고 그 끼인각의 크기를 θ라 하면 삼각형의 넓이 T는 $T = \frac{ab\sin\theta}{2}$이다. 결국 T의 최댓값이 될 필요충분조건은 $\sin\theta$가 최대인 $\theta = 90°$이다.

디도 문제는 '주어진 길이의 모든 닫힌 곡선 중에서 가장 큰 넓이를 갖는 곡선은 무엇일까?'를 찾는 등주 문제와 밀접한 관련을 가진다. 디도 문제에서 다른 점은 소가죽의 길이는 정해져 있지만, 직선 해안선은 원하는 만큼 자유롭게 사용할 수 있는 점이다. 이것이 해법이다.

디도의 정리

길이가 고정된 곡선 C와 직선 L이 영역을 둘러싸고 있다고 가정하자. C가 반원이 아닌 경우 C'과 L이 더 큰 영역을 포함하도록 같은 길이의 다른 곡선 C'으로 대체될 수 있다. 따라서 최대 넓이를 갖는 영역을 L로 둘러싸는 곡선이 있으면 틀림없이 반원이다.

점 A, B를 그림4.5a와 같이 곡선 C의 끝점이고 L 위의 점이라고 가정하자. 탈레스의 삼각형 정리에서 C가 반원이 아니라고 하면 $\angle APB \neq 90°$인 점 P를 찾을 수 있다. 그러면 C와 L로 둘러싸인 영역은 세 부분으로 구성된다. 선분 AP와 곡선 C에 의해 둘러싸인 영역 R, 선분 BP와 곡선 C에 의해 둘러싸인 영역 S, 삼각형 APB를 T로 나타낸다.

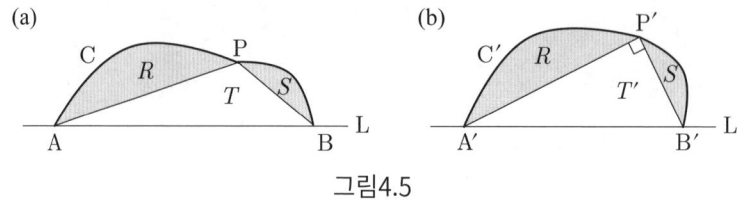

그림4.5

선분 AP와 선분 BP에서 점 P는 고정되어 있고 그림4.5b에서처럼 점 A와 점 B는 $|A'P'| = |AP|$, $|B'P'| = |BP|$, $\angle A'P'B' = 90°$가 되도록 직선 L을 따라 A'과 B'으로 움직인다. 구조적으로 회색의 R과 S는 넓이가 같게 유지되지만 T'의 넓이는 T의 넓이보다 더 커져서 C는 길이는 같지만 L로 둘러싸인 더 큰 넓이를 갖는 곡선 C'으로 변환된다.

디도의 정리에서 언급한 것처럼 우리는 최대의 넓이를 갖는 곡선이 존재한다고 가정해야 한다. 이런 곡선의 존재는 칼 바이어슈트라스(Karl Theodor Wilhelm Weierstrass, 1815~1897)에 의해 공식적으로 증명되었다.

4.4 아르키메데스의 반원

『Book of Lemmas(또는 Liber Asumptorum, 보조 정리의 책)』은 아르키메데스(기원전 287~212)가 엮은 15개의 명제와 그 증명에 관한 책이다. 이 책은 타빗 이븐 꾸라(Thabit ibn Qurra, 836~901)에 의해 아라비아어로 번역되어 현재까지 남아 있다.『Book of Lemmas』에서 몇 가지 명제들은 반원에 관한 것으로 그중 4개(명제3, 4, 8, 14)를 이 책에서 다루고자 한다. 명제3은 4장의 아이콘인 반원에 그어진 수직선을 이등분하는 것이고, 명제8은 반원을 이용하여 각을 삼등분한다. 명제4와 명제14는 아르벨로스(구두장이의 칼)와 샐리논(소금그릇)으로 알려진 도형의 넓이를 다루고 있다.『Book of Lemmas』의 모든 명제와 증명에 대해서 [Heath, 1897]을 참조하자.

아르키메데스의 명제3

그림4.6a에서 선분 AB를 반원의 지름이라 하고 반원 위의 점 B와 점 D에서 각각 반원에 접선을 그으면 두 접선이 점 T에서 만난다고 하자. 선분 DE는 선분 AB에 대한 수선이고, 선분 AT와 선분 DE가 점 F에서 만나면 $|DF| = |FE|$이다.

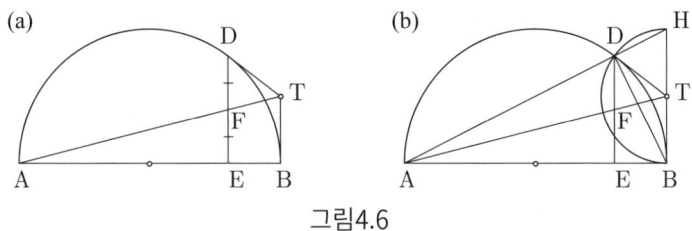

그림4.6

그림4.6b에서 선분 AD와 선분 BT를 연장하면 점 H에서 만난다. ∠ADB가 직각이므로 ∠BDH도 직각이고 $|\overline{BT}| = |\overline{TD}|$이다. 점 T가 지름이 선분 BH인 반원의 중심이므로 $|\overline{BT}| = |\overline{TH}|$이다. 선분 DE와 선분 BH가 평행하므로 $|\overline{DF}| = |\overline{FE}|$이다.

아르키메데스의 명제4

그림4.7에서 세 점 P, Q, R가 한 직선 위의 점이고, 점 Q가 점 P와 점 R 사이에 있다. 지름이 $\overline{PQ}$, $\overline{QR}$, $\overline{PR}$인 반원이 지름 위의 같은 쪽에 그려져 있다. 아르벨로스(구두장이의 칼)는 세 개의 반원으로 둘러싸인 도형이다. 점 Q에서 $\overline{PR}$에 수선을 그리면 가장 큰 반원과 점 S에서 만난다. 이때, 아르벨로스의 넓이 A는 지름이 $\overline{QS}$인 원의 넓이 C와 같다.

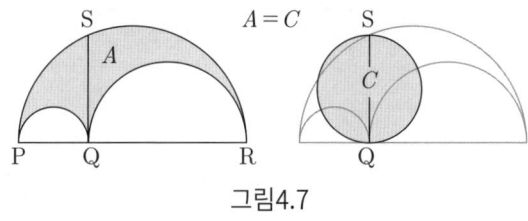

그림4.7

기하평균을 이용한 명제4의 대수적 증명은 도전문제 4.2에서 다루고 여기서는 피타고라스 정리를 이용한 기하적 증명[Nelsen, 2002b]을 보여주고자 한다. 『유클리드 원론』의 제4권 명제31은 다음과 같다. 직각삼각형에서 빗변에 접한 도형의 넓이는 직각을 낀 두 변에 각각 접하는 닮은 도형의 넓이의 합과 같다. 각 변에 접한 도형에 반원을 적용해보자. (그림4.8 참조)

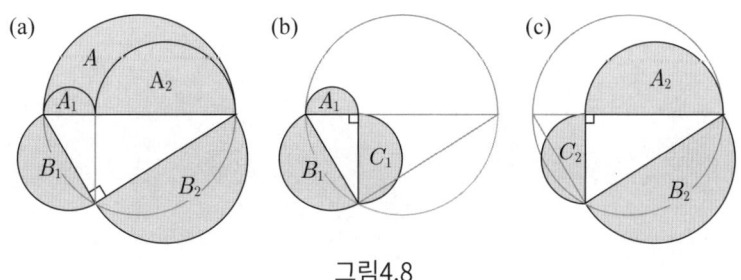

그림4.8

그림4.8a에서 $A+A_1+A_2=B_1+B_2$이고, 그림4.8b에서 $B_1=A_1+C_1$이며, 그림4.8c에서 $B_2=A_2+C_2$이다. 세 개의 방정식으로부터 $A+A_1+A_2=A_1+C_1+A_2+C_2$를 얻을 수 있고 정리하면 $A=C_1+C_2=C$이다. 아르키메데스는 명제8에서 각을 삼등분하기 위해 원을 이용한다. 우리는 그것을 조금 변형하여 반원으로 바꾼다[Aaboe, 1964].

아르키메데스의 명제8

중심이 점 O이고 지름이 선분 AB인 반원에서 ∠AOE의 크기를 삼등분할 수 있다. 점 C는 선분 AB의 연장선 위에 있고 선분 CD의 길이가 원의 반지름과 같을 때 선분 CE는 원과 점 D에서 만난다. 이때, $\angle ACE = \frac{1}{3} \angle AOE$이다. (그림4.9 참조)

$\alpha = \angle AOE$라 하자. $\overline{CD}=\overline{OD}=\overline{OE}$이므로 삼각형 DOE와 삼각형 ODC는 이등변삼각형이다. 그림4.9와 같이 두 이등변삼각형의 두 밑각의 크기를 β, γ라 하자. 외각의 정리(『유클리드 원론』의 제1권 명제 32)에 의해 $\beta=2\gamma$이고 $\alpha=\beta+\gamma=3\gamma$이다. 그림4.9로부터 사인, 코사인에 대한 3배각 공식을 유도할 수 있다. (7.5절 참조)

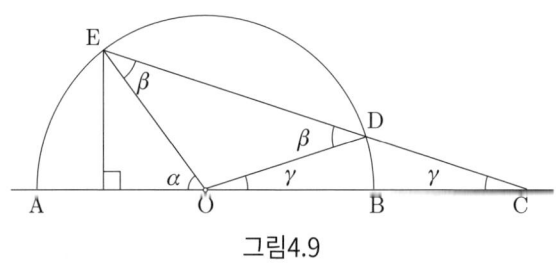

그림4.9

아르키메데스의 명제14

점 P, Q, R, S는 순서대로 한 직선 위의 점이고 선분 PQ와 선분 RS의 길이는 같다. 지름이 $\overline{PQ}, \overline{RS}, \overline{PS}$인 반원은 직선의 위쪽에 그리고, 지름이 $\overline{QR}$인 반원은 직선의 아래쪽에 그린다. 샐리논은 네 개의 반원으로 둘러싸인 도형이다. 샐리논의 대칭축이 샐리논의 둘레와 만나는 점을 각각 점 M과 점 N이라 하자. 이때, 샐리논의 넓이 A는 지름이 $\overline{MN}$인 원의 넓이 C와 같다. (그림4.10 참조)

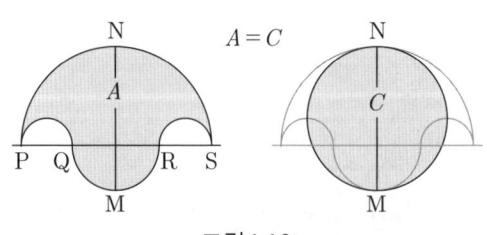

그림4.10

명제14를 증명하기 위해 반원의 넓이는 반원에 내접하는 직각이등변삼각형의 넓이의 $\frac{\pi}{2}$ 배라는 사실을 이용한다. (그림4.11 참조)

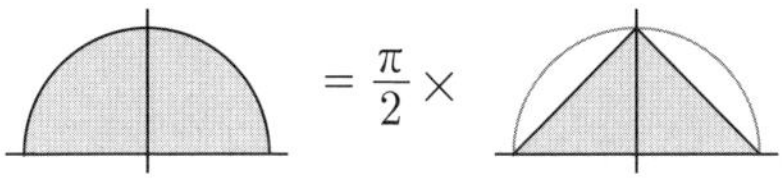

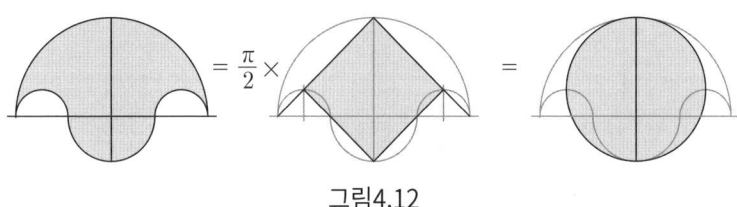
그림4.11

결과적으로 샐리논의 넓이는 그림4.12에서 정사각형의 넓이의 $\frac{\pi}{2}$ 배이므로 원의 넓이와 같음이 증명된다. (그림4.12 참조)

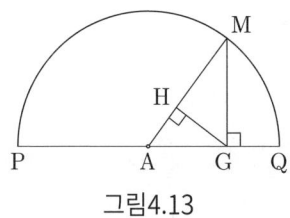
그림4.12

4.5   파포스와 조화평균

두 양수 a, b의 조화평균은 a와 b의 역수에 대한 산술평균의 역수로 정의한다. 즉, $\left(\dfrac{\frac{1}{a}+\frac{1}{b}}{2}\right)^{-1}$ 이며 이것을 간단히 하면 $\dfrac{2ab}{a+b}$ 이다. 조화라는 이름은 $1, \frac{1}{2}, \frac{1}{3}, \frac{1}{4}, \ldots$ 과 같은 조화수열에서 유래되었다. 이것은 음악에서 매우 중요하다. 조화수열에서 각 항은 앞항과 뒷항의 조화평균이다. 예를 들어, $\frac{1}{3}$ 은 $\frac{1}{2}$ 와 $\frac{1}{4}$ 의 조화평균이다.

그림4.3a에서 a와 b의 산술평균과 기하평균을 지름이 $a+b$의 반원에 선분의 길이로 나타낸다. 산술평균은 반지름인 $\dfrac{a+b}{2}$ 이고, 기하평균은 지름에 수직인 현의 길이의 반인 $\sqrt{ab}$ 이다.

알렉산드리아의 파포스(290~350년경)는 그의 책 『Collection』 3권에서 그림4.13과 같이 조화평균을 설명하기 위해 선분 하나를 더 추가하였다.

그림4.13

$|\overline{PG}| = a$, $|\overline{GQ}| = b$라 하면 산술평균과 기하평균은 각각 $|\overline{AM}| = \dfrac{a+b}{2}$, $|\overline{GM}| = \sqrt{ab}$이다. $\overline{GH}$는 $\overline{AM}$에 수직이기 때문에 삼각형 AGM과 삼각형 GHM은 닮음이므로 $\dfrac{|\overline{HM}|}{|\overline{GM}|} = \dfrac{|\overline{GM}|}{|\overline{AM}|}$이다. 따라서 조화평균은 $|\overline{HM}| = \dfrac{2ab}{a+b}$이고 $|\overline{HM}| \leq |\overline{GM}| \leq |\overline{AM}|$이다. 또, a와 b의 기하평균은 $\dfrac{a+b}{2}$와 $\dfrac{2ab}{a+b}$의 기하평균과 같다.

4.6 삼각함수 항등식의 예

삼각함수는 단위원 위의 점의 좌표로 나타내거나 직각삼각형의 변의 길이비로 표현할 수 있다. 이 두 가지 접근 방법을 반원 아이콘과 결합하여 삼각함수 항등식의 여러 가지 그림을 살펴보자.

그림4.2b에서 외각의 정리에 의해서 $\angle BOC = 2\alpha$이고, 이는 곧 탄젠트 함수에 대한 두 개의 반각 공식으로 연결된다.

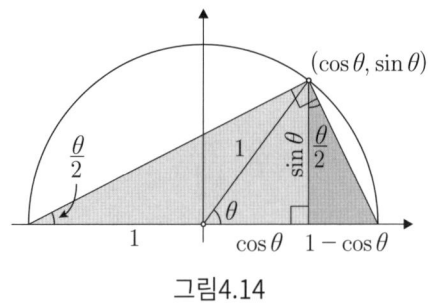

그림4.14

그림4.14의 밝은 회색 삼각형에서 $\tan\dfrac{\theta}{2} = \dfrac{\sin\theta}{1+\cos\theta}$이고, 어두운 회색 삼각형에서 $\tan\dfrac{\theta}{2} = \dfrac{1-\cos\theta}{\sin\theta}$이다[Walker, 1942]. 그림4.14는 삼각함수의 역함수에 대한 항등식을 찾는 데 이용될 수 있다. (도전문제 4.3 참조)

그림4.14에서 만약 θ 대신에 2θ를 대입한다면 사인과 코사인에 대한 2배각 공식을 얻을 수도 있다. (그림4.15 참조)

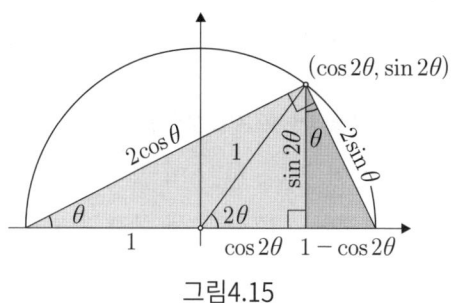

그림4.15

밝은 회색 삼각형에서 $\sin\theta = \dfrac{\sin 2\theta}{2\cos\theta}$ 이므로 $\sin 2\theta = 2\sin\theta\cos\theta$, $\cos\theta = \dfrac{1+\cos 2\theta}{2\cos\theta}$ 또는 $\cos 2\theta = 2\cos^2\theta - 1$이다. 어두운 회색 삼각형에서 $\sin\theta = \dfrac{1-\cos 2\theta}{2\sin\theta}$ 이므로 $\cos 2\theta = 1 - 2\sin^2\theta$이다[Woods, 1936]. 공식에 대한 또 다른 유도 방법을 보려면 도전문제 4.4를 살펴보자.

도전문제 3.8에서 사인, 코사인에 대한 유리함수 적분에 유용한 바이어슈트라스 치환을 다루었다. $z = \tan\dfrac{\theta}{2}$로 변수를 치환하면 그림4.16과 같이 $\sin\theta$와 $\cos\theta$에 대한 z의 유리함수로 변환할 수 있다.

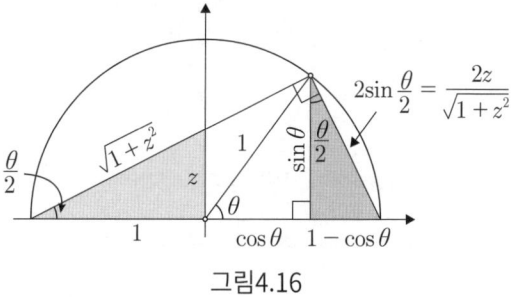

그림4.16

$z = \tan\dfrac{\theta}{2}$이므로 밝은 회색 삼각형의 세 변의 길이는 $1, z, \sqrt{1+z^2}$이고, 어두운 회색 삼각형의 빗변의 길이는 결과적으로 $2\sin\dfrac{\theta}{2} = \dfrac{2z}{\sqrt{1+z^2}}$이다. 두 회색 삼각형이 서로 닮음이므로 다음 식이 성립한다.

$$\dfrac{\sin\theta}{\frac{2z}{\sqrt{1+z^2}}} = \dfrac{1}{\sqrt{1+z^2}}, \quad \dfrac{1-\cos\theta}{\frac{2z}{\sqrt{1+z^2}}} = \dfrac{z}{\sqrt{1+z^2}}$$

따라서 $\sin\theta = \dfrac{2z}{1+z^2}$이고, $\cos\theta = \dfrac{1-z^2}{1+z^2}$이다[Deiermann, 1998].

4.7 정다각형의 넓이와 둘레의 길이

반지름 r에 내접한 $2n$개의 변을 가진 정다각형의 넓이와 n개의 변을 가진 정다각형의 둘레 사이에는 특별한 관계가 있다. 한 변의 길이를 s_n, 둘레의 길이를 $P_n = ns_n$, 정n각형의 넓이를 A_n이라 하면 그림4.17의 회색 삼각형의 넓이 $\frac{A_{2n}}{2n}$은 밑변이 r이고 높이가 $\frac{s_n}{2}$인 삼각형의 넓이와 같다. 즉, $\frac{A_{2n}}{2n} = \frac{rs_n}{4}$이다.

그래서 $2n$개의 변을 가진 정다각형의 넓이는 $A_{2n} = \frac{rns_n}{2} = \frac{rP_n}{2}$ 즉, 정n각형의 둘레의 길이와 외접원의 반지름의 $\frac{1}{2}$과의 곱이다. 예를 들어, 반지름이 r인 원에 내접하는 정육각형 둘레의 길이 $P_6 = 6r$이고 같은 원에 내접하는 정십이각형의 넓이는 $A_{12} = \frac{rP_6}{2} = 3r^2$이다.

결과적으로 원의 넓이는 반지름의 길이와 원의 둘레의 길이를 곱한 값의 반과 같다. 이것은 인도의 수학자 바스카라(Bhāskara, 1114~1185년경)에게 알려져 있던 사실이다.

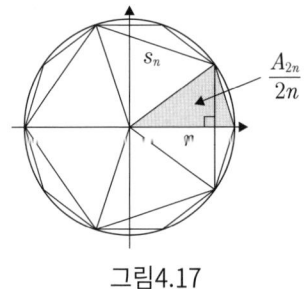

그림4.17

4.8 다섯 플라톤 다면체의 유클리드 작도

13권의 『유클리드 원론』 중 마지막 권에는 다섯 가지 플라톤 다면체(정사면체, 정육면체, 정팔면체, 정십이면체, 정이십면체)에 대한 내용이 있다. 각각의 다면체에 대한 명제18의 많은 명제들을 다룬 후, 마지막 권의 마지막 명제는 같은 구에 내접하는 다섯 가지 다면체의 모서리의 길이를 작도하는 것이다. 작도는 아주 단순하다. 반원과 그 원의 지름에 수직인 몇 개의 선분을 작도하는 것이다. 그림4.18은 『유클리드 원론』의 여러 해석 중 가장 단순한 형태의 그림이다.

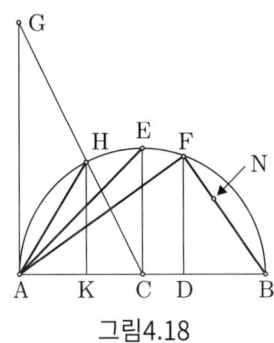

그림4.18

$\overline{AB}$를 지름으로 하는 반원을 그리고, $|\overline{AC}| = |\overline{CB}|$, $|\overline{AD}| = 2|\overline{DB}|$가 되도록 점 C와 점 D를 정한다. $\overline{AB}$에 수직이면서 $|\overline{AG}| = |\overline{AB}|$가 되도록 $\overline{AG}$를 그리고, $\overline{GC}$가 반원과 만나는 점을 H라 한다. $\overline{AB}$에 수직이 되도록 $\overline{HK}$를 그린다. $\overline{CE}$와 $\overline{DF}$를 지름인 $\overline{AB}$에 수직이 되도록 그리고, $\overline{AH}$, $\overline{AE}$, $\overline{AF}$, $\overline{BF}$를 그리고 $|\overline{BF}| = \varphi|\overline{BN}|$(황금비 $\varphi = \dfrac{1+\sqrt{5}}{2}$, 이차방정식 $\varphi^2 = \varphi + 1$의 양의 근)이 되도록 $\overline{BF}$ 위에 점 N을 잡는다. (유클리드는 이 작도 방법을 명제 II.11.에서 설명한다.) 그리고 나면

$\overline{AF}$는 정사면체의 모서리이고,
$\overline{BF}$는 정육면체의 모서리이고,
$\overline{AE}$는 정팔면체의 모서리이고,
$\overline{BN}$은 정십이면체의 모서리이며,
$\overline{AH}$는 정이십면체의 모서리이다.

우리는 $\overline{AH}$가 정이십면체의 모서리임을 보이고, 나머지는 도전문제 4.8로 남겨두겠다. 모서리의 길이가 s인 정이십면체의 12개의 꼭짓점은 가로, 세로의 길이가 $s, s\varphi$인 황금직사각형에 의해 결정된다. (그림4.19 참조)

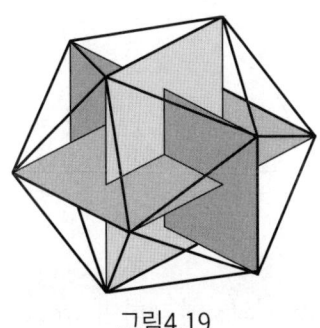

그림4.19

그림4.18에서 $|\overline{AB}| = d$라 하면 삼각 기하에 의해 $|\overline{AH}| = \dfrac{d}{\sqrt{2+\varphi}}$이다. 황금직사각형의 대각선은 구의 지름 d이고 $d = \sqrt{s^2 + s^2\varphi^2} = s\sqrt{2+\varphi}$이다. 따라서 $s = \dfrac{d}{\sqrt{2+\varphi}} = |\overline{AH}|$이다.

4.9 도전문제

4.1 탈레스의 삼각형 정리: '직각삼각형의 빗변은 외접원의 지름이다.'의 역을 증명하여라.

4.2 그림4.7.에서 $|QS|$가 $|PS|$와 $|QR|$의 기하평균임을 이용하여 『Book of Lemmas (보조 정리의 책)』의 명제4를 증명하여라.

4.3 삼각함수의 역함수들 사이에 많은 항등식이 성립한다. 그림4.14의 변의 길이와 각을 이용하여 항등식을 만들 수 있다.

(a) $\dfrac{\arcsin x}{2} = \arctan\dfrac{x}{1+\sqrt{1-x^2}} = \arctan\dfrac{1-\sqrt{1-x^2}}{x}$

(b) $\dfrac{\arccos x}{2} = \arctan\dfrac{1-x}{\sqrt{1-x^2}} = \arctan\dfrac{\sqrt{1-x^2}}{1+x} = \arctan\sqrt{\dfrac{1-x}{1+x}}$

(c) $\dfrac{\arctan x}{2} = \arctan\dfrac{x}{1+\sqrt{1+x^2}} = \arctan\dfrac{\sqrt{1+x^2}-1}{x}$

4.4 그림4.20을 사용하여 사인과 코사인에 대한 배각 공식을 보여라. (회색 삼각형의 넓이를 두 가지 방법으로 계산하고 현의 길이를 두 가지 방법으로 표현한다.)

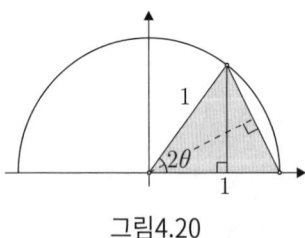

그림4.20

4.5 반원을 사용해서 구간 $[0, 1]$의 x에 대하여 $\arctan x \leq \arcsin x$임을 보여라.

4.6 그림4.21에서 회색 영역의 넓이를 a를 이용하여 보여라.

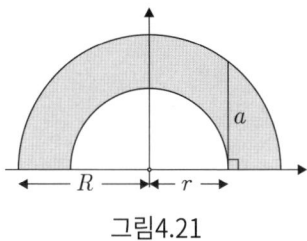

그림4.21

4.7 반원에 내접한 직각삼각형의 두 변에 반원을 그리면 그림4.22에서 밝은 회색으로 표시된 것처럼 각 변에 작은 반원 내부와 큰 반원 외부 영역에 달꼴을 만들어서 키오스의 히포크라테스가 알고 있는 '두 달꼴의 넓이를 합한 넓이가 직각삼각형의 넓이와 같다.'는 사실을 보여라.

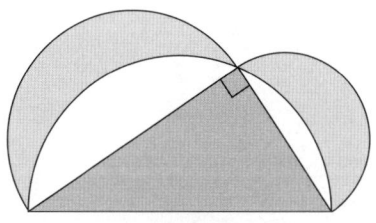

그림4.22

4.8 그림4.18에서 $\overline{AF}$, $\overline{BF}$, $\overline{AE}$, $\overline{BN}$은 각각 지름이 $\overline{AB}$인 구에 내접하는 정사면체, 정육면체, 정팔면체 및 정십이면체의 모서리임을 보여라.

4.9 아벨로스(arbelos, 구두장이의 칼)와 같이 반원 또는 호로 둘러싸인 또 다른 곡선은 그림4.23에 나와 있는 보스코비치(Roger Boscovich, 1711~1787)의 카디오이드라고 하는 하트 모양의 곡선이다. 뾰족한 점을 지나는 모든 직선이 곡선의 둘레를 이등분함을 보여라.

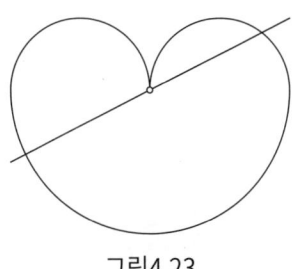

그림4.23

CHAPTER 5
닮은 도형

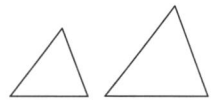

물리적 세계에서 물체는 특성의 어떠한 변화 없이 크기와 양을 늘릴 수 없다.
닮은 도형은 순수기하학에서만 존재한다.

폴 발레리(Paul Valéry)

 닮은 도형은 기하학에서만 존재하는 것이 아니라 여러 분야에서 나타난다. 이 단원에서 닮은 도형에 대한 아이콘은 닮은 두 삼각형이다. '닮은 삼각형의 대응하는 변의 길이의 비는 같다'는 탈레스의 비례 정리는 기하학에서 도형의 닮음을 탐구하는 중요한 정리이다. 이 정리의 결론은 간접측정, 삼각함수의 성질, 기하수열과 급수 등을 포함한다.

 닮음이란 무엇인가? 직관적으로 닮은 물체는 같은 모양의 물체이거나 적당한 크기로 조절하면 일치하는 것이다. 삼각형과 다른 다각형들처럼 수학적(기하적) 도형을 다룰 때는 보다 구체적이어야 한다. 닮은 물체는 일상생활 속에 아주 많은데 그림5.1과 같이 사람이 만든 러시아 마트료시카 인형들과 자연에서 볼 수 있는 어미 코끼리와 새끼 코끼리 등이 있다. 닮음은 차트, 지도, 사진, 꽃, 잎, 장난감 자동차와 기차, 인형집 등에서도 나타난다.

그림5.1

 탈레스 정리를 증명하고 직각삼각형과 일반삼각형의 새로운 결과의 일부에 대한 몇 가지 성질을 조사하자. 삼각함수의 성질, 기하급수의 합, 메넬라우스 정리의 증명, 복제 타일의 확장에 닮은 삼각형을 사용한다.

문학에 나타난 닮음

1727년에 조너선 스위프트(1667~1745)는 고전소설 『걸리버 여행기』를 출판했다. 첫 번째 부분에서 주인공 레무엘 걸리버는 릴리푸트 섬에서 난파되었다. 잠시 후 걸리버는 '손에 활과 화살이 있는 키가 6인치가 되지 않는 인간'을 만났다. 릴리푸트의 주민들은 모든 면에서 크기가 $\frac{1}{12}$인 영국인과 닮았다.

두 번째 부분에서 걸리버는 브로브딩나그의 나라에 도착했다. 이곳의 사람들은 크기가 12배인 영국인과 유사했다. 스위프트는 사회적 비판과 정치적 논평을 하기 위해 걸리버와 릴리푸트와 브로브딩나그의 주민들 사이의 키 크기 차이를 사용했다.

루이스 캐럴로 잘 알려진 도지슨(Charles Lutwidge Dodgson, 1832~1898)은 1865년 『이상한 나라의 앨리스』를 출판했다. 첫 번째 장에서 10살 때 앨리스는 "마셔라."라고 쓰여있는 조그마한 병을 발견하고 마셨다. 그녀는 키만 10인치로 줄었지만 다른 모든 면에서는 여전히 앨리스이다. 앨리스는 얼마나 오랫동안 줄어 있을지 계속 궁금했다. 어떤 수학자들은 "언젠가 나도 촛불처럼 줄어들어 사라질 거야."라는 구절이 캐럴이 극한 개념을 인용한 것이라고 말한다.

5.1 탈레스의 비례 정리

닮은 삼각형은 같은 모양이지만 크기가 같을 필요는 없다. 정확히 말하자면 닮은 삼각형은 대응하는 각들의 크기가 같아 도형의 크기를 알맞게 조절하면 합동이 될 수 있다. 탈레스의 비례 정리는 닮은 삼각형의 대응하는 변의 비는 같다는 것이다. 우리는 먼저 닮은 직각삼각형에서 직각을 이루는 두 변에 대한 정리를 증명하자.

그림5.2a에서 주어진 닮은 직각삼각형 (a, b, c)와 (a', b', c')을 이용하여 그림5.2b의 사각형을 만들 수 있다. 대각선은 두 개의 합동인 직각삼각형으로 나눈다. 어두운 부분의 닮은 삼각형의 넓이는 같으므로 밝은 부분의 사각형의 넓이 ab'과 $a'b$도 같고 이것으로부터 $\frac{a'}{a} = \frac{b'}{b}$임을 알 수 있다.

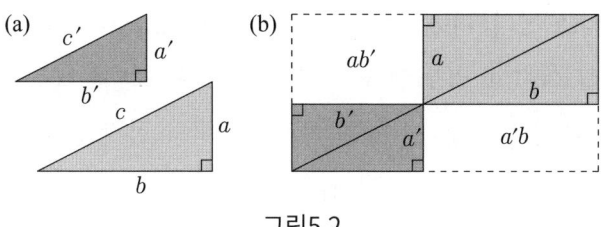

그림5.2

c와 c'을 포함한 정리로 확장하기 위하여 삼각형들을 그림5.3a처럼 놓고 그림5.3b에서와 같이 회색의 평행사변형을 그려서 두 가지 방법으로 평행사변형의 넓이를 구하면 $a'c = ac'$이고, 동치인 $\frac{a'}{a} = \frac{c'}{c}$을 얻을 수 있으며 결론적으로 $\frac{a'}{a} = \frac{b'}{b} = \frac{c'}{c}$ 이다.

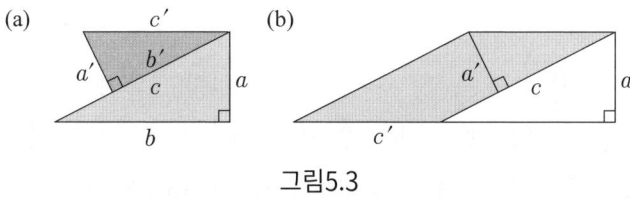

그림5.3

아마도 피타고라스 정리의 증명에서 가장 간단한 증명 중 하나는 닮은 직각삼각형에서 대응하는 각 변의 비율이 같음을 사용하는 것이다. 그림5.4에서 처음의 직각삼각형을 닮은 두 개의 직각삼각형으로 나누기 위해 높이 h를 그리고, 높이 h로 나누어진 삼각형 (a, b, c)의 빗변의 두 선분을 각각 x, y라 하자.

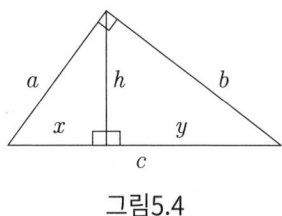

그림5.4

세 삼각형 (a, b, c), (x, h, a), (h, y, b)는 닮음이므로 $\frac{x}{a} = \frac{a}{c}$이고 $\frac{y}{b} = \frac{b}{c}$이므로 $x = \frac{a^2}{c}, y = \frac{b^2}{c}$이다. $x + y = c$이므로 $a^2 + b^2 = c^2$이다. 또, $\frac{x}{y} = \left(\frac{a}{b}\right)^2$이고 $xy = \left(\frac{ab}{c}\right)^2$이다.

닮은 직각삼각형들은 '역수의 피타고라스 정리'를 만드는 데 사용할 수 있다.

역수의 피타고라스 정리(The Reciprocal Pythagorean theorem)

직각삼각형에서 직각을 이루는 두 변을 a, b라 하고 h를 빗변 c에 대한 높이라 하면 빗변의 길이가 $\frac{1}{h}\left(=\frac{c}{ab}\right)$인 닮은 직각삼각형의 직각을 이루는 두 변의 길이가 $\frac{1}{a}$, $\frac{1}{b}$이므로 $\left(\frac{1}{a}\right)^2 + \left(\frac{1}{b}\right)^2 = \left(\frac{1}{h}\right)^2$이다.

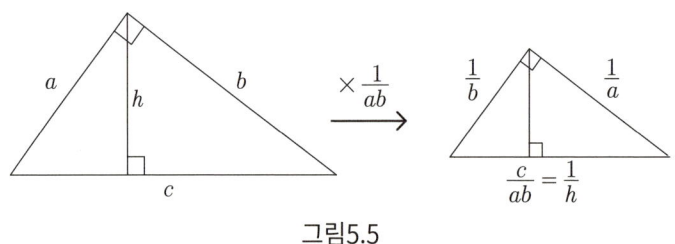

그림5.5

처음 삼각형의 넓이 $\frac{ab}{2} = \frac{ch}{2}$를 이용한 증명은 그림5.5를 보자.

닮은 직각삼각형들은 양수인 첫 번째 항 a와 공비 $r < 1$인 기하급수(등비급수)의 합에 대한 식을 나타내기 위해 사용될 수 있다[Bivens and Klein, 1988]. 그림5.6에서 작은 회색 직각삼각형과 닮은 큰 흰색 직각삼각형 그리고 평행한 회색 선분들을 사용하여 닮은 사다리꼴로 나눈다. 사다리꼴은 밑변은 결국 등비급수의 항이고 작은 회색의 직각삼각형은 큰 흰색 직각삼각형과 닮았기 때문에

$$\frac{a + ar + ar^2 + \cdots}{1} = \frac{a}{1-r}$$

이다.

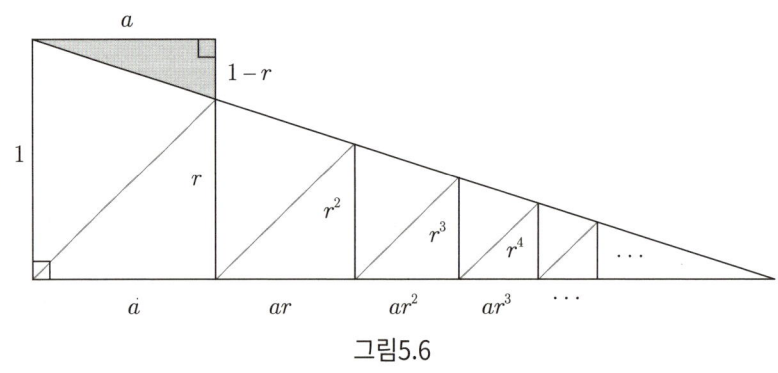

그림5.6

임의의 한 쌍의 닮은 삼각형들로 탈레스의 비례 정리를 확장하자. 삼각형 ABC와 삼각형 A'B'C'에서 ∠A = ∠A', ∠B = ∠B', ∠C = ∠C'이고 각 변이 a, b, c, a', b', c'

인 닮은 삼각형이라 하자. 일반성을 잃지 않기 위해서 ∠C를 삼각형 ABC에서 가장 큰 각이라 하고 점 C에서 밑변인 $\overline{AB}$에 수선 CD를 그리고, 점 C'에서 밑변인 $\overline{A'B'}$에 수선 C'D'을 그리자.

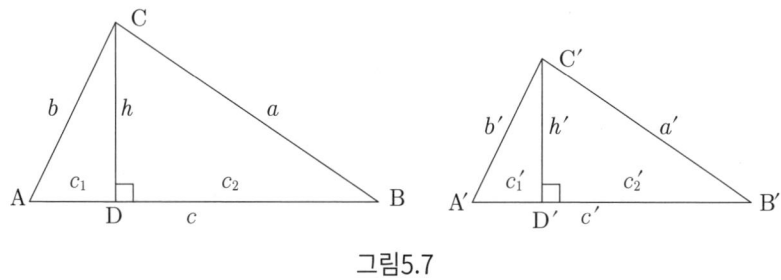

그림5.7

∠A와 ∠B가 예각이므로 점 D는 ∠A와 ∠B 사이에 놓인다. 비슷하게 점 D'도 ∠A'과 ∠B' 사이에 놓인다. 그림5.7을 참조하자. $h = |\overline{CD}|$, $h' = |\overline{C'D'}|$, $c_1 = |\overline{AD}|$, $c_1' = |\overline{A'D'}|$, $c_2 = |\overline{BD}|$, $c_2' = |\overline{B'D'}|$이라 하자. 삼각형 ACD와 삼각형 BCD가 각각 삼각형 A'C'D'와 삼각형 B'C'D'과 닮음이기 때문에

$$\frac{c_1'}{c_1} = \frac{b'}{b} = \frac{h'}{h} = \frac{a'}{a} = \frac{c_2'}{c_2} \qquad \therefore \frac{c_1'}{c_1} = \frac{c_1}{c_2}$$

양변에 1을 더하면 $\frac{c_1' + c_2'}{c_2'} = \frac{c_1 + c_2}{c_2}$이고 이것은 $\frac{c'}{c} = \frac{c_2'}{c_2}$과 동치이다. 따라서

$$\frac{a'}{a} = \frac{b'}{b} = \frac{c'}{c}$$

이다.

1장에서 피타고라스 정리를 설명하고 증명하기 위해 직각삼각형의 세 변에 각각 정사각형이 붙어 있는 신부의 의자(bride's chair)를 사용했다. 『유클리드 원론』의 제6권 정리31의 결과로서 세 개의 닮은 도형이라면 어떠한 경우에도 사용할 수 있다. 예를 들어, 4.4절에서는 반원을 사용했지만 도전문제 8.7에서는 정삼각형을 사용한다.

양수 a, b, c, d에 대한 아래의 식은 이번 절의 다음 내용에 유용하게 사용된다. 만약 $\frac{a}{b} = \frac{c}{d} \neq 1$이면

$$\frac{a+b}{a-b} = \frac{c+d}{c-d}$$

이다.

일반성을 잃지 않기 위해 그림5.8a에서 $a > b$와 $c > d$를 가정하고 직각을 이루는 두

변이 각각 a, c와 b, d인 닮음인 직각삼각형을 생각하자. 그림5.8b처럼 작은 삼각형 두 개와 큰 삼각형 한 개를 이용하여 직각을 이루는 두 변의 길이가 $a+b, c+d$인 직각삼각형을 만든다. 두 변의 길이가 $a-b, c-d$인 작은 회색 직각삼각형은 직각을 이루는 두 변이 $a+b$와 $c+d$인 큰 삼각형과 닮음이기 때문에 식이 성립한다.

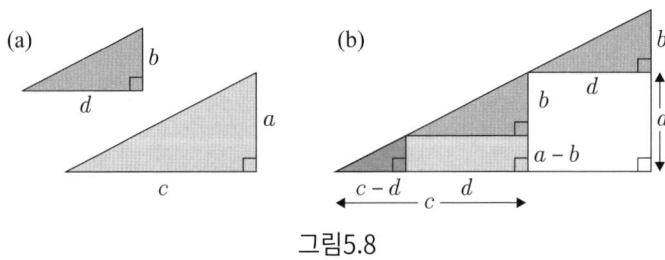

그림5.8

그림5.9에서 사다리꼴 ABCD를 생각하자. 점 E를 대각선인 $\overline{AC}$와 $\overline{BD}$의 교점이라 하고 S와 T를 각각 삼각형 BCE와 ADE의 넓이라 하자. 사다리꼴 ABCD의 넓이를 K라 하면 $K = (\sqrt{T} + \sqrt{S})^2$이다.

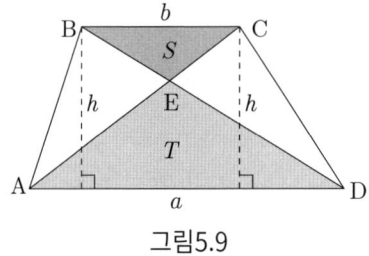

그림5.9

이 결과를 증명하기 위해 먼저 삼각형 BCE와 삼각형 ADE가 닮음이므로 $\dfrac{T}{S} = \left(\dfrac{a}{b}\right)^2$ 또는 $\dfrac{a}{b} = \dfrac{\sqrt{T}}{\sqrt{S}}$라 하자. 그러면 앞의 결과에 따라 $\dfrac{a+b}{a-b} = \dfrac{\sqrt{T}+\sqrt{S}}{\sqrt{T}-\sqrt{S}}$이다.

삼각형 ABE(또는 삼각형 CDE)의 넓이를 두 가지 방법으로 구하면 $\dfrac{ah}{2} - T = \dfrac{bh}{2} - S$이고 $\dfrac{(a-b)h}{2} = T - S$이다. 따라서

$$K = \dfrac{a+b}{2}h = \dfrac{a-b}{2}h \cdot \dfrac{a+b}{a-b} = (T-S)\dfrac{\sqrt{T}+\sqrt{S}}{\sqrt{T}-\sqrt{S}} = (\sqrt{T}+\sqrt{S})^2$$

이다.

확대, 축소 컴퍼스(Reduction compasses)

이 컴퍼스는 16세기 이탈리아에서 발전했으며 크기를 확대하거나 축소하여 그림을 복제하기 위해 사용한 제도 도구이다. 이것은 움직이는 중심과 두 개의 교차하는 다리로 구성되어 있다. 반대쪽에 있는 두 점 사이의 거리는 1 : 3 또는 1 : 5와 같은 단순한 비율을 이룬다. 그림5.10은 피렌체의 과학역사 연구박물관에 있는 17세기 청동 표본이다.

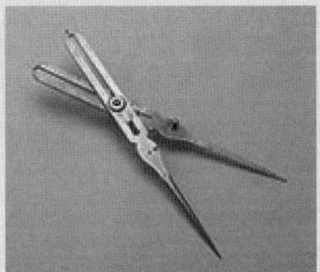

그림5.10

우리가 4장에서 처음으로 본 아르키메데스의 『Book of Lemmas』[Heath. 1897]에서 다룬 정리로 이번 절을 마무리하려 한다. 증명은 닮은 삼각형의 성질을 사용한다.

아르키메데스의 정리1

두 원이 점 A에서 접하고 두 원의 지름인 $\overline{BD}$와 $\overline{EF}$가 서로 평행하다고 할 때, 세 점 A, D, F는 한 직선 위에 있다. (그림5.11 참조)

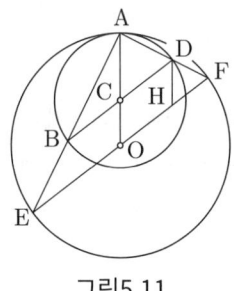

그림5.11

점 O와 점 C를 두 원의 중심이라 하고 $\overline{OC}$를 점 A에서 만나도록 연장한다. $\overline{AO}$에 평행하고 점 H가 $\overline{OF}$와 만나도록 $\overline{DH}$를 그린다. $|\overline{OH}| = |\overline{CD}| = |\overline{CA}|$이고 $|\overline{OF}| = |\overline{OA}|$이므로 $|\overline{HF}| = |\overline{CO}| = |\overline{DH}|$이다. 그래서 삼각형 ACD와 삼각형 DHF는

닮음인 이등변삼각형이고 ∠ADC = ∠DFH이다. 양변에 ∠CDF를 더하면

$$\angle ADC + \angle CDF = \angle CDF + \angle DFH = 180°$$

이므로 세 점 A, D, F는 한 직선 위에 있다.

팬토그래프(The Pantograph)

팬토그래프는 크기를 확대·축소하는 기계적 연동장치이다. 펜토그래프는 하나의 고정점과 두 개의 움직이는 점이 있는데 그중 하나는 도면을 추적하는 포인터이고, 다른 하나는 닮은 그림을 만들기 위해 펜이나 연필을 사용한다. 이것은 약 1603년에 크리스토프 샤이너(Christoph Scheiner, 1573~1650)에 의해 만들어졌다. 그림5.12의 삽화는 1631년에 샤이너의 출판물 「Pantographice」에 있는 것이다.

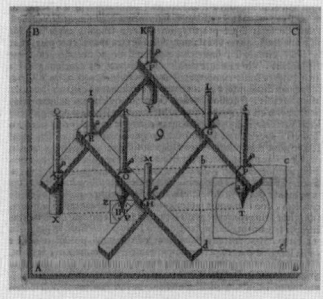

그림5.12

5.2 메넬라우스의 정리

다음 정리는 알렉산드리아의 메넬라우스(70~140년경)가 공헌한 것으로 알려진 것이다. 평면에서 세 점이 한 직선 위에 존재하기 위한 조건을 제시한다. 여러 가지 증명들이 있지만 여기서는 '탈레스의 비례 정리'를 사용한다.

메넬라우스의 정리

그림5.13과 같이 삼각형 ABC에서 선분 BC, CA, AB 위 또는 그 연장선 위의 점을 각각 X, Y, Z라 하고 이 점들이 한 직선 위에 있다면

$$\frac{|\overline{BX}|}{|\overline{CX}|} \cdot \frac{|\overline{CY}|}{|\overline{AY}|} \cdot \frac{|\overline{AZ}|}{|\overline{BZ}|} = 1 \tag{5.1}$$

이다. 역으로 만약 세 변 위의 점들 X, Y, Z가 (5.1)을 만족하면 세 점은 한 직선 위에 있다.

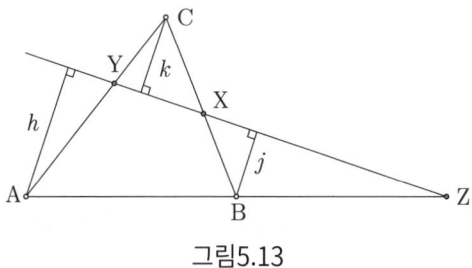

그림5.13

세 점 X, Y, Z가 한 직선 위에 있다고 가정하고 이 직선 위에 내린 수선들을 각각 h, j, k라 하자. 직각삼각형들의 닮음을 이용하여

$$\frac{|\overline{BX}|}{|\overline{CX}|} = \frac{j}{k}, \quad \frac{|\overline{CY}|}{|\overline{AY}|} = \frac{k}{h}, \quad \frac{|\overline{AZ}|}{|\overline{BZ}|} = \frac{h}{j}$$

이고 (5.1)이 성립한다. 세 점 X, Y, Z가 한 직선 위에 존재하기 위해서는 삼각형의 한 변 또는 세 변이 연장되어야 한다.

역으로 (5.1)이 성립한다고 가정하자. 두 점을 X, Y라 하고 선분 XY와 선분 AB(또는 그 연장선)의 교점을 Z′이라 하자. 그러면 $\frac{|\overline{AZ'}|}{|\overline{BZ'}|} = \frac{|\overline{AZ}|}{|\overline{BZ}|}$ 이다. 양변에서 1을 빼면 $\frac{|\overline{AZ'}|}{|\overline{AB}|} = \frac{|\overline{AZ}|}{|\overline{AB}|}$ 이고 $|\overline{AZ'}| = |\overline{AZ}|$이므로 점 Z와 점 Z′은 같은 점이다.

다음 장에서는 메넬라우스 정리가 보완된 체바의 정리를 소개한다. 메넬라우스 정리는 삼각형의 변위의 세 점이 한 직선 위에 놓이기 위한 조건을 제시하는 반면, 체바의 정리는 삼각형의 꼭짓점을 지나는 세 직선이 한 점을 공유하는 조건을 제시한다.

5.3 복제 타일

복제 타일은 일반적으로 다각형 모양의 타일을 합쳐서 원래 타일과 모양은 같으면서 크기는 더 커진 형태로 만든 것이다. 만약 n개의 복제 타일로 더 큰 모양을 만들 수 있다면 이것을 n-복제라 부르자. 예를 들어, 그림5.14와 같이 모든 삼각형은 4-복제

이면서 9-복제이다. 그리고 모든 삼각형이 양의 정수 k에 대하여 k^2-복제인 것은 쉽게 알 수 있다.

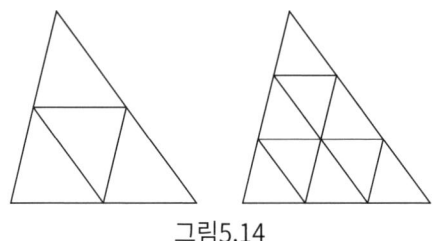
그림5.14

특정한 삼각형들은 제곱수가 아닌 n에 대해서 n-복제 타일들이다. 그림5.15에 나타난 것처럼 직각이등변삼각형은 2-복제이고, 세 내각의 크기가 각각 30°, 60°, 90°인 직각삼각형은 3-복제이다. 그리고 직각을 이루는 두 변 중 한 변의 길이가 다른 한 변의 길이의 두 배인 직각삼각형은 5-복제이다. 만약 삼각형이 n-복제 타일이라면 n은 제곱수이거나 두 제곱수의 합 또는 제곱수의 세 배이다[Snover et al., 1991].

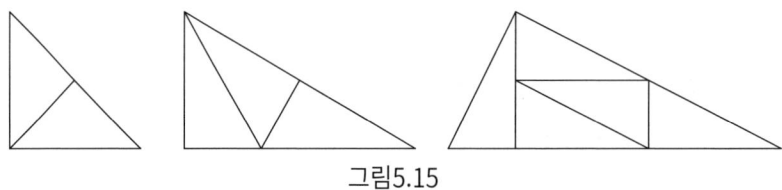
그림5.15

복제 타일을 만들 수 있는 정다각형은 정삼각형과 정사각형뿐이다. 그러나 많은 다각형이 복제 타일이다. 예를 들어, 모든 평행사변형은 복제 타일이다. 다각형 중에 흥미로운 것들이 도미노(domino)를 일반화한 폴리오미노(polyomino)이다. 폴리오미노는 각각의 정사각형들이 다른 정사각형들과 적어도 한 변 이상 만나도록 단위 정사각형(monomino)들을 결합한 것이다. 그림5.16의 도미노, 트로미노의 두 개 모양(직선과 L모양), 다섯 개의 테트로미노(직선, 사각형, T, 비틀림, L모양)를 보자. 도미노와 같이 회전하거나 뒤집어서 같은 모양인 폴리오미노는 같은 형태로 간주한다.

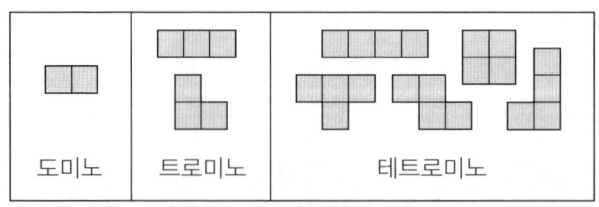
그림5.16

정사각형들을 직각으로 붙인 모든 폴리오미노는 복제 타일이 될 수 있다. 그림5.17에서 보는 것처럼 L-트로미노와 T-테트로미노, L-테트로미노들은 복제 타일들이다.

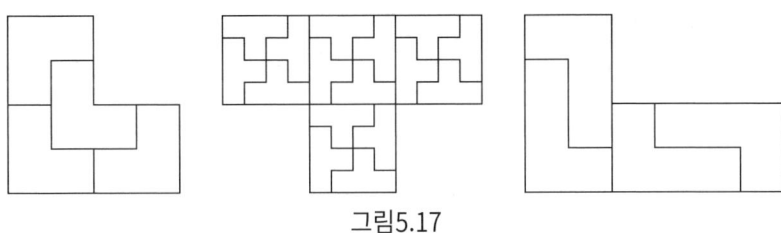

그림5.17

16-복제 복제 타일로써 T-테트로미노의 그림은 복제 타일이 되기 위한 폴리오미노에 대한 판단기준을 제시한다. 만약 폴리오미노를 붙여서 정사각형이 된다면 그것은 복제 타일이 된다. 그리고 폴리오미노를 붙여서 직사각형이 된다면 그 폴리오미노는 복제 타일이 된다.

가로와 세로가 $m \times n$인 직사각형이 mn개 있다면 그것은 한 변의 길이가 mn인 정사각형을 만들 수 있으므로 그 정사각형은 폴리오미노를 이전보다 큰 폴리오미노로 만들 수 있다.

정사각형을 이용하여 폴리오미노를 만든 것처럼 정삼각형을 이용해서 폴리아몬드를 만들 수 있다. 그림5.18에서 모니아몬드, 다이아몬드, 트리아몬드와 세 가지 모양의 테트리아몬드 그리고 네 가지 모양의 펜티아몬드를 볼 수 있다.

많은 폴리아몬드는 복제타일이 된다. 그림5.19에서 트리아몬드와 스핑크스 헥시아몬드는 k^2-복제 복제 타일이다.(헥시아몬드에는 모두 12종류가 있고, 이 중 적어도 세 가지는 복제 타일이 된다). 폴리오미노와 폴리아몬드에 대한 더 많은 내용은 [Martin, 1991]을 참고하자.

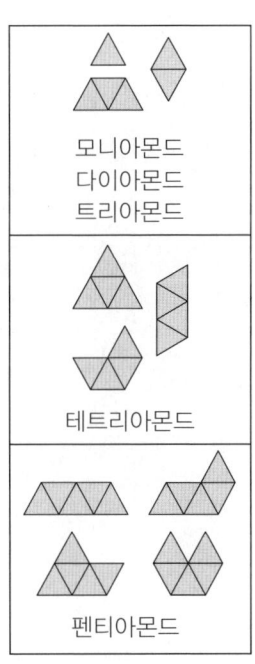

그림5.18

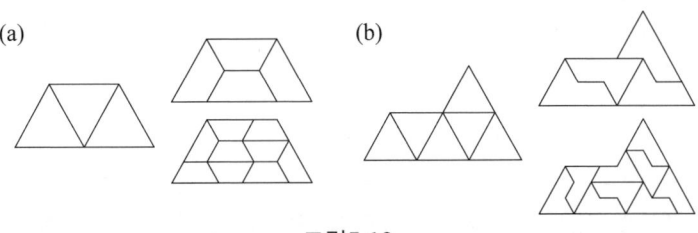

그림5.19

완전타일링

복제 타일에 의한 타일링에서 모든 작은 도형들은 합동이고 큰 도형과 닮음이다. 완전타일링에서는 모든 작은 도형들은 큰 도형과 닮았지만 서로 합동은 아니다. 이등변삼각형이 아닌 모든 직각삼각형은 그림5.20a와 같이 완전타일링이 된다. 여섯 타일의 그림5.20b와 같이 다른 많은 삼각형도 완전타일링이 된다.

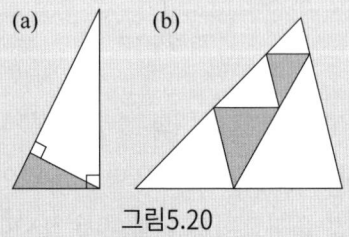

그림5.20

유일하게 6개 이하의 변을 가진 다각형 타일 두 개로 완전타일링을 구성하는 것은 위의 그림에 있는 이등변삼각형이 아닌 직각삼각형과 그림5.21[Scherer, 2010]에 '황금벌(golden bee)' 도형이 알려져 있다. '황금벌'이라는 도형의 이름은 $r = \sqrt{\varphi}$ 에서 φ가 황금비이고 타일 도형이 알파벳 'b'의 모양과 비슷해서 생긴 이름이다.

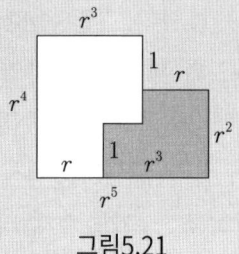

그림5.21

5.4 중심닮음 함수

만약 평면에서 고정된 한 점에 대하여 한 도형을 다른 도형으로 확대 또는 축소했다면 두 도형은 중심닮음(homothetic)이다. 중심닮음인 두 도형은 항상 닮음이다. 그리고 1.4절에서 벡텐 구성을 확장할 때 중심닮음인 삼각형들을 만났다. 원점에 대한 중심닮음인 모양의 그래프를 표현한 두 함수를 생각해 보자.

정의역이 실수 전체 집합인 두 함수 f, g에 대하여, 함수 f의 그래프 위의 임의의 한 점 $(x, f(x))$에 대하여, $(kx, kf(x))$가 함수 $g(x)$ 위의 한 점이 되게 하는 양의 실수 $k(k \neq 1)$가 존재하면 두 함수는 원점에 대하여 중심닮음 관계에 있다고 한다. (그림 5.22 참조)

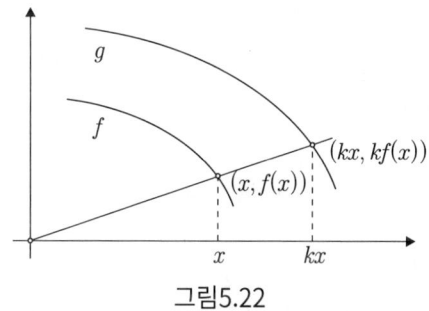

그림5.22

따라서

$$g(kx) = kf(x) \tag{5.2}$$

x를 $\frac{x}{k}$로 바꾸면

$$g(x) = kf\left(\frac{x}{k}\right) \tag{5.3}$$

예를 들어, 점근선이 수직인 두 쌍곡선(rectangular hyperbolas) $f(x) = \frac{a}{x}$와 $g(x) = \frac{b}{x}$ (단, $ab > 0$)는 $k = \frac{b}{a}$인 중심닮음이고, 두 포물선 $f(x) = ax^2$과 $g(x) = bx^2$ (단, $ab > 0$)은 $k = \sqrt{\frac{b}{a}}$인 중심닮음이다.

또 다른 예로, $f(x) = \sin x$와 $g(x) = \sin x \cos x$는

$$g(x) = \sin x \cos x = \frac{1}{2}(2 \sin x \cos x) = \frac{1}{2} \sin 2x = \frac{1}{2} f(2x) = \frac{1}{2} f\left(\frac{x}{\frac{1}{2}}\right)$$

이므로 함수 f와 g는 $k = \frac{1}{2}$인 중심닮음이다.

그림5.23에서 회색 점선이 $2g(x) = f(2x)$임을 보여준다.

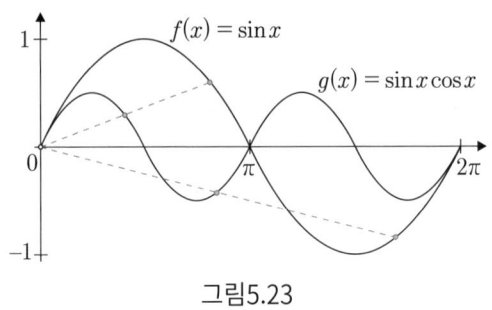

그림5.23

선형함수 $f(x) = ax$는 자기 자신과 중심닮음인 것이 자명하므로 이것을 자기중심닮음(self-homothetic)으로 부르기로 한다.

자기중심닮음인 다른 연속함수가 있을까?

함수 f가 자기중심닮음이면 f는 (5.2)를 만족한다. 즉, 적당한 양의 실수 $k(k \neq 1)$에 대하여 $g = f$이다. 따라서 f는

$$f(kx) = kf(x) \tag{5.4}$$

를 만족한다.(단, $f(0) = 0$)

(5.4)에 대한 일반적인 해를 찾기 위해서 k가 $0 < k < 1(k > 1$일 때도 같은 방법으로)이고 $x > 0$라 가정하자. 구간 $(0, \infty)$를 구간 $[k^n, k^{(n-1)}]$ (단, n은 정수)들로 나눌 때, 함수 f를 다음과 같이 정의할 수 있다. h가 $h(k) = kh(1)$를 만족하는 $[k, 1]$ 상의 임의의 연속함수라 하고, $[k, 1]$에서 $f = h$라 가정하자. 이때, $\left[1, \frac{1}{k}\right]$의 x에 대하여 $1 \leq x \leq \frac{1}{k}$ 즉, $k \leq kx \leq 1$이고 $h(kx) = f(kx) = kf(x)$이다. 또, 이 구간에서 $f(x) = \frac{1}{k}h(kx)$ 이다. 같은 방법으로 구간 $\left[\frac{1}{k}, \frac{1}{k^2}\right]$에서 $f(x) = \frac{1}{k^2}h(k^2x)$라 하자. 계속해서 구간 $[k^2, k]$에서 $k^2 \leq x \leq k$ 즉, $k \leq \frac{x}{k} \leq 1$이므로 $h\left(\frac{x}{k}\right) = f\left(\frac{x}{k}\right) = \frac{1}{k}f(x)$이다. 이러한 식으로 이어지는 구간에서 $f(x) = kh\left(\frac{x}{k}\right)$라 놓고 반복하면 조건 $h(k) = kh(1)$은 함수 f가 구간 $(0, \infty)$에서 연속이다.

예를 들어, $k = \frac{1}{2}$이고 구간 $\left[\frac{1}{2}, 1\right]$에서 $h(x) = \left|x - \frac{2}{3}\right|$이면 구간 $(0, 2]$에서 함수 f의 그래프는 그림5.24와 같고, 굵은 선분으로 표시된 부분이 함수 h의 그래프이다.

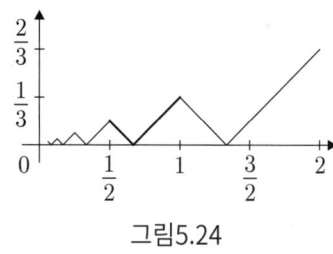

그림5.24

5.5 도전문제

5.1 빗변이 c인 직각삼각형을 (a, b, c)라 하고 (a, b, c)와 닮음인 직각삼각형을 (a', b', c')이라 할 때, 등식 $aa' + bb' = cc'$이 성립함을 증명하여라.

5.2 점 P가 삼각형 내부의 한 점이라 할 때, 점 P를 지나면서 삼각형의 세 변에 각각 평행한 선분을 그림5.25와 같이 긋는다. $a = |\overline{BC}|$, $b = |\overline{AC}|$, $c = |\overline{AB}|$이고 a', b', c'가 선분 a, b, c의 가운데 선분이라 할 때, $\dfrac{a'}{a} + \dfrac{b'}{b} + \dfrac{c'}{c} = 1$임을 보여라.

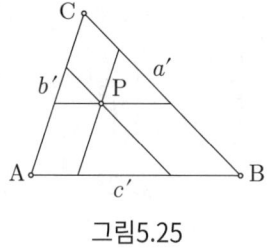

그림5.25

5.3 그림5.26에서 원 위에 주어진 두 점 P, Q에 대한 현 PQ와 점 P에서 접선 t와 t에 수직인 직선 QR을 생각하자. $|\overline{PQ}|$는 $|\overline{QR}|$과 원의 지름의 기하평균임을 보여라.

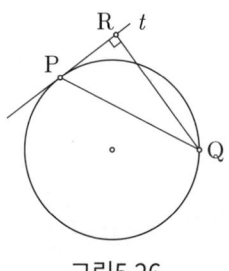

그림5.26

5.4 그림5.27에 나타난 것처럼 정사각형 ABCD의 대각선이 점 E에서 만나고 각 CAD의 이등분선이 점 G에서 $\overline{DE}$와 만나고 점 F는 $\overline{CD}$와 만난다. 이때, $|\overline{FC}| = 2|\overline{EG}|$임을 증명하여라.

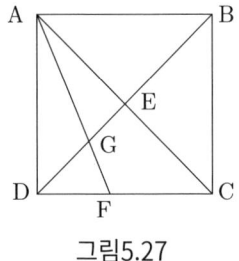

그림5.27

5.5 삼각형 ABC는 원에 내접한 삼각형이고, 호 BC 위의 점 D가 있다고 가정할 때, 점 E를 $\overline{AD}$와 $\overline{BC}$의 교점이라 하자. 삼각형 ABD와 삼각형 BDE가 닮음인 이유를 설명하여라.

5.6 12개의 펜토미노 중에서 그림5.28은 복제 타일이 되는 네 개의 펜토미노 조각—I, L, P, Y를 나타낸다. I와 P는 4-복제이고, L과 Y는 100-복제임을 보여라.

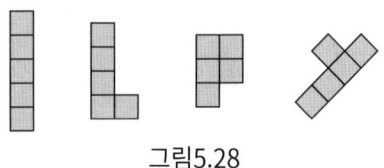

그림5.28

5.7 두 지수함수 $f(x) = e^{ax}$와 $g(x) = e^{bx}$(단, $a \neq b$)가 중심닮음이 가능한지 설명하여라.

CHAPTER 6
체바 직선(Cevian)

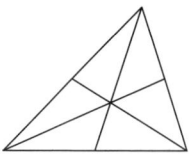

산술! 대수! 기하! 거대한 삼위일체! 빛나는 삼각형!
이것들을 모른다는 건 말도 안 된다.
로트레아몽 백작(Comte de Lautréamont, 1846~1870)

체바 직선(cevian)은 삼각형의 한 꼭짓점을 마주 보는 변(필요시 연장하여) 위의 한 점과 연결한 직선이다. 친숙한 체바 직선에는 중선, 각의 이등분선, 수선이 있고, 그 외 다른 종류들도 많이 있다. 이 이름은 이탈리아 수학자 지오바니 체바(Giovanni Ceva, 1647~1734)에서 유래한 것으로 다음 절에서 세 개의 체바 직선이 한 점에서 만나기 위한 필요충분조건을 제공하는 체바의 정리를 증명한다.

이 장의 아이콘은 삼각형과 한 점에서 만나는 세 개의 체바 직선에 관한 것이다. 체바 직선의 교점은 삼각형의 중심과 연관된다. 체바 직선의 교점과 관련한 삼각형의 중심에는 앞에서 언급한 바와 같이 중선들에 의한 무게중심, 각의 이등분선들에 의한 내심, 수선들에 의한 수심이 있다. 1장에서 삼각형의 벡텐 점(Vecten point)과 르무안 점(Lemoine point)이라는 두 개의 중심을 다루었다. 이것에 해당하는 체바 직선은 그림1.11과 그림1.13a에 있다. 8장에서 페르마 점(Fermat point)을 보여줄 것이다. 「삼각형의 중심 백과사전」[Kimberling, 2010]은 중심과 성질들이 정리된 온라인 목차이고, 2010년 현재 3,500개 이상의 서로 다른 삼각형의 중심들이 있다.

체바 직선을 가진 삼각형 디자인의 예는 그림6.1과 같이 상업적 로고, 고속도로 표지판, 요트 클럽의 깃발 등 우리 주변에서 쉽게 볼 수 있다.

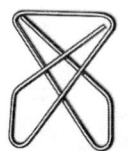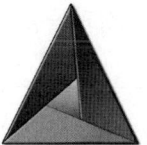

그림6.1

이 장에서 중선, 각의 이등분선, 수선과 같이 잘 알려진 체바 직선의 성질들을 검토하기 위해 체바의 정리와 함께 이와 밀접한 스튜어트의 정리를 사용한다. 또한 한 점에서 만나는 체바 직선에 의해 만들어진 삼각형들의 성질을 조사한다. 모든 체바 직선이 한 점에서 만나는 것은 아니므로 한 점에서 만나지 않는 체바 직선에 대하여 몇 가지 결론을 내리고자 한다.

체바 직선과 지붕 트러스

지붕 트러스는 건물의 지붕을 지탱하기 위한 안정적이고 강한 나무 또는 금속의 구조이다. 체바 직선을 추가하면 트러스 내부에 작은 삼각형들을 구성하여 강도와 안정성을 향상할 수 있다. 트러스 디자인에는 여러 가지가 있다. 그림6.2의 여섯 가지 고대 트러스들은 너비의 폭과 지붕의 무게에 대한 조건을 충족하기 위해 서로 다른 구조적 성질을 가진다.

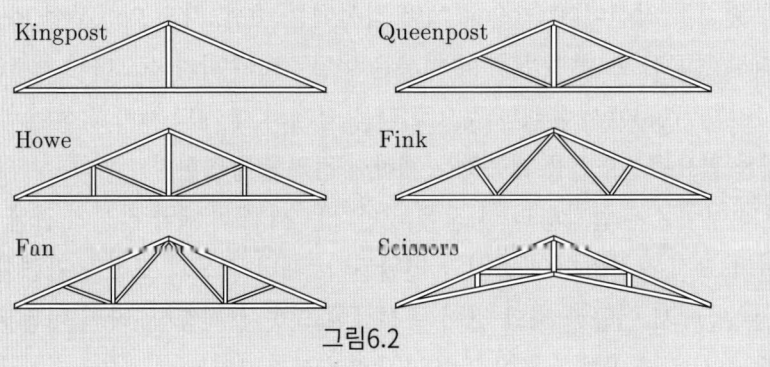

그림6.2

6.1 체바와 스튜어트의 정리

체바의 정리는 1678년에 지오바니 체바가 증명을 발표하기 오래전부터 알려져 있었다. 이 정리는 11세기에 유수프 알 무타만 이븐 후드(Yusuf al-Mu'taman ibn Hud)에 의해 증명되었고 고대 그리스인들에게 알려졌을 수도 있다. 오늘날 그 정리가 잘 알려지지 않았지만 증명하기 쉽고 잘 알려진 결과들을 확립하는 데 유용하다.

체바의 정리(Ceva's theorem)

그림6.3의 삼각형 ABC에서 점 X, Y, Z가 각각 변 BC, CA, AB 위의 점이라 하자. 변

BC의 길이를 a_b, a_c로 내분하는 점을 X라 하고 나머지 두 변도 그림과 같이 나눈다. 체바 직선 AX, BY, CZ가 한 점에서 만나면 다음 식과 필요충분조건이다.

$$\frac{a_b}{a_c} \cdot \frac{b_c}{b_a} \cdot \frac{c_a}{c_b} = 1 \tag{6.1}$$

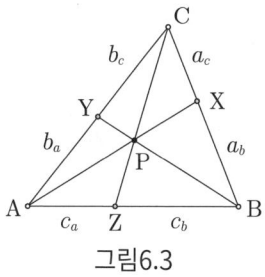

그림6.3

증명을 위해 다음과 같은 단순한 결과가 필요하다.

x, y, z, t가 $x > z > 0, y > t > 0$인 실수이고 $\frac{x}{y} = \frac{z}{t}$이면

$$\frac{x}{y} = \frac{z}{t} = \frac{x-z}{y-t} \tag{6.2}$$

이다.

(6.2)의 증명은 그림6.4와 같다.

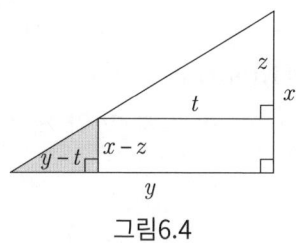

그림6.4

[DEF]를 삼각형 DEF의 넓이라 하고, 그림6.3에서 세 개의 체바 직선 AX, BY, CZ가 점 P에서 만난다고 하자. △ACZ와 △BCZ의 높이가 같고 △APZ와 △BPZ의 높이도 같으므로 넓이의 비는 밑변의 비와 같다. 따라서

$$\frac{c_a}{c_b} = \frac{[ACZ]}{[BCZ]} = \frac{[APZ]}{[BPZ]}$$

이다.

[ACZ] > [APZ]이고 [BCZ] > [BPZ]이므로 식 (6.2)에 의해 결과는 다음과 같다.

$$\frac{c_a}{c_b} = \frac{[ACZ] - [APZ]}{[BCZ] - [BPZ]} = \frac{[ACP]}{[BCP]} \tag{6.3}$$

이다. 같은 방법으로

$$\frac{a_b}{a_c} = \frac{[ABP]}{[ACP]}, \quad \frac{b_c}{b_a} = \frac{[BCP]}{[ABP]} \tag{6.4}$$

이다. (6.3)과 (6.4)를 곱하면 (6.1)이 된다.

역으로 (6.1)이 성립한다고 가정할 때, 체바 직선 AX와 BY의 교점을 점 P라 하자. 점 P를 지나는 체바 직선 CZ'을 그리면 직선 AX, BY, CZ'이 한 점에서 만나므로

$$\frac{a_b}{a_c} \cdot \frac{b_c}{b_a} \cdot \frac{|\overline{AZ'}|}{|\overline{BZ'}|} = 1$$

이다. (6.1)이 성립하므로 $\frac{c_b}{c_a} = \frac{|\overline{BZ'}|}{|\overline{AZ'}|}$ 이다. 식의 양변에 1을 더하면 $c_a = |\overline{AZ'}|$ 이므로 Z' = Z이다. 따라서 세 개의 체바 직선 AX, BY, CZ는 한 점에서 만난다.

다음 정리는 체바 직선의 길이를 삼각형의 변과 변들의 분할로 표현한 것이다.

1746년에 그 결과를 발표한 스코틀랜드 수학자 매튜 스튜어트(Matthew Stewart, 1717~1785)의 이름을 따서 명명했으며 첫 번째 증명은 1751년 또 다른 스코틀랜드인 로버트 심슨(Robert Simson, 1687~1768)이 제시했다.

스튜어트의 정리(Stewart's theorem)

삼각형 ABC의 변의 길이를 a, b, c 라 하자. 만약 체바 직선 CZ가 선분 AB를 c_a와 c_b 길이로 나누면 |CZ|는

$$a^2 c_a + b^2 c_b = c(|\overline{CZ}|^2 + c_a c_b) \tag{6.5}$$

를 만족한다.

그림6.5와 같이 $|\overline{CZ}|$를 구하기 위해 변 AB에 높이 h_c를 그리고 z를 높이의 발과 점 Z 사이의 거리로 두자.

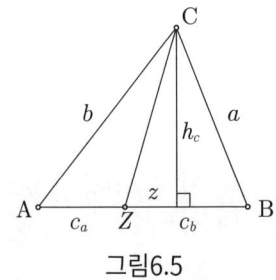

그림6.5

피타고라스 정리로부터 다음 두 가지 사실이 성립한다.

$$a^2 = h_c^2 + (c_b - z)^2 = h_c^2 + c_b^2 + z^2 - 2c_b z = |\overline{CZ}|^2 + c_b^2 - 2c_b z \tag{6.6}$$

$$b^2 = h_c^2 + (c_a + z)^2 = h_c^2 + c_a^2 + z^2 + 2c_a z = |\overline{CZ}|^2 + c_a^2 + 2c_a z \tag{6.7}$$

그리고 (6.6)에 c_a를 곱하고, (6.7)에 c_b를 곱하여 두 결과를 더한 뒤 $c = c_a + c_b$임을 이용하면 (6.5)를 얻는다. 그림6.3에서 비슷한 결과가 $|\overline{AX}|$와 $|\overline{BY}|$에 대해 만족한다. 체바의 정리와 스튜어트의 정리를 활용하면, 잘 알려져 있는 체바 직선의 성질을 생각해볼 수 있다.

6.2 중선과 무게중심

일반적으로 변의 길이가 m_a, m_b, m_c인 삼각형의 중선은 변의 중점에 그려진 체바 직선이다. 따라서 그림6.3에서 $a_b = a_c = \dfrac{a}{2}, b_a = b_c = \dfrac{b}{2}, c_a = c_b = \dfrac{c}{2}$이고, 세 중선은 체바의 정리에 의하면 한 점에서 만난다. 그림6.3에서 세 중선은 삼각형의 중심 P에서 만난다. 이 중심은 보통 G로 나타내며 삼각형의 무게중심으로 잘 알려져 있다.

스튜어트의 정리로부터 다음의 결과를 얻을 수 있다.

$$m_a^2 = \frac{b^2 + c^2}{2} - \frac{a^2}{4}, \; m_b^2 = \frac{a^2 + c^2}{2} - \frac{b^2}{4}, \; m_c^2 = \frac{a^2 + b^2}{2} - \frac{c^2}{4}$$

이것은 페르게의 아폴로니오스(기원전 262~190) 이름이 붙은 '아폴로니오스의 정리'이다. 이것으로

$$m_a^2 - m_b^2 = \frac{3}{4}(b^2 - a^2)$$

을 얻는다. 그래서 $a \leq b \leq c$이면 $m_a \geq m_b \geq m_c$가 되고,
$m_a^2 + m_b^2 + m_c^2 = \dfrac{3(a^2 + b^2 + c^2)}{4}$ 도 만족한다.

세 개의 체바 직선이 한 점에서 만나면 삼각형은 작은 삼각형 6개로 분할된다. 이 체바 직선이 삼각형의 중선이 될 때, 분할된 작은 삼각형들의 넓이는 같다. 이것을 증명하기 위하여 그림6.6에서처럼 삼각형 ABC의 세 중선을 $\overline{AX}, \overline{BY}, \overline{CZ}$라 히고 작은 삼각형 각각의 넓이를 x, y, z, u, v, w라 하자.

중선은 한 삼각형을 넓이가 같은 두 개의 삼각형으로 나누기 때문에 $u = v, w = x$,

$y=z$이다. $u+v+w=\dfrac{[ABC]}{2}=v+w+x$이므로 $u=x$이다.

같은 방법으로 $v=y$, $w=z$이다. 따라서 $u=v=y=z=w=x$이다.

이 결과로부터 삼각형의 무게중심이 중선을 3등분함을 알 수 있다. 그림6.6에서 $[ACG]=2[CGX]$이고 두 삼각형이 점 C에서 같은 높이를 갖기 때문에 $|\overline{AG}|=2|\overline{GX}|$이고 $|\overline{AX}|=3|\overline{GX}|$이다. 같은 방법으로 $|\overline{BY}|=3|\overline{GY}|$이고 $|\overline{CZ}|=3|\overline{GZ}|$이다.

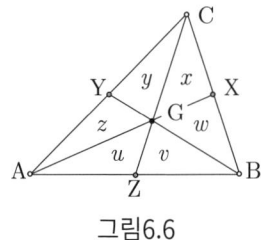

그림6.6

삼각형 ABC의 내부의 한 점을 P라 하고 선분 AP, BP, CP를 그려 보자. 만약 삼각형 ABP, BCP, ACP가 같은 넓이를 갖는다면 점 P는 삼각형 ABC의 무게중심 G이어야 한다. 이 사실을 보이기 위해서 선분 BC의 중점을 X라 하면, 사각형 ABXP의 넓이는 $\dfrac{[ABC]}{2}$이다. 그러므로 점 P는 중선 AX 위에 있으며 점 P는 나머지 두 중선 위에 있다. 따라서 점 P는 무게중심이다.

한 삼각형의 중선들은 항상 하나의 삼각형을 만들며 이를 '중선 삼각형'이라 한다. 그리고 중선 삼각형의 넓이는 처음 삼각형의 넓이의 $\dfrac{3}{4}$이다[Hungerbühler, 1999]. (그림6.7 참조)

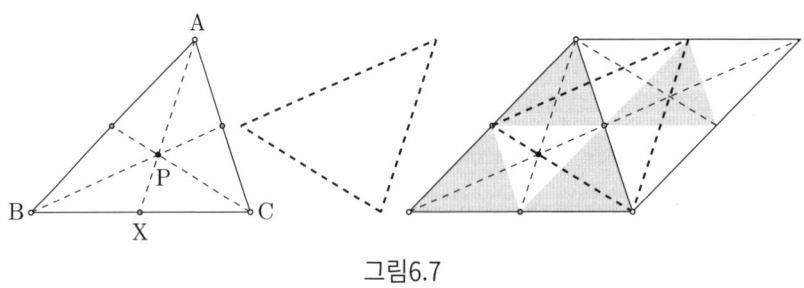

그림6.7

6.3 높이와 수심

삼각형의 변에 수직으로 그린 체바 직선은 그림6.8에서 예각삼각형 ABC의 여러 높이이다.

삼각형 ABX와 삼각형 CBZ가 닮음이기 때문에 $\frac{a_b}{c_b} = \frac{c}{a}$, $\frac{b_c}{a_c} = \frac{a}{b}$ 이고 $\frac{c_a}{b_a} = \frac{b}{c}$ 이므로 체바의 정리에 의해서 다음이 성립한다.

$$\frac{a_b}{a_c} \cdot \frac{b_c}{b_a} \cdot \frac{c_a}{c_b} = \frac{a_b}{c_b} \cdot \frac{b_c}{a_c} \cdot \frac{c_a}{b_a} = \frac{c}{a} \cdot \frac{a}{b} \cdot \frac{b}{c} = 1$$

높이를 나타내는 직선들은 한 점에서 만난다. (둔각삼각형에 대해서도 같은 방법으로 증명한다.) 이들 교점 H를 삼각형의 수심(orthocenter)이라고 한다.(그리스어 orthos는 '수직으로 똑바른' 또는 '수직으로 세운'의 의미이다.) 높이는 그림6.8과 같이 $h_a = |\overline{AX}|$, $h_b = |\overline{BY}|$, $h_c = |\overline{CZ}|$로 나타낸다.

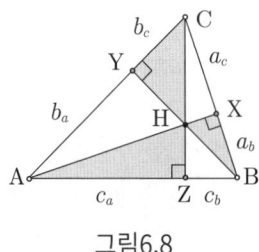

그림6.8

삼각형 ABC의 넓이 [ABC]는 $\frac{ah_a}{2}$ 또는 $\frac{bh_b}{2}$ 또는 $\frac{ch_c}{2}$로 나타내거나 헤론의 공식인 $[ABC] = \sqrt{s(s-a)(s-b)(s-c)}$ (단, $s = \frac{a+b+c}{2}$)로 나타나기 때문에 높이를 변들의 함수로 표현할 수 있다. 예를 들어, $h_a = \frac{2\sqrt{s(s-a)(s-b)(s-c)}}{a}$ 이다.

높이는 각에 대한 사인값으로도 표현할 수 있다. $h_c = a \sin B = b \sin A$이므로 $\frac{a}{\sin A} = \frac{b}{\sin B}$ 를 얻는다. h_a와 h_b에 대하여 같은 결과로 삼각형 ABC에 대한 사인법칙을 얻는다.

$$\frac{a}{\sin A} = \frac{b}{\sin B} = \frac{c}{\sin C} \tag{6.8}$$

1775년에 지오바니 프란체스코 파냐노 데이 토스키(Giovanni Francesco Fagnano dei Toschi, 1715~1797)는 다음 문제를 제안하였다.

주어진 예각삼각형에서 최소 둘레의 내접삼각형을 구하여라.

주어진 삼각형 ABC에 내접한 삼각형 XYZ에서 세 꼭짓점 X, Y, Z는 삼각형 ABC

의 서로 다른 변 위에 놓여 있다는 뜻이다. 파냐노(Fagnano)는 미적분을 사용하여 문제를 해결하였지만 우리는 리포트 페예르(Lipót Fejér, 1880-1959) 덕분에 미적분을 사용하지 않고 반사와 대칭을 사용한 풀이를 제시한다[Kazarinoff, 1961].

최소 둘레의 내접삼각형을 수심삼각형(orthic triangle)이라 한다. 위의 질문에 대한 답은 그림6.9a와 같이 삼각형의 각각의 꼭짓점에서 내린 수선의 발을 꼭짓점으로 하는 삼각형 XYZ이다.

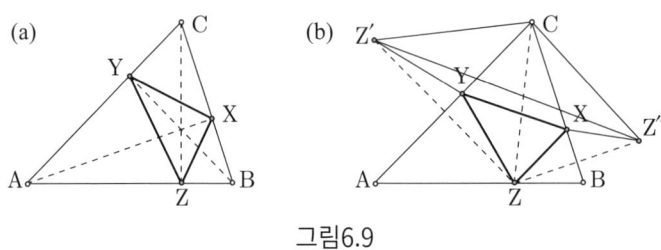

그림6.9

이것을 증명하기 위하여 변 AB 위에 점 Z를 선택하여 그것을 변 AC와 변 BC에 대칭이동한 점을 Z', Z"이라 한 후, 삼각형 XYZ의 둘레를 최소로 하는 적절한 세 점 X, Y, Z의 위치를 찾는다. 그러면 삼각형 XYZ의 둘레는 $|\overline{Z'Y}| + |\overline{YX}| + |\overline{XZ''}|$과 같다. 삼각형 XYZ의 둘레는 Z', Y, X, Z"이 한 직선 위에 있을 때 최소이다. 따라서 임의의 점 Z에 대하여 점 X와 점 Y에 대한 최적화 위치에 놓인다.

점 Z에 대한 최적화 위치를 찾기 위한 삼각형 Z'CZ"은 $|CZ'| = |CZ''| = |CZ|$이고 $\angle Z'CZ'' = 2\angle ACB$인 이등변삼각형이다.

삼각형 Z'CZ"의 꼭지각의 크기는 점 Z에 관계없이 밑변 $\overline{Z'Z''}$(삼각형 XYZ의 둘레)는 $|CZ|$가 최소일 때, 즉 $\overline{CZ}$가 $\overline{AB}$와 수직일 때 최소이다. 삼각형 XYZ가 최소의 둘레를 갖기 때문에 점 Z가 꼭짓점 C와 관련하여 갖는 모든 성질은 점 X가 꼭짓점 A에 대해 그리고 점 Y가 꼭짓점 B에 대해 갖는 성질과 같다. 따라서 Z 대신 X 또는 점 Y를 선택하고 대칭이동하여 증명을 시작할 수도 있다.

이 절의 결론을 짓기 위해 그림6.8에서 삼각형 BHX가 삼각형 AHY와 닮음이라는 것에 주목하자. 그러므로 $\dfrac{[BHX]}{[AHY]} = \dfrac{a_b^2}{b_a^2}$이다. 같은 방법으로 $\dfrac{[CHY]}{[BHZ]} = \dfrac{b_c^2}{c_b^2}$이고 $\dfrac{[AHZ]}{[CHX]} = \dfrac{c_a^2}{a_c^2}$이다. 세 수선이 한 점에서 만나는 체바 직선이므로 (6.1)에 의해

$$\frac{[AHZ]}{[AHY]}\frac{[BHX]}{[BHZ]}\frac{[CHY]}{[CHX]} = \left(\frac{a_b}{a_c} \cdot \frac{b_c}{b_a} \cdot \frac{c_a}{c_b}\right)^2 = 1$$

이다. 즉, 그림6.8에서 흰색 삼각형들의 넓이의 곱은 회색 삼각형들의 넓이의 곱과 같다. 이 결과를 그림6.6에 나와 있는 중선들에 관한 결과와 비교해 보자.

6.4 각의 이등분과 내심

삼각형의 세 각의 이등분선은 체바 직선이고 w_a, w_b, w_c로 나타낸다. 직선들이 한 점에서 만남을 보이기 위하여 체바의 정리를 사용한다. 그리고 다음 정리에 대한 이해가 필요하다.

각의 이등분선 정리(angle-bisector theorem)
임의의 삼각형에서 한 각의 이등분선은 그 각의 대변의 길이를 이 각을 낀 양변의 길이의 비와 같은 비율로 나눈다. (그림6.10 참조)

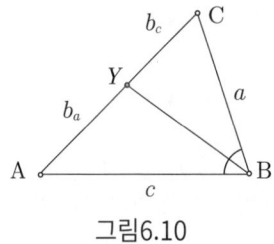

그림6.10

선분 BY를 각 B의 이등분선이라 하자. $\angle ABY = \angle CBY$이고 $\angle AYB + \angle CYB = 180°$이기 때문에

$$\frac{b_c}{a} = \frac{\sin \angle CBY}{\sin \angle CYB} = \frac{\sin \angle ABY}{\sin \angle AYB} = \frac{b_a}{c}$$

이고 $\frac{b_c}{b_a} = \frac{a}{c}$ 이다.

그림6.3에서 만약 직선 AX와 직선 CZ가 각 A와 각 C의 이등분선이라 하면 $\frac{a_b}{a_c} = \frac{c}{b}$와 $\frac{c_a}{c_b} = \frac{b}{c}$를 얻는다. 그러므로 체바의 정리에 의해 각의 이등분선들은 한 점에서 만난다. 그림6.11에서 세 각의 이등분선의 교점 I는 삼각형의 내심이다. 이는 삼각형에 내접하는 반지름의 길이가 r인 내접원의 중심이다.

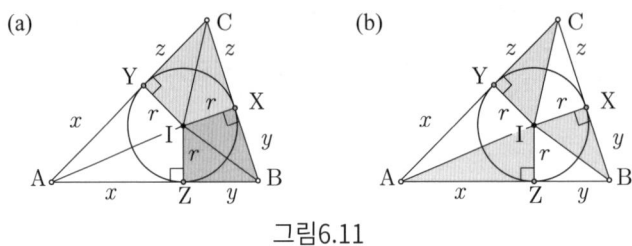

그림6.11

그림6.11a에서 두 개의 작은 흰색 직각삼각형은 합동이고, 두 개의 연한 회색 삼각형과 진한 회색 삼각형이 각각 합동이므로 그림6.11a에서 나타낸 것처럼 변의 길이를 나타낼 수 있다. 그래서 $a=y+z, b=z+x$이고 $c=x+y$이다. $a+b+c=2(x+y+z)$이므로 둘레의 반인 $s=x+y+z$이다. [ABC]는 [AIB], [BIC]와 [CIA]의 합이며

$$[\text{ABC}] = \frac{ar}{2} + \frac{br}{2} + \frac{cr}{2} = r(x+y+z) = rs$$

이다.

헤론의 공식 $[\text{ABC}] = \sqrt{s(s-a)(s-b)(s-c)}$는 이제 $[\text{ABC}] = \sqrt{sxyz}$로 표현할 수 있다. 그러므로 $[\text{ABC}]rs = [\text{ABC}]^2 = sxyz$ 또는

$$[\text{ABC}] = \frac{xyz}{r} \tag{6.9}$$

이다.

그림6.11b에서 여섯 개의 직각삼각형들이 서로 합동이므로 다음을 얻는다.

$$[\text{AIZ}] + [\text{BIX}] + [\text{CIY}] = \frac{r(x+y+z)}{2} = [\text{AIY}] + [\text{BIZ}] + [\text{CIX}]$$

즉, 그림6.11b에서 흰색 삼각형들 넓이의 합은 회색 삼각형들의 넓이의 합과 같다. 이전의 절에 중선들과 각의 이등분선들의 결과를 비교하여 보자.

각의 이등분선들의 길이 w_a, w_b, w_c는 스튜어트의 정리를 사용하여 찾을 수 있다. $\frac{c_a}{c_b} = \frac{b}{c}$이므로 $c_a = \frac{bc}{a+b}$와 $c_b = \frac{ac}{a+b}$를 얻는다. 그러므로 (6.5)로부터

$$a^2 \cdot \frac{bc}{a+b} + b^2 \cdot \frac{ac}{a+b} = c\left(w_c^2 + \frac{abc^2}{(a+b)^2}\right)$$

이다. 이것을 간단히 하면

$$w_c^2 = ab\left(1 - \frac{c^2}{(a+b)^2}\right)$$

이다. $(a+b)^2-c^2=4s(s-c)$이므로 삼각형의 둘레의 길이의 절반인 $s\left(\text{단, } s=\frac{a+b+c}{2}\right)$

의 항으로 w_c를 나타내면

$$w_c = \frac{2\sqrt{ab}}{a+b}\sqrt{s(s-c)}$$

이다. 같은 방법으로 w_a와 w_b도 나타낼 수 있다.

그림6.12처럼 내접원의 접점에 체바 직선을 그리면 그것들도 역시 한 점에서 만나고, 프랑스의 수학자 조셉 디아즈 제르곤(Joseph Diaz Gergonne, 1771~1859)의 이름을 따서 제르곤 점(Gergonne point)이라고 한다. 체바의 정리에 의하여 세 개의 체바 직선은 한 점에서 만난다. (6.1)의 식은 $c_a = b_a = x$, $a_b = c_b = y$ 그리고 $a_c = b_c = z$로 볼 수 있다. (그림6.3, 그림6.11 참조)

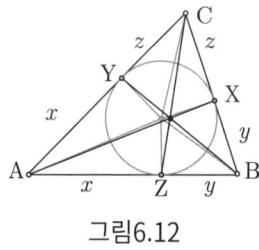

그림6.12

6.5 외접원과 외심

임의의 삼각형의 세 꼭짓점은 삼각형의 외접원을 결정한다. 삼각형의 외접원의 중심인 외심은 꼭짓점들로부터 같은 거리에 있고, 세 변의 수직이등분선 위에 있다. 오일러(Leonhard Euler, 1707~1783)는 외심 O와 수심 H, 무게중심 G는 한 직선(오일러 직선) 위에 있고 $|\overline{GH}| = 2|\overline{GO}|$임을 발견했다. (그림6.13 참조)

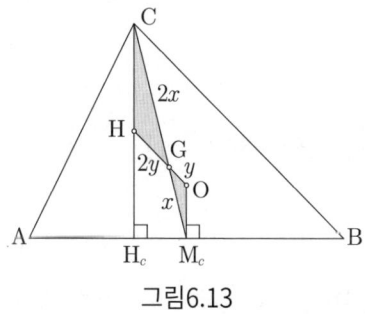

그림6.13

선분 CH와 OM은 평행하여 두 개의 회색 삼각형들이 닮았고 $|\overline{CG}| = 2|\overline{GM_c}|$이므로 $|\overline{GH}| = 2|\overline{GO}|$이다.

그림6.11에서 삼각형 ABC의 넓이 [ABC], 내접원의 반지름 r, 길이 x, y, z에 대한 식 (6.9) $[ABC] = \frac{xyz}{r}$ 와 같이 [ABC]와 외접원의 반지름 R, 세 변의 길이에 대해서도 비슷한 관계식으로 나타낼 수 있다. 즉, $[ABC] = \frac{abc}{4R}$ 이다. (그림6.14 참조)

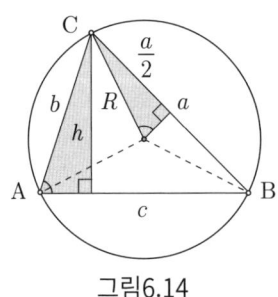

그림6.14

두 회색 직각삼각형은 닮음이므로 $\frac{h}{b} = \frac{\frac{a}{2}}{R}$ 이고 $h = \frac{ab}{2R}$ 이다. 그러므로 $[ABC] = \frac{ch}{2} = \frac{abc}{4R}$ 이다.

더 작은 회색 삼각형에서 $\frac{a}{2} = R\sin A$ 이므로 $\frac{a}{\sin A} = 2R$ 이다. 따라서 사인법칙 (6.8)에서 세 분수의 공통값은 $2R$이다.

$$\frac{a}{\sin A} = \frac{b}{\sin B} = \frac{c}{\sin C} = 2R \tag{6.10}$$

그림6.11의 표기를 사용하여 산술평균-기하평균 부등식(2.2절, 4.2절)과 (6.9)에 의하여

$$4R[ABC] = abc = (x+y)(y+z)(z+x)$$
$$\geq 2\sqrt{xy} \cdot 2\sqrt{yz} \cdot 2\sqrt{zx} = 8xyz = 8r[ABC]$$

이다. 이것을 정리하면 $R \geq 2r$ 이고 이것이 오일러의 삼각부등식이다.

6.6 한 점에서 만나지 않는 체바 직선

모든 체바 직선이 한 점에서 만나는 것은 아니다. 그림6.15a에서 $|\overline{AY}| = \frac{1}{3}|\overline{AC}|$, $|\overline{BZ}| = \frac{1}{3}|\overline{AB}|$ 와 $|\overline{CX}| = \frac{1}{3}|\overline{BC}|$인 삼각형 ABC의 변 위에 세 점 X, Y, Z의 체바 직선을 그렸다. 이 체바 직선들은 일치하지 않지만 그림6.15a에 회색 부분의 모양을 때때

로 등분삼각형(aliquot triangle)이라 부르고 삼각형의 형태를 이룬다. 그림6.15b에서 중심삼각형과 합동인 삼각형을 만들기 위해 $\overline{AX}$, $\overline{BY}$와 $\overline{CZ}$에 평행한 선을 긋는다. 등분삼각형의 넓이가 원래 삼각형 ABC의 넓이의 $\frac{1}{7}$이 됨을 보인다[Johnston and Kennedy, 1993].

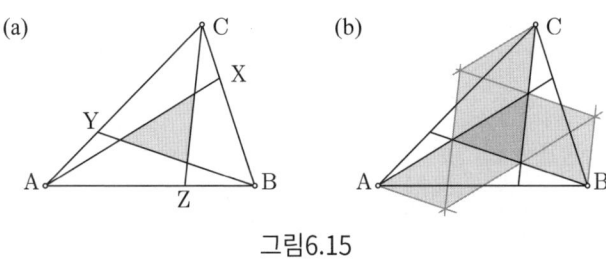

그림6.15

그림6.16과 같이 체바 직선 AX, BY, CZ를 세 변으로 하는 삼각형은 삼각형 ABC의 넓이의 $\frac{7}{9}$이 되는 삼각형을 만든다.

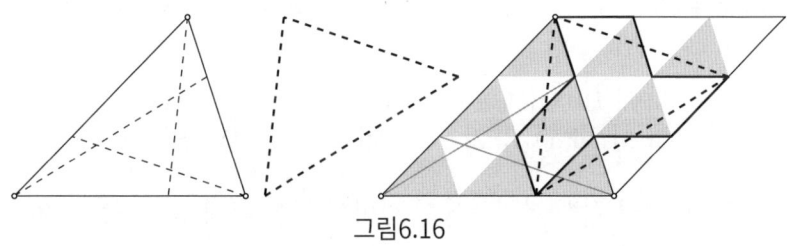

그림6.16

$|\overline{AY}| = \frac{1}{n}|\overline{AC}|$, $|\overline{BZ}| = \frac{1}{n}|\overline{AB}|$와 $|\overline{CX}| = \frac{1}{n}|\overline{BC}|$인 점 X, Y, Z를 선택하면 등분삼각형의 넓이는 삼각형 ABC의 넓이의 $\frac{(n-2)^2}{n^2 - n + 1}$이고, 체바 직선 삼각형의 넓이는 삼각형 ABC의 넓이의 $\frac{n^2 - n + 1}{n^2}$이다. 자세한 내용은 [Satterly, 1954, 1956]을 참조하자.

6.7 원에 대한 체바의 정리

그림6.17과 같이 임의의 원에 있는 세 개의 현 AX, BY, CZ가 내부의 한 점 P에서 만난다고 할 때, 세 현이 만드는 내접하는 육각형의 여섯 개의 변들은 (6.1)과 같은 관계를 갖는다.

$$\frac{|AZ|}{|ZB|} \cdot \frac{|BX|}{|XC|} \cdot \frac{|CY|}{|YA|} = 1$$

이것을 증명하기 위하여[Hoehn, 1989] 삼각형 APZ와 삼각형 CPX가 닮음이고, 삼각형 BPX와 삼각형 APY 그리고 삼각형 CPY와 삼각형 BPZ도 닮음이다. 그러므로

$$\frac{|AZ|}{|XC|} = \frac{|AP|}{|XP|} = \frac{|PZ|}{|CP|},\ \frac{|BX|}{|YA|} = \frac{|BP|}{|YP|} = \frac{|PX|}{|AP|}\ \text{그리고}\ \frac{|CY|}{|ZB|} = \frac{|CP|}{|ZP|} = \frac{|PY|}{|BP|}$$

이므로

$$\frac{|AZ|}{|ZB|} \cdot \frac{|BX|}{|XC|} \cdot \frac{|CY|}{|YA|} = \frac{|AZ|}{|XC|} \cdot \frac{|BX|}{|YA|} \cdot \frac{|CY|}{|ZB|}$$

$$= \left(\frac{|AP| \cdot |PZ|}{|XP| \cdot |CP|} \cdot \frac{|BP| \cdot |PX|}{|YP| \cdot |AP|} \cdot \frac{|CP| \cdot |PY|}{|ZP| \cdot |BP|} \right)^{\frac{1}{2}} = 1$$

이다. 따라서 $\frac{[APZ]}{[CPX]} = \frac{|AZ|^2}{|XC|^2},\ \frac{[BPX]}{[APY]} = \frac{|BX|^2}{|YA|^2}$ 이고 $\frac{[CPY]}{[BPZ]} = \frac{|CY|^2}{|ZB|^2}$ 이다. 그러므로

$$\frac{[APZ][BPX][CPY]}{[CPX][APY][BPZ]} = \left(\frac{|AZ|}{|ZB|} \cdot \frac{|BX|}{|XC|} \cdot \frac{|CY|}{|YA|} \right)^2 = 1$$

이다. 즉, 그림6.17에서 회색 삼각형들의 넓이의 곱은 흰색 삼각형들의 넓이의 곱과 같다.

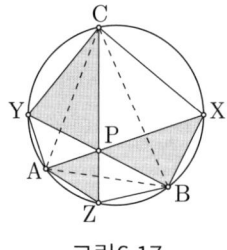

그림6.17

6.8 도전문제

6.1 m_a, m_b, m_c를 삼각형의 중선의 길이라 하고, s를 삼각형의 둘레의 길이의 $\frac{1}{2}$ 즉, $s = \frac{1}{2}(a+b+c)$라 할 때, $\frac{3s}{2} \leq m_a + m_b + m_c \leq 2s$임을 보여라.

6.2 삼각형의 세 변의 길이가 등차수열을 이룰 때, 무게중심과 내심을 지나는 직선이 삼각형의 세 변 중 하나와 평행함을 보여라.

6.3 임의의 삼각형을 조각으로 잘라서 뒤집지 않고 회전시키거나 평행이동하여 거울상을 만들 수 있는가? (단, 2번 이내로 자를 수 있다.)

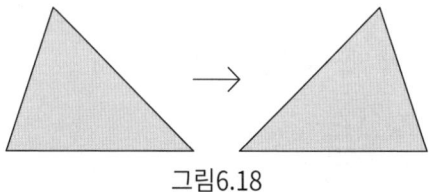

그림6.18

6.4 삼각형 ABC의 가장 긴 변을 AB라 하고, 세 직선 AX, BY와 CZ가 한 점 P에서 만나는 체바 직선이라 할 때, $|\overline{PX}| + |\overline{PY}| + |\overline{PZ}| < |\overline{AB}|$를 증명하여라.

6.5 그림6.8에서 삼각형 ABC의 수심 H가 각각의 수선을 두 선분으로 나눌 때, 그 선분들의 길이의 곱이 $|\overline{AH}| \cdot |\overline{HX}| = |\overline{BH}| \cdot |\overline{HY}| = |\overline{CH}| \cdot |\overline{HZ}|$임을 증명하여라.

6.6 삼각형 ABC에서 변 BC, 변 CA, 변 AB의 중점을 각각 X, Y, Z라 하자. 삼각형 XYZ가 삼각형 ABC의 중점삼각형(medial triangle)일 때, 삼각형 XYZ의 수심은 삼각형 ABC의 외심임을 보여라.

6.7 삼각형 ABC는 각 C가 직각인 직각삼각형이고, $\overline{CD}$는 점 C에서 변 AB에 내린 수선이다(그림6.19). 만약 $\overline{CE}$가 삼각형 BCD의 점 C에서의 중선이고 변 AC를 점 F 방향으로 연장했을 때, 변 FD와 변 CE가 수직임을 보여라.

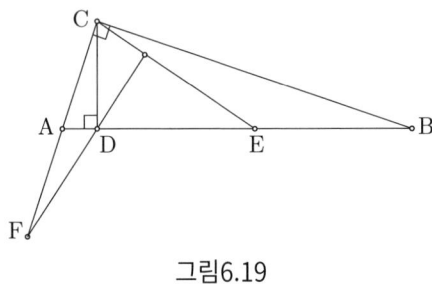

그림6.19

6.8 삼각형 ABC에서 세 직선 AX, BY와 CZ는 체바 직선이고 그림6.3에서 나타낸 것처럼 점 P에서 만날 때, 다음을 증명하여라.

(a) $\dfrac{|PX|}{|AX|} + \dfrac{|PY|}{|BY|} + \dfrac{|PZ|}{|CZ|} = 1$

(b) $\dfrac{|PA|}{|AX|} + \dfrac{|PB|}{|BY|} + \dfrac{|PC|}{|CZ|} = 2$

6.9 삼각형 ABC에서 $\overline{AX}$와 $\overline{BY}$가 중선이고 점 P와 점 Q가 $\overline{AY}$와 $\overline{BX}$의 중점이라 하자(그림6.20). $\overline{PQ}$가 $\overline{AX}$와 $\overline{BY}$에 의하여 삼등분임을 보여라. 즉, $|PR| = |RS| = |SQ|$임을 보여라.

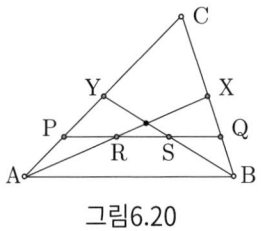

그림6.20

6.10 넓이가 $\dfrac{1}{\pi}$인 모든 삼각형의 둘레는 2보다 크다는 것을 증명하여라.

CHAPTER 7
직각삼각형

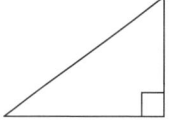

이등변삼각형의 두 변의 제곱근 합은 나머지 변의 제곱근과 같다.

허수아비(The Scarecrow)
<오즈의 마법사(The Wizard of Oz, 1936)>

위에서 허수아비가 잘못 인용한 문장에도 불구하고 피타고라스 정리는 기하학에서 가장 잘 알려진 직각삼각형의 성질이다. 직각삼각형에는 흥미로운 특성이 많이 있으며 앞의 각 장에서 두드러지게 나타났다. 그래서 이것을 중요한 기하학의 아이콘으로 다루려 한다.

일반적인 삼각형과 달리 직각삼각형의 각 변에는 인간의 신체와 유사한 특별한 이름이 있다. 직각을 끼고 있는 두 변을 다리(legs)라 한다. 세 번째 변은 빗변(hypotenuse)인데 그리스어에서 hypo-는 '아래'라는 뜻이고 teinein는 '늘이다'라는 뜻으로 빗변(hypotenuse)은 '다리에서 다리로 늘인 것'이라는 뜻을 가지고 있다.

그림7.1은 집이나 직장 등 주변에서 발견할 수 있는 직각삼각형 모양을 모아 놓은 것으로 직각삼각형 모양의 제도용 삼각자, 샌드위치 포장상자 및 코너 테이블이다.

그림7.1

뿐만 아니라 선반 받침대, 지붕의 트러스, 코너쇠 등에서도 직각삼각형 모양을 찾을 수 있다.

이 장에서 다양한 수학 부등식을 설명하면서 직각삼각형의 사용을 탐구하며 직각삼각형과 관련된 다양한 원의 특수한 성질들을 조사하고, 피타고라스 수(변의 길이가 정수인 직각삼각형)를 알아본다. 우리는 삼각형에 대하여 다음의 일반적인 표현을 사용할 것이다. 각은 A, B, C로 표현하고($\triangle$ABC는 삼각형 ABC) a, b, c는 각 A, B, C와 마주 보는 변을 뜻하며 삼각형 ABC가 직각삼각형인 경우 대개 C를 직각으로 하며 c는 빗변이다.

7.1 직각삼각형과 부등식

직각삼각형에서 빗변 c가 가장 긴 변이므로 항상 $a < c$와 $b < c$이다. 사실 $a = 0$인 삼각형을 허용하면 $b \leq c$인 형태의 부등식이 성립하므로 $a = \sqrt{c^2 - b^2}$으로 나타낼 수 있다. 두 양수 x와 y에 대한 다양한 평균들의 부등식도 이러한 방식으로 설명할 수 있다. 예를 들어, $c = \dfrac{x+y}{2}, b = \sqrt{xy}, a = \dfrac{|x-y|}{2}$라 하자. 그림7.2에서 산술평균-기하평균 부등식 $\dfrac{x+y}{2} \geq \sqrt{xy}$가 보인다.

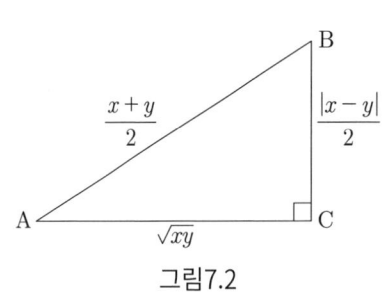

그림7.2

표7.1

	c	b	a
1)	$\sqrt{xy}$	$\dfrac{2xy}{x+y}$	$\dfrac{|x-y|\sqrt{xy}}{x+y}$
2)	$\dfrac{x+y}{2}$	$\sqrt{xy}$	$\dfrac{|x-y|}{2}$
3)	$\sqrt{\dfrac{x^2+y^2}{2}}$	$\dfrac{x+y}{2}$	$\dfrac{|x-y|}{2}$
4)	$\dfrac{x^2+y^2}{x+y}$	$\sqrt{\dfrac{x^2+y^2}{2}}$	$\dfrac{|x-y|}{x+y}\sqrt{\dfrac{x^2+y^2}{2}}$

표7.1은 $c \geq b$를 만족하는 다음 부등식들에 대하여 a, b, c의 값을 나타낸 것이다.
1) 기하평균-조화평균, 2) 산술평균-기하평균, 3) 산술평균-제곱평균제곱근, 4) 대조조화평균-제곱평균제곱근이다. 그림 설명은 모두 그림7.2와 같이 삼각형의 변의 길이로 나타내었다. 등식이 성립할 필요충분조건은 $a = 0$ 즉, $x = y$이다.

유클리드의 원론 1권의 명제20은 "임의의 삼각형에서 두 변의 합은 나머지 한 변보다 크다." 즉, 세 부등식 $a + b > c, b + c > a$와 $c + a > b$를 만족한다. 삼각형 ABC가 빗변이 c인 직각삼각형일 때, 오직 $c \leq a + b (a = 0$ 또는 $b = 0)$가 성립한다.

예를 들어, $a = \sqrt{x}, b = \sqrt{y}, c = \sqrt{x+y}$라 할 때, 그림7.3a에 나타낸 것처럼

$\sqrt{x+y} \leq \sqrt{x} + \sqrt{y}$ 를 갖는다. $f(x+y) \leq f(x) + f(y)$ 를 만족하는 함수 f 를 준가법적 (subadditive)이라 하고 $f(x) = \sqrt{x}$ 는 정의역에서 준가법적이다.

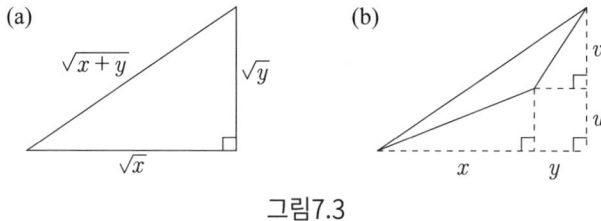

그림7.3

다른 예제로, 그림7.3b에서 부등식을 세우기 위하여 세 개의 직각삼각형에 대한 빗변의 길이를 계산한다. 양수 x, y, u, v에 대하여

$$\sqrt{(x+y)^2 + (u+v)^2} \leq \sqrt{x^2+u^2} + \sqrt{y^2+v^2}$$

이다. 같은 방법으로 좌표기하학에서 두 점의 거리에 대한 공식을 얻을 수 있다.
(추가 예제는 도전문제 7.1, 7.2, 7.7 참조)

7.2 내접원·외접원·방접원

모든 삼각형은 다섯 개의 원을 생각할 수 있다. 삼각형의 내부에 있고, 세 변에 접하는 내접원, 세 꼭짓점을 지나는 외접원, 삼각형의 한 변과 다른 두 변의 연장선에 접하는 방접원이 3개 있다. 그림7.4a에 내심이 I이고 반지름이 r인 내접원과 외심이 O이고 반지름이 R인 외접원이 있다. 그림7.4b에 방심이 I_a, I_b, I_c이고 반지름이 r_a, r_b, r_c인 세 개의 방접원이 있다. 그림7.4는 직각삼각형에 대한 다섯 개의 원, 중심, 반지름을 나타낸 그림이다.

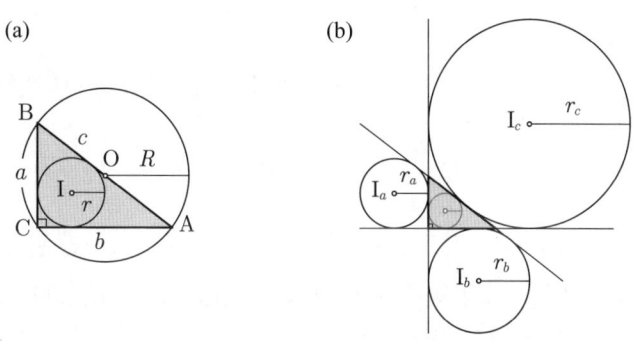

그림7.4

다섯 개의 반지름, 변, 둘레의 반 $s = \frac{1}{2}(a+b+c)$, 삼각형의 넓이 K 사이에 주목할 만한 성질들이 많이 있다. 먼저, 모든 삼각형에서 성립하는 성질들을 살펴보자. 그림7.5a에서 삼각형 ABC의 넓이 K는 세 삼각형 AIB, BIC, CIA의 넓이의 합과 같다. 그러므로

$$K = \frac{ar}{2} + \frac{br}{2} + \frac{cr}{2} = \frac{r(a+b+c)}{2} = rs$$

이다.

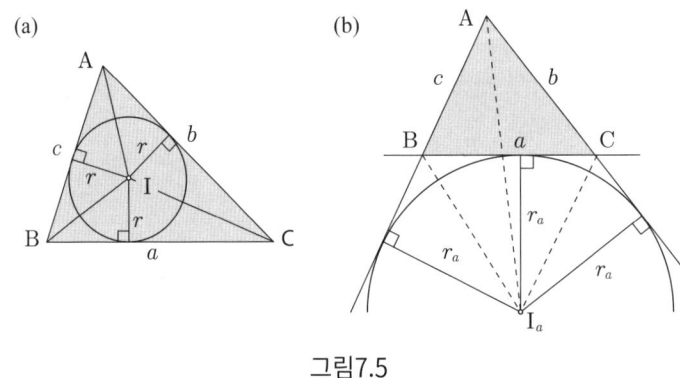

그림7.5

같은 방법으로, 그림7.5b에서 K는 삼각형 AI_aC와 삼각형 AI_aB의 넓이의 합에서 삼각형 BI_aC의 넓이를 뺀 것과 같다. 그러므로

$$K = \frac{br_a}{2} + \frac{cr_a}{2} - \frac{ar_a}{2} = r_a\frac{b+c-a}{2} = r_a(s-a)$$

이다. r_b와 r_c도 같은 방법으로 나타낼 수 있다.

$$K = rs = r_a(s-a) = r_b(s-b) = r_c(s-c) \tag{7.1}$$

결과적으로 다음을 얻는다.

$$\frac{1}{r_a} + \frac{1}{r_b} + \frac{1}{r_c} = \frac{1}{r}$$

헤론의 공식 $K = \sqrt{s(s-a)(s-b)(s-c)}$ 와 (7.1)은 다음을 나타낸다. 즉,

$$K^2 rr_ar_br_c = rs \cdot r_a(s-a) \cdot r_b(s-b) \cdot r_c(s-c) = K^4$$

이고 $K = \sqrt{rr_ar_br_c}$ 이다. 결과적으로 R, K, a, b, c는 $4KR = abc$인 관계가 있다.(이 결과와 헤론의 공식에 대한 시각적 증명은 [Alsina and Nelsen, 2006, 2010] 참조) 그러므로

$$4KR = abc$$
$$= s(s-b)(s-c)+s(s-a)(s-c)+s(s-a)(s-b)-(s-a)(s-b)(s-c)$$
$$= \frac{K^2}{s-a} + \frac{K^2}{s-b} + \frac{K^2}{s-c} - \frac{K^2}{s}$$
$$= K(r_a + r_b + r_c - r)$$

따라서 삼각형의 다섯 개의 반지름은 $4R = r_a + r_b + r_c - r$인 관계가 있다. 삼각형 ABC가 각 C가 직각인 직각삼각형일 때, $K = \frac{ab}{2}$이고

$$r = \frac{ab}{a+b+c}, \quad r_a = \frac{ab}{b+c-a}, \quad r_b = \frac{ab}{c+a-b}, \quad r_c = \frac{ab}{a+b-c} \tag{7.2}$$

이다. 그림7.6에서 빗변이 $c = a+b-2r$이다. 따라서

$$r = \frac{a+b-c}{2} = s - c \tag{7.3}$$

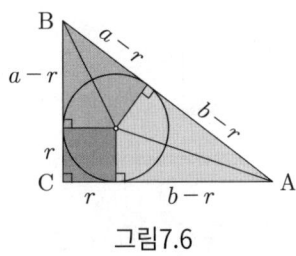

그림7.6

(7.3)의 r에 대한 식을 (7.2)의 첫 번째 식과 같게 하면 $\frac{a+b-c}{2} = \frac{ab}{a+b+c}$이고 $a^2 + b^2 = c^2$으로 간단해진다. 이것은 피타고라스 정리의 또 다른 증명이다.

그림7.5b의 방접원의 반지름에 대한 비슷한 표현을 얻을 수 있다. 예를 들어,

$$r_a = \frac{ab}{b-a+c} \cdot \frac{a-b+c}{a-b+c}$$
$$= \frac{ab(a-b+c)}{c^2 - (a-b)^2}$$
$$= \frac{ab(a-b+c)}{c^2 - a^2 + 2ab - b^2}$$
$$= \frac{ab(a-b+c)}{2ab}$$
$$= \frac{a-b+c}{2}$$
$$= s - b$$

같은 방법으로 $r_b = s-a$이고 $r_c = s$이다. 결론적으로 다음 등식을 얻는다.

$$K = rs = s(s-c) = rr_c = (s-a)(s-b) = r_a r_b,$$
$$r + r_a + r_b = r_c,$$
$$r + r_a + r_b + r_c = a + b + c,$$
$$r^2 + r_a^2 + r_b^2 + r_c^2 = a^2 + b^2 + c^2,$$
$$r_a r_b + r_b r_c + r_c r_a = s^2.$$

넓이 K에 대하여 위의 식 중 하나를 설명하기 위해 그림7.6에서 삼각형 ABC의 변들을 다르게 나타낸다. 그림7.7을 보자. 여기서 K는(그림7.7a에서 흰색 삼각형의 넓이와 같음) 내접원의 접점에 의해 나누어진 빗변의 선분의 길이의 곱과 같다. (직각삼각형의 변과 넓이 그리고 반지름에 대한 추가 등식은 [Long, 1983; Hansen, 2003; Bell, 2006] 참조)

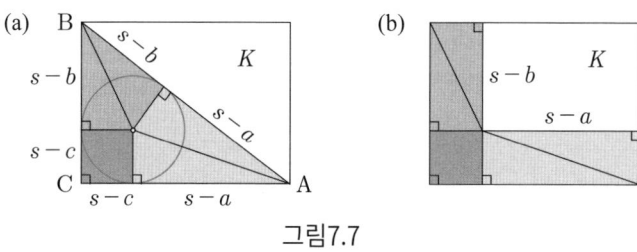

그림7.7

r, R, s의 관점에서 직각삼각형의 특징으로 이 장을 결론짓는다. 삼각형 ABC가 직각삼각형일 필요충분조건은 $s = r + 2R$이다. 이 증명은 [Blundon, 1963]으로부터 나온 것이다.

삼각형이 직각삼각형일 필요충분조건은 피타고라스 정리의 세 가지 형태 중 하나가 성립할 때이다. 즉,

$$(a^2 + b^2 - c^2)(b^2 + c^2 - a^2)(c^2 + a^2 - b^2) = 0$$

이것이 성립함을 보이기 위하여 먼저 일반적인 삼각형에 대해서 $ab + bc + ca$와 $a^2 + b^2 + c^2$을 r, R, s로 표현하는 것이 필요하다.

$$\begin{aligned} r^2 s &= \frac{K^2}{s} \\ &= (s-a)(s-b)(s-c) \\ &= s^3 - s^2(a+b+c) + s(ab+bc+ca) - abc \\ &= -s^3 + s(ab+bc+ca) - 4Rrs \end{aligned}$$

이므로 $ab + bc + ca = s^2 + 4Rr + r^2$이다. 결론적으로

$$a^2 + b^2 + c^2 = 4s^2 - 2(ab+bc+ca)$$
$$= 4s^2 - 2s^2 - 8Rr - 2r^2$$
$$= 2s^2 - 8Rr - 2r^2$$

이다. 따라서

$$0 = (a^2+b^2-c^2)(b^2+c^2-a^2)(c^2+a^2-b^2)$$
$$= \{2(a^2b^2+b^2c^2+c^2a^2)-(a^4+b^4+c^4)\}(a^2+b^2+c^2)-8(abc)^2$$
$$= 16\{s(s-a)(s-b)(s-c)\}(2s^2-8Rr-2r^2)-8(4KR)^2$$
$$= 32K^2(s^2-4Rr-r^2-4R^2)$$
$$= 32K^2(s+r+2R)(s-r-2R)$$

이다. 마지막 줄의 인수 $s - r - 2R$가 항상 양수인 것은 아니다. 따라서 삼각형 ABC가 직각삼각형일 필요충분조건은 $s = r + 2R$이다. 방접원들의 반지름과 변들로 직각삼각형을 특징짓는 것은 [Bell, 2006]에서 확인할 수 있다.

7.3 직각삼각형의 체바 직선

삼각형에서 체바 직선은 꼭짓점에서 마주 보는 변 위의 한 점과 연결한 선분이다. 체바 직선의 예들은 중선, 수선, 각의 이등분선들이다. 이 절에서는 직각삼각형의 체바 직선에 대한 특별한 성질들을 알아본다.

6장에서 몇 개의 특별한 성질들을 살펴보았다. 2장에서 우리는 직각삼각형에서 직각의 이등분선이 빗변 위의 정사각형을 이등분한다는 것을 알았고, 4장에서는 빗변에 대한 중선이 직각삼각형을 두 개의 이등변삼각형으로 나눈다는 것을 알았다.

직각의 이등분선은 빗변에 대한 수선과 중선 사이의 각을 이등분한다. 그림7.8a에서 $\overline{CD}$는 직각의 이등분선이고, $\overline{CH}$는 수선, $\overline{CM}$은 중선, $\overline{CD}$는 ∠HCM의 이등분선이다.

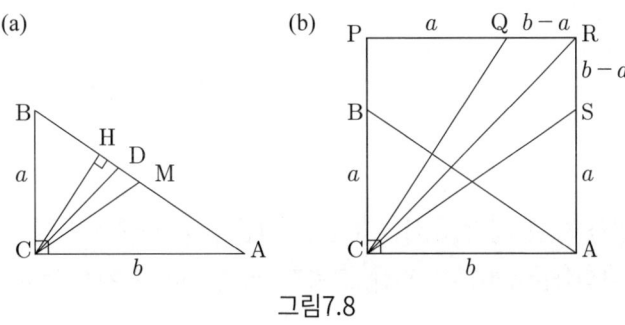

그림7.8

그림7.8b는 한 변의 길이가 b인 정사각형 안에 삼각형 ABC를 넣는다. 선분 CH, CD, CM의 연장선이 정사각형의 변과 만나는 점을 각각 Q, R, S라 하면 삼각형 CPQ와 삼각형 CAS가 삼각형 ABC와 합동이다. 삼각형 CQR와 삼각형 CRS는 합동이므로 $\overline{CD}$는 ∠HCM의 이등분선이다.

만약 수선 CH의 발 H가 $\overline{AC}$와 $\overline{BC}$의 중점 K, L과 만난다면 $\overline{HK}$와 $\overline{HL}$이 이루는 각은 직각이다. (그림7.9 참조)

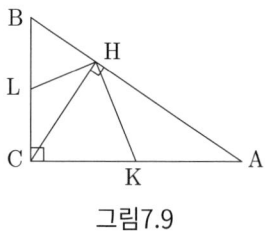

그림7.9

왜냐하면 $\overline{HK}$와 $\overline{HL}$이 삼각형 ACH와 삼각형 BCH의 중선이고, 삼각형 AKH와 삼각형 BLH는 이등변삼각형이다. 따라서 ∠AHK = ∠A, ∠BHL = ∠B이고 ∠A + ∠B = 90°이므로 ∠KHL은 직각삼각형이다.

7.4 피타고라스 수의 특성

$(a, b, c) = (3, 4, 5)$ 또는 $(5, 12, 13)$처럼 변의 길이가 정수인 직각삼각형은 특별한 성질이 있다. $a^2 + b^2 = c^2$인 양의 정수 (a, b, c)를 피타고라스 수라 부르고 $(3, 4, 5)$, $(5, 12, 13)$과 같이 a, b, c가 공통인수를 가지지 않을 때는 원시 피타고라스 수라 부른다.

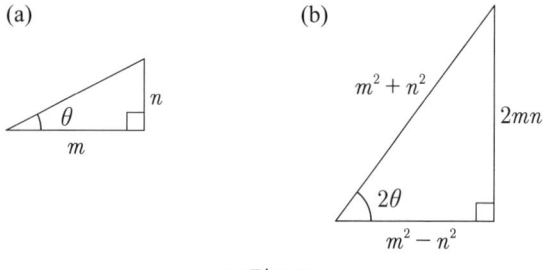

그림7.10

사인과 코사인에 대한 배각 공식(4.6절 참조)은 피타고라스 수를 생성하는 효율적인 방법을 제공한다[Houston, 1994]. 그림7.10a에 나타낸 것으로 $m > n > 0$인 m과

n을 정수라 하고 m, n을 다리로 하는 직각삼각형을 생각한다. 만약, θ가 더 작은 예각이라면 $\sin\theta = \dfrac{n}{\sqrt{m^2+n^2}}$과 $\cos\theta = \dfrac{m}{\sqrt{m^2+n^2}}$이다.

그림7.10b에서 정수의 변을 갖는 직각삼각형에서 2θ가 예각일 때, 배각 공식 $\sin 2\theta = \dfrac{2mn}{m^2+n^2}$과 $\cos 2\theta = \dfrac{m^2-n^2}{m^2+n^2}$을 유도한다.

이런 방식으로 모든 피타고라스 수를 구할 수 있는 것은 아니다. 예를 들어, (9, 12, 15)는 배각 공식으로 구할 수 없다. 왜냐하면 두 수의 제곱의 합이 15가 될 수 없기 때문이다. 그러나 m, n이 하나는 짝수, 다른 하나는 홀수인 서로소일 때 원시 피타고라스 수를 만들 수 있다. 이것으로부터 모든 원시 피타고라스 수를 만들어 낼 수 있다.

피타고라스 수를 생성하기 위한 다른 방법에 대하여 도전문제 7.4와 13.3절을 살펴보자.

7.5 몇 가지 삼각함수 등식과 부등식

삼각함수들은 종종 직각삼각형에서 변들의 길이의 비율들로 정의되기 때문에 직각삼각형을 이용하여 다양한 삼각함수의 등식을 나타낼 수 있다. 2, 3, 4장의 여러 절과 도전문제에서 사인, 코사인, 탄젠트에 대한 합차 공식, 배각 공식 그리고 다른 등식들을 설명하기 위해 직각삼각형이 사용되는 것을 보았다. 여기에서 몇 가지 더 살펴보자.

그림7.11에는 여러 가지 닮은 직각삼각형들이 있다. 여기서 제1사분면의 각 θ에 대한 6개의 삼각함수, 피타고라스 정리, 삼각함수의 역수를 이용하여 다음과 같은 두 가지 새로운 등식을 유도할 수 있다.

$$\sec^2\theta + \csc^2\theta = (\tan\theta + \cot\theta)^2, \quad \tan\theta = \dfrac{\sec\theta - \cos\theta}{\sin\theta}$$

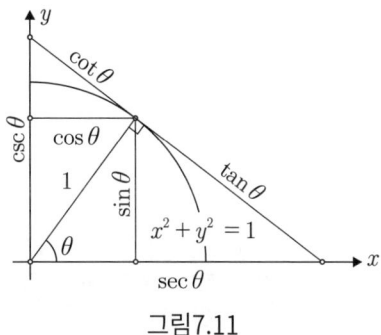

그림7.11

사인과 코사인의 3배각 공식은 그림7.12에서 아르키메데스의 각의 3등분 방법을 이용하여 계산할 수 있다[Dancer, 1937].

회색의 삼각형을 사용한 $\sin\theta$를 계산하면

$$\sin\theta = \frac{\sin 3\theta}{1+2\cos 2\theta} = \frac{\sin 3\theta}{3-4\sin^2\theta}$$

$$\sin 3\theta = 3\sin\theta - 4\sin^3\theta$$

이다. 같은 방법으로

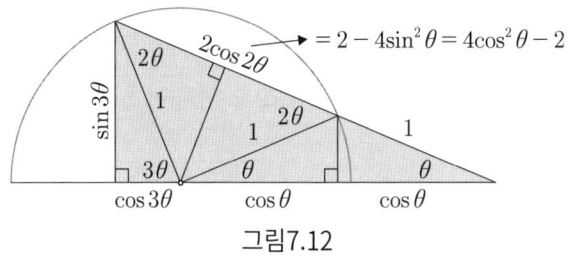

그림7.12

$$\cos\theta = \frac{\cos 3\theta + 2\cos\theta}{1+2\cos 2\theta} = \frac{\cos 3\theta + 2\cos\theta}{4\cos^2\theta - 1}$$

이고 $\cos 3\theta = 4\cos^3\theta - 3\cos\theta$이다. 도전문제 7.11은 사인과 코사인에 대한 배각 공식을 계산하기 위하여 그림7.12를 사용한다. 사인과 코사인에 대한 3배각 공식을 얻기 위한 직각삼각형의 또다른 사용에 대한 것은 [Okuda, 2001]을 참조하자.

우리는 n개의 예각에 대한 탄젠트들의 합에 대한 부등식으로 결론을 맺는다. 만약 $k=1, 2, \cdots, n$에 대하여 $\theta_k \geq 0$과 $\sum_{k=1}^{n}\theta_k < \frac{\pi}{2}$이면

$$\tan\left(\sum_{k=1}^{n}\theta_k\right) \geq \sum_{k=1}^{n}\tan\theta_k$$

이다. (증명은 그림7.13 참조)[Pratt, 2010]

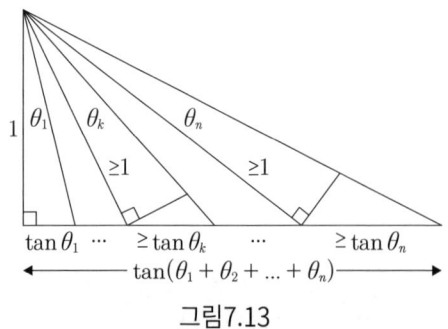

그림7.13

7.6 도전문제

7.1 직각삼각형을 이용하여 다음을 설명하여라.

(a) 2차원에서 코시-슈바르츠 부등식: 모든 실수 a, b, x, y에 대하여 $|ax+by| \leq \sqrt{a^2+b^2}\sqrt{x^2+y^2}$의 부등식의 등호가 성립할 필요충분조건은 $\dfrac{a}{b} = \dfrac{x}{y}$이다.

(b) 2차원에서 어첼의 부등식(Aczél's inequality): $a^2 \geq b^2$과 $x^2 \geq y^2$인 모든 실수 a, b, x, y에 대하여 부등식 $\sqrt{a^2-b^2}\sqrt{x^2-y^2} \leq |ax-by|$의 등호가 성립할 필요충분조건은 $\dfrac{a}{b} = \dfrac{x}{y}$이다.

(c) 모든 실수 a, b, x, y에 대하여 $|ax+by| + |ay-bx| \geq \sqrt{a^2+b^2}\sqrt{x^2+y^2}$은 언제 등호가 성립하는가?

7.2 직각삼각형을 사용하여 $x \geq y \geq 0$이면 $\sqrt{3y^2+x^2} \leq x+y \leq \sqrt{3x^2+y^2}$임을 보여라.

7.3 다음을 보여라.

(a) 직각삼각형 ABC의 꼭짓점들이 세 방심으로 만들어진 삼각형 $I_a I_b I_c$의 변 위에 있음을 증명하여라. (그림7.14a 참조)

(b) 그림7.14b에 점선으로 나타낸 직각삼각형 ABC의 방접원의 공통접선은 서로 평행하고 삼각형 ABC의 빗변에 수직임을 증명하여라.

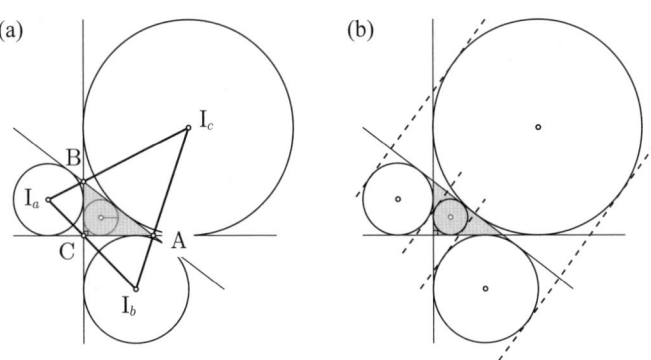

그림7.14

7.4 [Williamson, 1953]에서 변의 길이가 유리수인 직각삼각형을 만드는 규칙을 찾는다. 곱이 2인 임의의 두 유리수를 선택하고 각각에 2를 더한다. 이때, 두 값은 유리수 변들의 직각삼각형의 다리들이다. 예를 들어, $\frac{7}{3} \cdot \frac{6}{7} = 2$, 그래서 $\frac{13}{3}$과 $\frac{20}{7}$은 빗변의 길이가 유리수인 $\frac{109}{21}$와 함께 직각삼각형의 다리들이다. 분수비를 정수비로 나타내면 (60, 91, 109)이고, 이들은 피타고라스 수가 된다. 이 규칙이 타당한가?

7.5 (a) 만약 직각삼각형의 각 다리가 빗변의 꼭짓점을 중심으로 회전하여 빗변 위로 놓으면 포개진 두 다리의 길이가 내접원의 지름의 길이와 같음을 증명하여라. (그림7.15a 참조)

(b) 삼각형 ABC의 빗변 AB에 수선 CD를 그리면 삼각형 ABC, ACD와 삼각형 BCD의 내접원의 반지름 r, r_1과 r_2의 합은 삼각형 ABC의 수선의 길이와 같음을 증명하여라. (그림7.15b 참조)

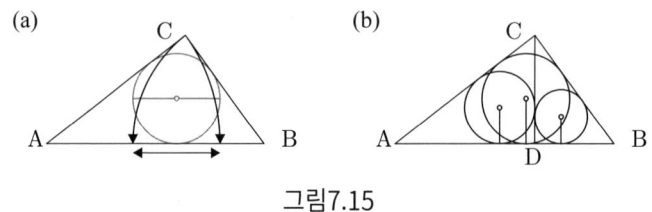

그림7.15

7.6 r, R와 K가 내접원의 반지름, 외접원의 반지름, 직각삼각형의 넓이일 때,
(a) $R + r \geq \sqrt{2K}$와 (b) $\frac{R}{r} \geq 1 + \sqrt{2}$ 임을 증명하여라. 언제 등호가 성립하는가?

7.7 x, y가 $[0, 1]$에 있다면 $\sqrt{xy} + \sqrt{(1-x)(1-y)} \leq 1$가 등호가 성립할 필요충분조건은 $x = y$임을 보여라.

7.8 ∠C가 직각인 직각삼각형 ABC에서 그림7.16처럼 점 M을 $\overline{AC}$의 중점이라 하고, 중심이 I_a인 방접원과 $\overline{BC}$의 접점을 N이라 하자. 내심 I가 $\overline{MN}$ 위에 있음을 보여라.

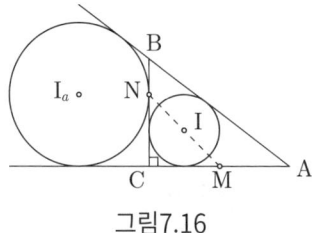

그림7.16

7.9 정수 변을 가지는 정사각형이 내접하는 가장 작은 정수 변의 직각삼각형을 찾아라. 즉, 정사각형의 한 변이 직각삼각형의 빗변 위에 있고, 정사각형의 네 꼭짓점이 직각삼각형의 변 위에 있다. (이 문제는 「College Mathematics Journal」의 1988년 11월호에 있다.)

7.10 신발을 묶는 방법에는 여러 가지가 있다. 『The Shoelace Book』[Polster, 2006]에서 6쌍의 작은 구멍이 있는 신발에 대하여 (a) 열십자, (b) 별, (c) 지그재그, (d) 나비넥타이 레이스에 대한 그림들이 있다. 아일렛의 수평과 수직이 균일한 간격을 가진다고 할 때, 어떤 방법으로 묶는 것이 가장 짧을까? 가장 긴 것은 어떤 방법으로 묶는 것일까? [힌트: 아일렛은 직각삼각형의 꼭짓점이기 때문에 계산하지 않는다.]

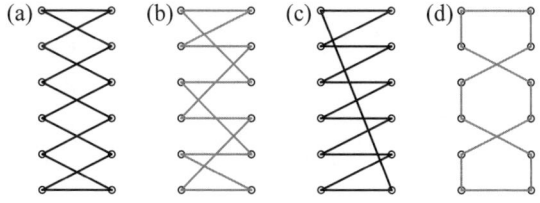

그림7.16

7.11 그림7.12를 사용하여 사인과 코사인의 배각 공식을 구하여라.

7.12 다음을 보여라.

(a) $(\sin\alpha + \sin\beta)^2 + (\cos\alpha + \cos\beta)^2 = 2 + 2\cos(\alpha - \beta)$

(b) $\tan\left(\dfrac{\alpha + \beta}{2}\right) = \dfrac{\sin\alpha + \sin\beta}{\cos\alpha + \cos\beta}$

[힌트 : 두 변의 길이가 $\sin\alpha + \sin\beta$와 $\cos\alpha + \cos\beta$인 직각삼각형을 생각하자.]

7.13 두 양수 x, y에 대한 평균값은 $\min(x, y)$와 $\max(x, y)$ 사이에 놓인 값으로 x와 y에 대한 대칭식이다. 따라서 $xy\sqrt{\dfrac{x+y}{x^3+y^3}}$와 $\sqrt{\dfrac{x^3+y^3}{x+y}}$은 평균을 나타낸다. 이것은 7.1절의 평균과 어떻게 비교하는가?

CHAPTER 8

나폴레옹 삼각형

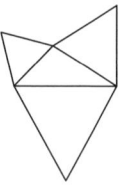

좋은 스케치는 긴 연설보다 낫다.

나폴레옹 보나파르트
(Napoleon Bonaparte)

    1장에서 우리는 직각삼각형의 각 변 위에 정사각형들이 놓인 신부의 의자를 공부했다. 이번 장에서 우리는 비슷한 아이콘으로 삼각형의 각 변에 세워진 세 개의 정삼각형들을 생각해 본다. 이 도형은 나폴레옹의 정리로 알려진 것을 포함하여 다양한 정리들과 여러 정리의 증명에서 중요하게 나타난다.

나폴레옹 보나파르트(Napoleon Bonaparte, 1769~1821)

    나폴레옹은 이 정리를 증명했을까? 아직 누구도 알지 못한다. 하지만 우리는 이번 장에서 그의 이름을 쓰기로 하겠다. 나폴레옹의 정리 이후에 우리는 삼각형에서 페르마 점(Fermat point), 바이첸뵈크 부등식(Weitzenböck's inequality), 에스허르의 정리(Escher's theorem) 등 다양한 결과들을 검토할 것이다. 이 정리들 모두 삼각형에 둘러싸인 어떤 삼각형을 포함하고 있다.

삼각형으로 둘러싸인 삼각형: 지오데식 돔과 구

지오데식 돔이나 구의 뼈대는 어떤 구의 대원에 기초를 둔 구조이다. 대원들은 서로 교차하여 삼각형 주위에 삼각형을 구성하여 구조적으로 견고함은 물론이고 적은 재료를 사용하면서도 튼튼한 구조를 이루게 한다. 이 구조물들은 작은 운동장의 놀이기구부터 플로리다의 나사(NASA)에 있는 대형 지오데식 구에 이르기까지 다양한 크기로 제작되었다. (그림8.1 참조)

그림8.1

8.1 나폴레옹의 정리

아이콘에 대한 첫 번째 놀라운 사실은 삼각형으로 평면을 타일링(겹치지 않고 빈틈없이)한다는 것이다. 그림8.2a에서 세 개의 회색 정삼각형들로 둘러싸인 흰색 삼각형이 보인다. 그림8.2b에서 회색의 세 정삼각형과 흰 삼각형 세 개를 추가하면 육각형이 되며 이때 마주 보는 두 변이 서로 평행하고 길이가 같은 평행육각형이 된다. 그리고 그림8.2c에서 평행육각형에 의해 평면이 채워진 모습을 볼 수 있다. 이것을 복사하여 계속 붙여나가면 평면을 겹치지 않고 빈틈없이 덮을 수 있다.

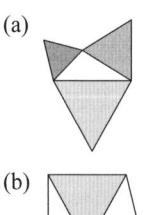
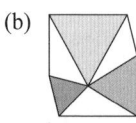

그림8.2

그림8.2c의 타일을 어느 정삼각형에서든 그 중심에서 120° 시계방향 혹은 반시계 방향으로 회전하면 타일링이 변하지 않는다. 회전대칭임을 알 수 있다.

나폴레옹의 정리

임의의 삼각형의 외부에 각 변의 길이를 한 변으로 하는 정삼각형 세 개를 그렸을 때, 이 정삼각형들의 무게중심들은 또 다른 정삼각형의 꼭짓점이 된다. (그림8.3a 참조)

그림8.2의 타일링의 일부가 그림8.3b에 나타나 있다. 점 P에 대해 타일링을 시계방향으로 120° 회전시키면 $|PQ| = |PS|$가 되며, 두 선분의 각은 120°가 된다. 같은 방법으로 점 R를 중심으로 타일링을 반시계 방향으로 120° 회전시키면 $|QR| = |RS|$가 되며 선분들의 사잇각은 120°가 된다. 따라서 삼각형 PQR와 삼각형 PRS는 합동이며, $\overline{PR}$는 ∠QPS와 ∠QRS를 각각 이등분한다. 그러므로 삼각형 PQR는 정삼각형이 된다. 삼각형 PQR를 삼각형 ABC의 나폴레옹 외삼각형(outer Napoleon triangle)이라 부르기도 한다.

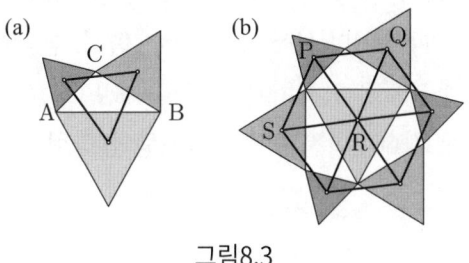

그림8.3

8.2 페르마의 삼각형 문제

다음으로 놀라운 것은 피에르 드 페르마(Pierre de Fermat, 1601~1665)에 의해 제기되어 에반젤리스타 토리첼리(Evangelista Torricelli, 1608~1647)가 여러 가지 방법으로 시도하여 문제를 해결하는 데 나폴레옹의 삼각형들이 중요한 역할을 했다는 것이다.

어느 삼각형 ABC에 대해 $|FA| + |FB| + |FC|$가 최소가 되는 점 F를 삼각형 내부(혹은 선분 위)에서 찾아보자. 점 F를 주어진 삼각형의 페르마 점이라 한다. (그림8.4a 참조)

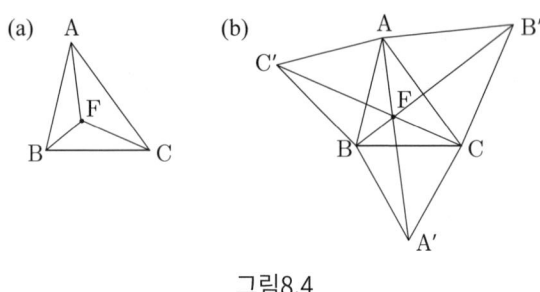

그림8.4

삼각형의 세 각 중에 한 각이 120°이거나 그 이상이면 그 꼭짓점이 바로 페르마 점이 된다. 따라서 우리는 오직 세 각이 모두 120°보다 작은 삼각형에 대해서만 생각해보기로 한다.

그러한 삼각형의 페르마 점을 쉽게 찾는 방법이 있는데, 우선 삼각형 ABC의 각 변에 정삼각형을 만들자. 그리고 삼각형 ABC의 각 꼭짓점을 맞은편 정삼각형의 바깥쪽 꼭짓점과 연결한다. 이제 세 직선의 교점은 페르마 점이 된다. (그림8.4b 참조) 그래서 우리의 아이콘을 토리첼리의 구성(Torricelli's configuration)이라고도 부른다.

여기서 제시되는 증명은 호프만(J. E. Hofmann)이 1929년에 발표했다. 그러나 당시에 그 증명은 새롭지 않았다. 일찍이 티보르 걸러이(Tibor Gallai)와 다른 사람들이 독립적으로 발견했기 때문이다[Honsberger, 1973]. 삼각형 ABC 내부에 점 P를 선택하여 세 꼭짓점과 선분으로 연결하자. 삼각형 ABP(그림8.5에서 회색 영역)를 점 B에 대해 반시계 방향으로 60° 회전하여 그림처럼 삼각형 C′BP′을 만들고 점 P′과 점 P를 연결한다.

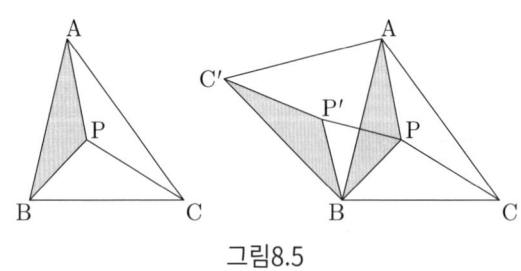

그림8.5

삼각형 ABP가 회전했기 때문에 $|\overline{AP}| = |\overline{C'P'}|$이고, 삼각형 BP′P는 정삼각형이기 때문에 $|\overline{BP}| = |\overline{P'P}|$이다. 따라서 $|\overline{AP}| + |\overline{BP}| + |\overline{CP}| = |\overline{C'P'}| + |\overline{P'P}| + |\overline{PC}|$이다. 그러므로 $|\overline{AP}| + |\overline{BP}| + |\overline{CP}|$는 점 P와 점 P′이 점 C′과 점 C를 연결하는 직선 위에 있을 때 최소가 된다. 변 AB와 새로운 점 C′에 대한 특별함이 없고 변 BC나 변 AC를

꼭짓점에 대해 똑같이 시계(혹은 반시계)방향으로 회전시킬 수 있을 것이다.

결국 점 P는 $\overline{B'B}$와 $\overline{A'A}$(그림으로 그리진 않았다) 위에 있어야 하며 페르마 점 F는 점 P가 된다. 또한, 점 F의 여섯 개의 각들은 60°가 되며 점 C와 점 C′, 점 B와 점 B′ 그리고 점 A와 점 A′을 잇는 선분들의 길이는 모두 같다: $|AP| + |BP| + |CP| = |AA'| = |BB'| = |CC'|$(그림8.4b 참조)

나폴레옹의 정리는 페르마의 문제에 대한 풀이에서 어떠한 역할도 하지 않는다. 아마도 페르마와 토리첼리가 나폴레옹이 태어나기 전에 죽었기 때문일 것이다.

만약 그림8.4b에서 정삼각형을 주어진 삼각형의 각 변을 빗변으로 갖는 직각이등변삼각형으로 바꾸면, 세 개의 체바 직선은 한 점에서 만나며 1장에서 소개한 벡텐 점이 된다.

증명은 그림1.11로부터 바로 나온다. 만약 정삼각형들을 닮음인 이등변삼각형들로 바꾸면 결정되는 체바 직선은 한 점에서 만나게 되고, 키페르트 정리(Kiepert's theorem)로 알려진 결과가 된다. 간단한 증명은 [Rigby, 1991]을 참조하자.

삼각형 ABC의 페르마 점과 삼각형 ABC의 나폴레옹 외삼각형과의 또 다른 멋진 관계에 대해서는 도전문제12.10을 참조하자.

8.3 나폴레옹 삼각형들 사이의 넓이 관계

신부의 의자에 대한 존재 이유는 피타고라스 정리에서 세 개의 정사각형들 사이의 넓이에 대한 관계에 있다. 비슷한 결과가 나폴레옹 삼각형들에서 가운데 삼각형의 넓이를 포함하여 성립한다.

변의 길이가 a, b, c인(각각의 꼭짓점 A, B, C의 맞은 편에 위치하는) 삼각형 ABC에 대해서 T는 삼각형 ABC의 넓이를 나타내고, T_s는 변 s를 한 변으로 갖는 정삼각형의 넓이라 하자. (그림8.6 참조)

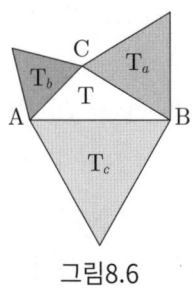

그림8.6

『유클리드 원론』의 제6권 31번 명제(피타고라스 정리의 일반화)의 결과로 $\angle ACB = 90°$일 때, $T_a + T_b = T_c$이다. 그러나 놀랍게도 60° 혹은 120°일 때도 비슷한 결과들을 갖는다.

   (a) $\angle ACB = 60°$일 때, $T + T_c = T_a + T_b$이다.

   (b) $\angle ACB = 120°$일 때, $T_c = T_a + T_b + T$이다.

(a)에 대해서 두 가지 방법으로 한 변이 $a + b$인 정삼각형의 넓이를 계산하면 $3T + T_c = 2T + T_a + T_b$라는 결론을 얻는다[Moran Cabre, 2003]. (그림8.7 참조)

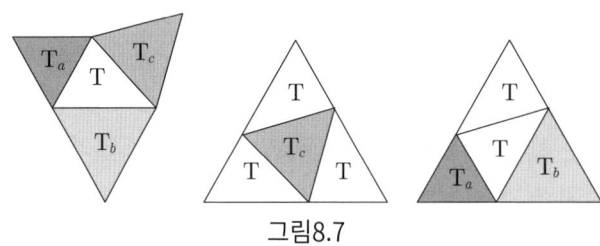

그림8.7

(b)에 대해서 각 변이 a와 b로 번갈아 나오는 모든 내각이 120°인 육각형을 두 가지 다른 방법으로 구성하여 넓이를 계산할 수 있다. 즉, $3T + T_c = 4T + T_a + T_b$이며 [Nelsen, 2004]에서 증명하고 있다. (그림8.8 참조)

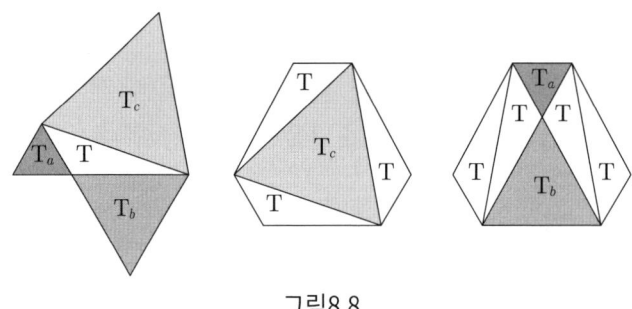

그림8.8

일반적으로 $T_c = T_a + T_b - \sqrt{3} \cot(\angle ACB) \cdot T$이고, 이 결과를 이용하여 다음의 결과를 얻을 수 있다.

   (a) $\angle ACB = 30°$일 때 $3T + T_c = T_a + T_b$이다.

   (b) $\angle ACB = 150°$일 때 $T_c = T_a + T_b + 3T$이다.

(그림을 이용한 증명으로 [Alsina and Nelsen, 2010] 참조)

특수각 30°, 60°, 90°, 120° 그리고 150°에 대한 T_a, T_b, T_c와 T 사이의 관계에서 추가로 (8.1)의 바이첸뵈크 부등식을 얻는다.

$$T_a + T_b + T_c \geq 3T \tag{8.1}$$

그림8.6의 그림에서 모든 삼각형에 대해 등식이 성립하기 위한 필요충분조건은 삼각형 ABC가 정삼각형인 경우이다.

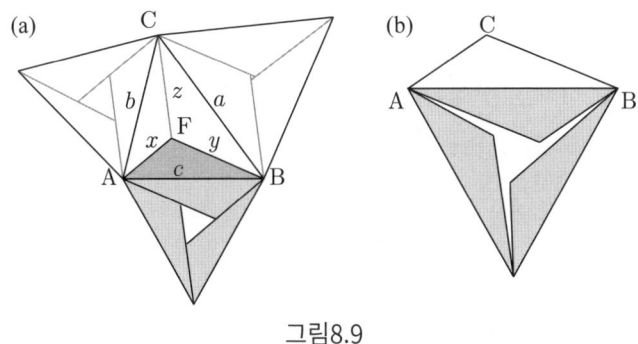

그림8.9

(8.1)을 증명하기 위해서 먼저 삼각형의 모든 각이 120°보다 작은 경우를 생각해 보자. 삼각형 ABC의 꼭짓점에서 페르마 점 F를 연결한 선분들을 각각 x, y, z라 하자. 그림8.9a에 나타난 것처럼 점 F를 한 꼭짓점으로 갖는 각각의 삼각형들에서 두 예각의 합은 60°이다. 그러므로 넓이가 T_c인 정삼각형은 x, y, c를 변으로 갖는 삼각형과 합동인 세 삼각형의 넓이와 한 변의 길이가 $|x-y|$인 정삼각형의 넓이를 더한 것과 같다. 비슷한 결과들이 T_a와 T_b의 넓이에 대해서도 성립한다. 따라서

$$T_a + T_b + T_c = 3T + T_{|x-y|} + T_{|y-z|} + T_{|z-x|} \tag{8.2}$$

$T_{|x-y|}, T_{|y-z|}, T_{|z-x|}$가 각각 음수가 아니므로 (8.1)을 유도한다.

(8.1)에서 등식이 성립할 필요충분조건은 $x = y = z$이다. 그러므로 점 F를 공통꼭짓점으로 하는 세 삼각형은 합동이고 $a = b = c$이다. 즉, 삼각형 ABC는 정삼각형이다.

한 각이 120°이거나 그보다 클 때(편의상 각 C가 그렇다고 하자), 그림8.9b에서 설명한 것처럼

$$T_a + T_b + T_c \geq T_c \geq 3T$$

가 성립하여 증명은 끝난다.

또한, 바이첸뵈크 부등식은 나폴레옹의 정리를 증명할 때 사용된 그림8.3으로 설명될 수 있다. K가 나폴레옹 삼각형 PQR(각 꼭짓점은 세 정삼각형의 무게중심이다.)의 넓이라 하자. 그러면 그림8.3b는 $6K = 3T + T_a + T_b + T_c$임을 나타낸다. 또는 그림

8.3b의 정육각형이 그림8.2b에 육각형 타일로서 같은 넓이를 갖는다. 따라서

$$K = \frac{1}{2}\left(T + \frac{T_a + T_b + T_c}{3}\right)$$

이다. $6(K - T) = T_a + T_b + T_c - 3T$이므로 부등식 $K \geq T$는 바이첸뵈크 부등식인 $T_a + T_b + T_c \geq 3T$와 동치이다.

(8.2)는 실제로 바이첸뵈크 부등식(Weitzenböck's inequality)보다 더 강력해서 하트비거-핀슬러 부등식(Hadwiger-Finsler inequality)을 증명할 수 있게 해준다. 만약 a, b, c가 삼각형의 각 변이면

$$T_a + T_b + T_c \geq 3T + T_{|a-b|} + T_{|b-c|} + T_{|c-a|}$$

이다. (증명은 [Alsina and Nelsen, 2008, 2009] 참조)

8.4 에스허르의 정리

네덜란드의 유명한 화가인 마우리츠 코르넬리스 에스허르(1898~1972)의 노트에는 평면을 타일링하는 육각형들에 대한 몇 가지 훌륭한 결과들이 있다. 존 릭비(John Frankland Rigby, 1993~2014)가 몇 가지를 정리했다.

에스허르의 정리
 (i) 삼각형 ABC가 정삼각형이고 그림8.10처럼 점 E는 임의의 한 점이며 점 F는 $|\overline{AF}| = |\overline{AE}|$, $\angle FAE = 120°$를 만족하고, 점 D는 $|\overline{BD}| = |\overline{BF}|$이고 $\angle DBF = 120°$이면 $|\overline{CE}| = |\overline{CD}|$이고 $\angle ECD = 120°$가 된다.
 (ii) 육각형 AFBDCE의 합동인 도형들은 평면을 타일링한다.
 (iii) 직선 AD, BE, CF는 한 점에서 만난다. (그림8.10에 그려져 있지 않음)

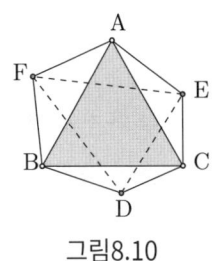

그림8.10

(i)를 증명하기 위해서 삼각형 DEF에 나폴레옹의 정리를 적용한다. 점 A와 점 B는 변 EF와 변 FD 위에 각각 그려진 정삼각형의 무게중심이다. 삼각형 DEF의 각 변 위에 그려진 세 정삼각형의 무게중심은 나폴레옹의 정리에 의해 정삼각형을 이룬다. 그리고 삼각형 ABC는 정삼각형이다. 따라서 점 C는 변 DE에 그려진 정삼각형의 무게중심이 틀림없다.

그리고 (i)의 결과를 얻게 된다. (릭비의 노트에 의하면 삼각형 ABC와 삼각형 DEF가 같은 방향을 갖고 있다고 가정해야 한다. 그림에서는 반시계 방향이다.)

육각형 AFBDCE의 합동인 도형들로 평면을 타일링하는 것은 그림8.2c와 같은데, 그림8.11에 나온 것처럼 각각의 정삼각형들의 무게중심을 세 꼭짓점으로 연결하면 바로 알 수 있다.

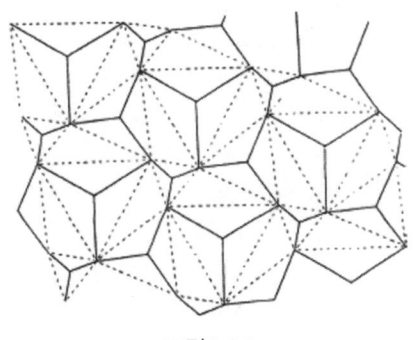

그림8.11

에스허르의 정리 (iii) 결과는 8.2절의 끝부분에서 언급한 키페르트의 정리를 구성한다.

8.5 도전문제

8.1 그림8.12에 나폴레옹 삼각형이 불완전하게 그려져 있다. 정삼각형 APC와 삼각형 BQC는 삼각형 ABC의 두 변의 바깥쪽으로 그려져 있다. 변 AB의 중점 R과 삼각형 BQC의 무게중심 G와 꼭짓점 P는 내각이 30°, 60°, 90°인 삼각형임을 증명하여라.

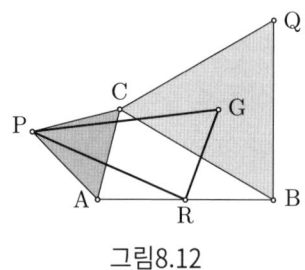

그림8.12

8.2 그림8.13a에 그려진 것처럼 $|\overline{AD}| = |\overline{BC}|$이고 ∠A + ∠B = 120°인 사각형 ABCD에 대하여
   (a) 대각선과 변 CD의 중점 X, Y, Z가 정삼각형임을 보여라.(그림8.13b 참조)
   (b) 정삼각형 PCD가 변 CD 위에 바깥으로 그려져 있을 때, 삼각형 PAB가 정삼각형임을 보여라.(그림8.13c 참조)

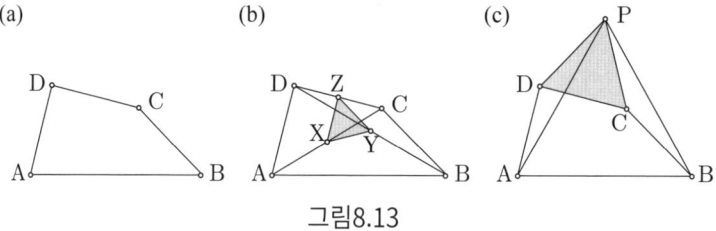

그림8.13

8.3 한 삼각형의 세 변의 길이를 각각 삼등분하고 그중 가운데 선분으로 바깥에 그린 정삼각형들의 세 꼭짓점으로 또 다른 정삼각형이 됨을 보여라. (그림8.14 참조)

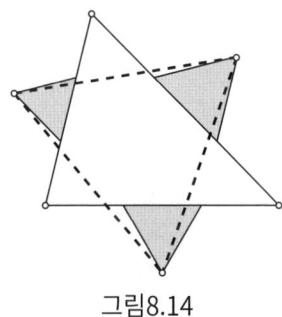

그림8.14

8.4 앞의 1.2절에서 벡텐 구조에서 세 측면삼각형 각각이 삼각형 ABC와 같은 넓이를 가졌음을 보였다. 삼각형 ABC의 세 변 위에 정삼각형이 있을 때도 세 측면삼각형의 넓이가 삼각형 ABC의 넓이와 같아지는 삼각형 ABC가 존재하는가?

8.5 직사각형 ABCD의 이웃한 두 변에 그림8.15처럼 바깥쪽으로 정삼각형 ADE와 정삼각형 CDF를 그리자. 삼각형 BEF는 직각삼각형 ACD에 대한 나폴레옹 삼각형의 각 변을 $\frac{\sqrt{3}}{3}$ 배 한 정삼각형임을 보여라.

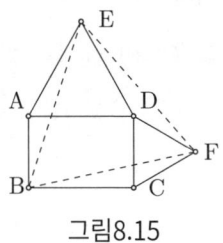

그림8.15

8.6 ∠A > 90°인 둔각삼각형 ABC의 각 변 위에 이등변삼각형 A'BC, AB'C, ABC'을 그림8.16처럼 만들자. 이때, 세 각 A', B', C'의 크기는 모두 2∠A − 180°이다. 점 A″이 점 A'을 선분 BC에 대해 대칭이동한 점이라 하면, 회색사각형 AC'A″B'은 평행사변형임을 보여라. [힌트: 닮은 이등변삼각형들의 밑각이 모두 180° − ∠A = ∠B + ∠C로 같고, 세 점 B, A, B'과 세 점 C, A, C'은 각각 한 직선 위에 있다.]

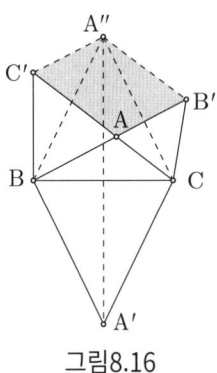

그림8.16

8.7 저널「American Mathematical Monthly」1923년 7~8월 호에 실린 다음 문제를 해결하여라.

> "한 직각삼각형의 각 변 위에 정삼각형들이 그려져 있다. 직각을 낀 두 변 위에 그려진 정삼각형을 분해해서 다시 결합하면 빗변 위의 정삼각형이 되도록 나타내어라."

CHAPTER 9

각과 호

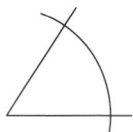

천재들은 사람들과 다른 각도에서 세상을 바라본다.
해브록 엘리스(Havelock Ellis, 1858-1939)

이 장의 아이콘은 수학의 모든 분야에 존재하는 각과 호(또는 원)이다. 각과 호는 위대한 많은 문제 및 정리들과 작도에서 볼 수 있고, 기하학, 천문학, 측량, 공학 등에서 이용된다.

역사적, 현대적인 많은 사물은 각과 원 또는 원호를 보여준다. 그림9.1의 왼쪽부터 오른쪽으로 컴퍼스, 육분의, 런던 빅벤 시계탑의 시계, 풍속과 풍향을 측정하는 제퍼슨 풍속계가 그 예이다. 일상에서 볼 수 있는 것들에는 수레의 바퀴, 가위, 각도기와 피자 조각도 있다.

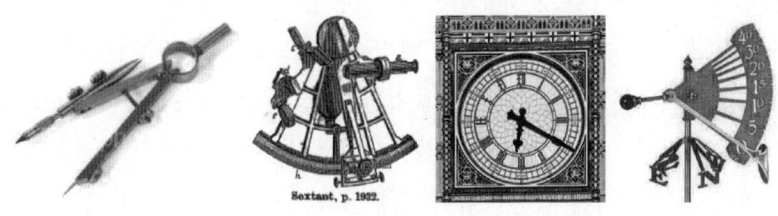

그림9.1

일반적인 각과 호의 관계를 탐구하는 것부터 시작해보자. 방멱의 개념을 설명한 후에 오일러의 정리를 증명하고 예각삼각형에서의 테일러 원(Taylor circle)과 타원에서의 몽주 원(Monge circle)에 대해 알아보자.

9.1 각과 각의 측정

『유클리드 원론』의 제1권 정의 8에서 유클리드는 각도를 다음과 같이 정의한다.

"한 평면 위에서 서로 만나지만 일직선 위에 있지 않은 두 직선의 기울어진 정도"(그림9.2a 참조)

오늘날 우리는 각을 '한 점과 그 점에서 뻗어나간 두 반직선이 이루는 도형'이라고 정의한다. 그리고 각의 크기는 (유클리드의 정의에서 "기울어진 정도") '한 반직선이 다른 한 반직선에 겹치기 위해 회전해야 하는 양'으로 정의한다(그림9.2b). 그래서 각의 크기를 한 원의 호로 측정하는 것은 자연스럽고 이것은 고전 유클리드의 도구인 컴퍼스와 자로 가능하다. 유클리드는 직각을 단위각으로 사용했지만 바빌로니아인들은 도(degree)를 각의 측정에 도입했고, 알렉산드리아의 힙시클레스(기원전 190~120년경)는 직각을 90개의 도(degree)로 나눈 첫 번째 그리스인이다.

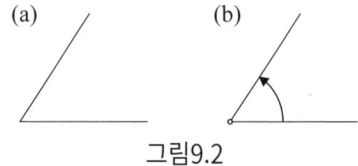

그림9.2

원은 왜 360°일까?

각의 측정에 관해 역사학자들은 바빌로니아인들이 원을 360등분으로 나눈 사실을 신뢰하지만, 그 이유에 대해서는 동의하지 않는다. 어떤 이들은 1년이 대략 360일 정도이기 때문이라고 말하기도 한다. 아마도 더욱 신뢰할만한 설명은 초기 바빌로니아의 (한 원에서 현의 길이에 기반한) 삼각법에서 찾을 수 있을 것이다. 원의 반지름과 길이가 같은 현의 길이가 자연스러운 단위가 되고, 결과적으로 바빌로니아인들의 단위각은 정삼각형이 이루는 각이었다[Ball, 1960; Eves, 1969].

바빌로니아인들은 60분법을 수 체계로 채택했기 때문에 정삼각형이 이루는 단위각을 60도(그리스인들이 처음 사용한 용어)로 나누었다. 1도는 다시 60분(라틴어: partes minutae primae, "첫 번째 작은 부분"), 1분은 60초(라틴어: partes minutae secundae, "두 번째 작은 부분")로 나뉘었다.

유클리드는 원론에서 각을 측정하지 않고 각에 관한 많은 명제를 증명할 수 있었다. 한 직선이 평행한 직선들과 교차할 때 생기는 같은 크기의 각들에 대한 몇 가지 기본적 결과를 가지고 어떠한 삼각형이라도 세 각의 합은 두 직각과 같다는 것을 증명했다(제1권, 명제32). 그 증명은 그림9.3에서 선분 AB에 평행하고 점 C를 지나는 직선 DE를 그려서 확인할 수 있다.

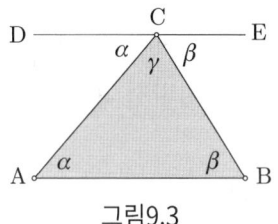

그림9.3

많은 응용문제에서 각의 측정은 필수적이고 각을 측정하는 고대의 간단한 도구는 도 단위로 표기된 반원 모양의 각도기이다. (그림9.4 참조)

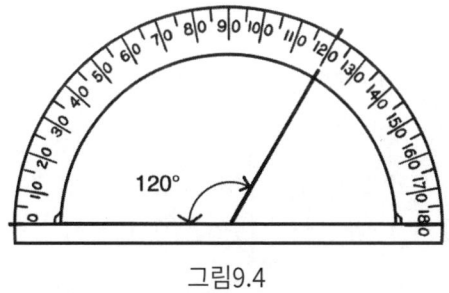

그림9.4

육분의(사용된 호의 크기에 따라 사분의 또는 팔분의)는 그림9.5a의 페로제도의 1994년 우표에서 볼 수 있듯이 항해사와 천문학자들이 별과 해의 고도를 측정하는 데 사용한 도구이다. 간단한 육분의는 각도기, 빨대, 실, 추(동전)로 만들어 볼 수 있다. 각도기의 윗부분이 아래를 향하게 뒤집고, 테이프나 풀로 빨대를 각도기의 맨 위 가장자리에 붙이고 각도기의 반원 중앙에서 실을 내려뜨려 그 끝에 추를 매다는 방법이다. (그림9.5b 참조)

 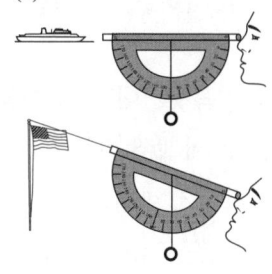

그림9.5

어떤 물체의 고도 각을 측정할 때, 빨대 구멍을 통해서 물체의 맨 위를 보고 그때 실이 각도기에서 가리키는 각을 90°에서 빼면 물체의 고도 각을 얻을 수 있다.

각을 측정하는 다른 단위로는 라디안이 있다. 1라디안은 길이가 원의 반지름과 같은 호가 마주 보는 각으로 정의한다. 따라서 360°는 2π라디안과 같다. 라디안은 미적분학과 같은 모든 수학에서 쓰인다.

각의 크기를 나타내는 단위는 다양하지만 grad나 gradian(360° = 400grads), 밀리라디안(milliradian)의 줄임말인 mil(360° = 6400mils), point(360° = 32points) 등은 수학에서 거의 사용하지 않는다.

> **언셜체의 캘리그라피**
>
> 캘리그라피에서 각각의 알파벳은 필사각을 갖는다. 두껍고 얇은 선으로 글자를 일관되게 쓰기 위해서는 각 글자의 각을 지켜야 한다. 캘리그라피의 각은 0°에서 90° 사이이다. 예를 들어, 언셜체의 알파벳의 펜각은 20°이고, 반언셜체의 펜각은 0°이다. 카롤링거체와 둥근 고딕체 소문자의 펜각은 30°, 가는 이탤릭체의 펜각은 45°, 고딕 필기체의 펜각은 90°이다. 그림9.6은 5세기의 로마 언셜 필기체이다.
>
>
>
> 그림9.6

9.2 원과 교차하는 두 직선이 이루는 각

앞 절에서 각의 꼭짓점이 원의 중심에 위치하는 호에 대한 각의 크기를 측정하는 방법을 알아보았다. 이제 우리는 원의 중심과 각의 꼭짓점이 일치하지 않는 각과 원으로 생각을 확장하고자 한다.

원과 각이 주어졌을 때, 각의 꼭짓점이 원의 중심에 있으면 그 각을 중심각(central angle)이라 하고, 각의 꼭짓점이 원 위에 있고 그 점에서 뻗어나간 두 반직선이 원과 다른 두 점에서 만날 때, 그 각은 원에 내접한다고 말한다. 한 원 위의 같은 호를 마주 보는 내접하는 각의 크기는 중심각의 크기의 절반이다. 4.1절에서 각의 한 변이 원의 지름인 특수한 경우를 보았다. 이로부터 그림9.7에서 일반적인 경우로 확장된다.

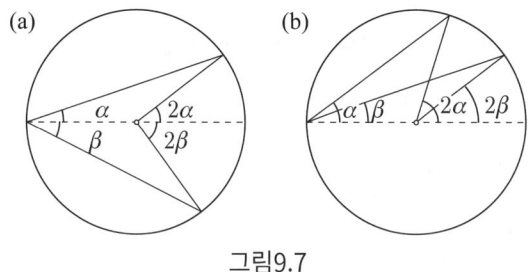

그림9.7

한 원의 같은 호에 대한 중심각과 내접하는 각의 관계는 다음의 두 경우를 비롯해 매우 유용하게 쓰인다.

(i) 볼록사각형이 원에 내접하면 대각의 합은 180°이고 그 역도 성립한다.

(ii) 선분 QR과 각 α가 $0 < \alpha < 180°$이면 $\angle QPR = \alpha$인 점 P의 집합은 원의 호이다.

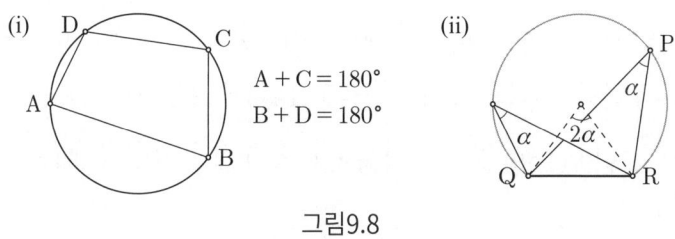

그림9.8

(ii)에서 $\alpha = 90°$인 경우가 4.1절의 탈레스의 삼각형 정리이다.

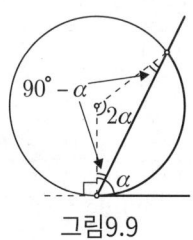

그림9.9

그림9.9와 같이 원 위의 한 점이 각의 꼭짓점이고 각을 이루는 한 반직선의 꼭짓점에서 원에 접할 때, 그 각을 반내접각(semi-inscribed angle)이라 한다. 이때, 반내접각의 크기 역시 중심각 크기의 절반이다.

호의 길이가 원의 반지름과 중심각의 라디안 값의 곱이므로 라디안 단위가 도(°)의 단위보다 간단하다. 만약, 반지름의 길이가 1인 원(단위원)을 사용한다면 훨씬 간단해진다. 호의 길이와 중심각의 라디안 값이 같아지기 때문이다. 이 절에서는 앞으로 단위원을 사용하기로 한다.

이제 각의 꼭짓점이 원의 내부에 있는 내각에 대해 알아보자. 이때도 편의상 단위원을 이용하겠다. 각 θ의 라디안 값은 θ와 크기가 같은 맞꼭지각에 의해 결정되는 두 호의 길이의 산술평균이다. (그림9.10a 참조)

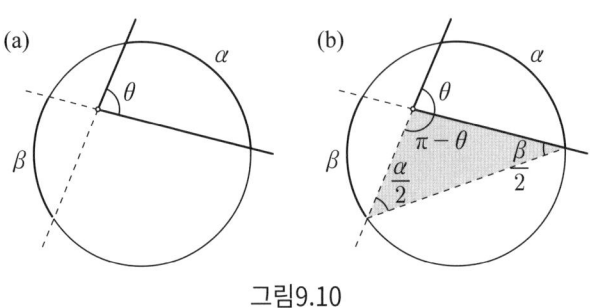

그림9.10

그림9.10b에서 회색 삼각형의 내각의 합은 $(\pi - \theta) + \frac{\alpha}{2} + \frac{\beta}{2} = \pi$이므로 $\theta = \frac{\alpha + \beta}{2}$이다. 각의 꼭짓점이 원 밖에 있고, 각의 두 변이 원과 두 점에서 만날 때, 우리는 이 각을 외각이라 부른다. 외각의 크기는 그림9.11a에서 보는 바와 같이 두 호의 길이 차이의 절반이다. 그림9.11b의 회색 삼각형의 내각의 합은 $\theta + \frac{\beta}{2} + \left(\pi - \frac{\alpha}{2}\right) = \pi$이므로 $\theta = \frac{\alpha - \beta}{2}$이다.

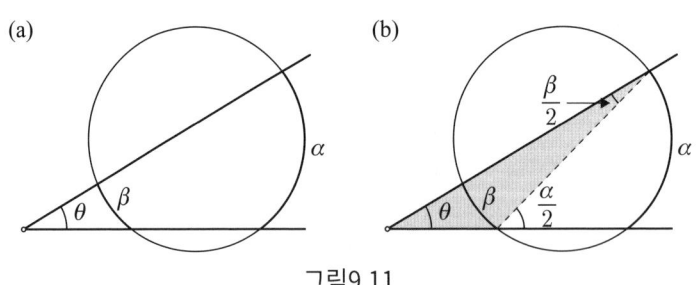

그림9.11

9.3 방멱(The power of a point)

원 C와 같은 평면 위에 점 P가 있다. 점 P와 원 C를 지나는 임의의 직선이 원 C와 두 점 Q, R에서 만난다고 할 때, 원 C에 대한 점 P의 방멱을 $|\overline{PQ}| \cdot |\overline{PR}|$이라 정의한

다[Andreescu and Gelca, 2000]. 이때, 점 P의 방멱은 직선 QR를 어떻게 택하는가 와 상관없다. 이를 확인하기 위해 그림9.12에서 (a) 점 P가 원 C의 밖에 있는 경우, (b) 점 P가 원 C의 안에 있는 경우에 대해 원 C가 두 점 S, T에서 만나는 또 다른 직선 이 있다고 하자.

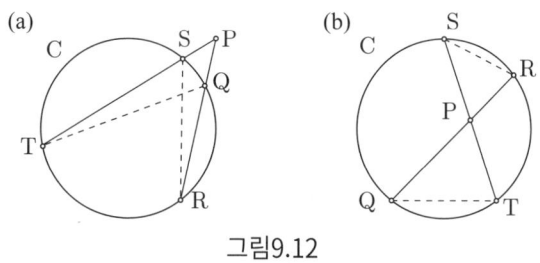

그림9.12

두 경우 모두 삼각형 PQT와 삼각형 PSR는 닮음이다. 따라서 $\frac{|PS|}{|PQ|} = \frac{|PR|}{|PT|}$ 이므로 $|PS| \cdot |PT| = |PQ| \cdot |PR|$이다. 점 P의 방멱은 두 점 Q, R를 지나는 직선을 어떻게 택하든지 관계없이 그림9.13a에서처럼 점 P가 원 C 밖에 있을 때, 원 C의 중심 O를 지나는 직선을 택할 수 있다. 점 P와 중심 O 사이의 거리를 d라 하고, 원 C의 반지름 을 r라 한다면 $|PQ| \cdot |PR| = (d-r)(d+r) = d^2 - r^2$이다. 이것은 점 P를 지나고 원 C 에 접하는 선분 PT의 길이의 제곱이다.

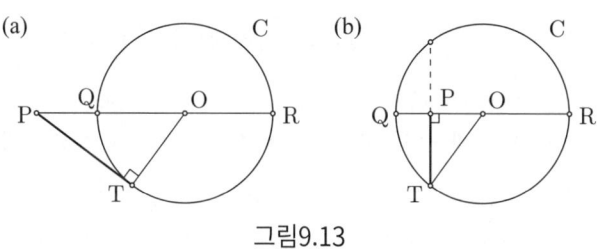

그림9.13

그림9.13b와 같이 점 P가 원 C 안에 있을 때, $|PQ| \cdot |PR| = (r-d)(r+d) = r^2 - d^2$ 이고 이것은 점 P를 지나며 원의 지름에 수직인 현의 길이 절반의 제곱과 같다. 점 P가 원 C 위에 있을 때, 원 C에 대한 점 P의 방멱은 0이다. 많은 저자들이 방멱을 $d^2 - r^2$으로 정의하므로 점 P가 원 안에 있으면 방멱은 음수이다. 이 정의가 항상 성립 하기 위해 점 사이의 거리에 부호를 붙인다.

직사각형이 아닌 볼록사각형 ABCD의 한 쌍의 대변을 $\overline{AB}$, $\overline{CD}$라 할 때, 둘은 평행

하지 않다. $\overline{AB}$와 $\overline{CD}$를 연장하면 점 P에서 만나고, $|PA|\cdot|PB|=|PC|\cdot|PD|$일 때, 사각형 ABCD는 내접사각형이고 그림9.14처럼 사각형 ABCD는 외접원을 갖는다.

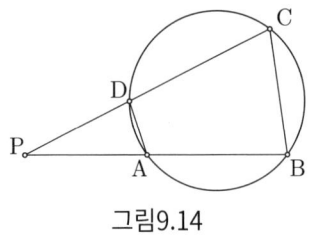

그림9.14

이를 증명하기 위해 $|PA|\cdot|PB|=|PC|\cdot|PD|$이고 점 C는 세 점 A, B, D를 지나는 원 위에 있지 않다고 가정하자. $\overline{PD}$를 연장했을 때, 원과의 교점이 C′이고 C ≠ C′라 하자. 이 원에 대한 점 P의 방멱은 $|PA|\cdot|PB|=|PC′|\cdot|PD|$, $|PC|=|PC′|$이고 C = C′이므로 모순이다.

방멱에 대한 또 다른 예로 다음 문제를 생각해보자.

삼각형 ABC의 세 변 a, b, c에 이르는 높이가 h_a, h_b, h_c임을 알 때, h_a, h_b, h_c를 아는 것만으로 삼각형 ABC를 작도할 수 있을까? 그 대답은 방멱을 이용하면 "가능하다"이다[Esteban, 2004].

점 P에서 시작하는 세 개의 반직선 위에 $|PQ|=h_a$, $|PR|=h_b$, $|PS|=h_c$인 세 점 Q, R, S가 있다. 그림9.15에서 원 C가 삼각형 QRS의 외접원이고, 세 반직선이 원 C와 만나는 교점을 X, Y, Z라 하자.

원 C에 대한 점 P의 방멱에 의해 $|PX|h_a=|PY|h_b=|PZ|h_c$이다. 이때, 삼각형의 세 변 a, b, c는 $ah_a=bh_b=ch_c$를 만족한다(각각의 곱이 삼각형 ABC의 넓이의 2배이므로). 따라서 $|PX|, |PY|, |PZ|$를 세 변으로 하는 삼각형 T는 삼각형 ABC와 닮음이다. 변 PX에 이르는 높이를 찾고 그것을 삼각형 T와 비교함으로써 닮음비를 알아내면 삼각형 ABC를 얻을 수 있다.

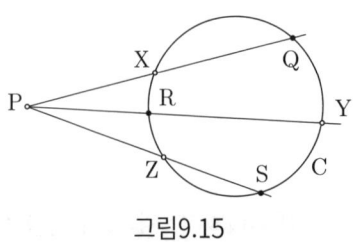

그림9.15

9.4 오일러의 삼각형 정리

점의 방멱이 얼마나 유용한 지 보이기 위해 다음을 증명해 보자.

오일러의 삼각형 정리

점 I가 삼각형 ABC의 내심, 점 O가 외심이고 내접원의 반지름을 r, 외접원의 반지름을 R이라 하자. 그림9.16에서 두 점 O와 I 사이의 거리를 d라 하면
$$d^2 = |\overline{OI}|^2 = R(R-2r)$$
이다.

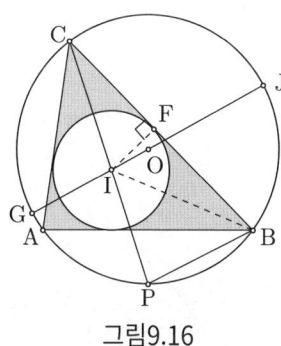

그림9.16

∠C를 이등분하며 점 I를 지나는 직선과 외접원의 교점을 P라 하자. 선분 IO를 연장하여 외접원과 만나는 교점을 각각 G, J라 하자. 외접원에 대한 점 I의 방멱은 $|\overline{CI}| \cdot |\overline{IP}| = |\overline{GI}| \cdot |\overline{IJ}| = (R-d)(R+d) = R^2 - d^2$이다. 이때, ∠ABP = ∠ACP = $\frac{1}{2}$∠C이고 선분 IB가 ∠B를 이등분하므로 ∠IBP = $\frac{1}{2}$∠B + $\frac{1}{2}$∠C이다. △BIC에 삼각형의 외각 정리를 적용하면 ∠PIB = $\frac{1}{2}$∠B + $\frac{1}{2}$∠C이므로 △IBP는 이등변삼각형이고 $|\overline{IP}| = |\overline{BP}|$이다.

△CIF에서 $r = |\overline{CI}| \sin(\angle ICF)$이고 △CPB에서
$$\frac{|\overline{PB}|}{\sin(\angle PCB)} = \frac{|\overline{BC}|}{\sin(\angle CPB)} = \frac{|\overline{BC}|}{\sin(\angle A)} = 2R$$
임을 알고 있다.

∠PCB = ∠ICF이고 $|\overline{IP}| = |\overline{BP}|$이므로 $2Rr = |\overline{CI}| \cdot |\overline{BP}| = |\overline{CI}| \cdot |\overline{IP}| = R^2 - d^2$이다. 따라서 $d^2 = R^2 - 2Rr = R(R-2r)$이다.

외접원에 대한 내심의 방멱은 $2Rr$이다. 제곱은 음수가 될 수 없으므로 오일러의 삼각형 정리에 의해 보조 정리인 오일러의 삼각형 부등식(6.5절을 참조하자.)이 다음과 같이 성립한다.

내접원의 반지름이 r이고 외접원의 반지름이 R인 모든 삼각형에 대해 $R \geq 2r$이다.

9.5 테일러 원

예각삼각형 ABC에 그림9.17과 같이 각 꼭짓점에서 마주 보는 변에 수선 AX, BY, CZ를 그린다. 각각의 수선의 발에서 그림의 점선처럼 다른 두 변에 이르는 수선을 긋는다. 그때 주어지는 점(X_b, X_c, Y_c, Y_a, Z_a, Z_b)은 한 원 위에 있고, 이 원을 논의한 테일러(H.M. Taylor, 1842~1927)의 이름을 따서 테일러 원(Taylor circle)이라 부른다[Bogomolny, 2010].

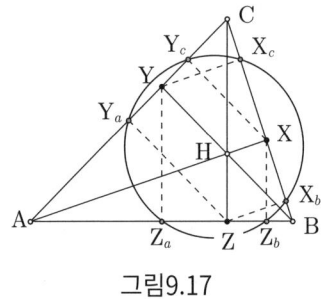

그림9.17

이때, 여섯 개의 점이 한 원 위에 있음을 보이기 위해 그림9.17에서 보이는 직각삼각형들을 이용하여 먼저 6개 중 4개의 점이 원의 내접사각형의 꼭짓점임을 보이자.

$\triangle$AHZ는 $\triangle$AXZ$_b$와 닮음이므로 $\dfrac{|AZ|}{|AZ_b|} = \dfrac{|AH|}{|AX|}$ 이다. $\triangle$AHY가 $\triangle$AXY$_c$와 닮음이므로 $\dfrac{|AH|}{|AX|} = \dfrac{|AY|}{|AY_c|}$ 이다. 결과적으로 $\dfrac{|AZ|}{|AZ_b|} = \dfrac{|AY|}{|AY_c|}$ 이다. $\triangle$AY$_a$Z가 $\triangle$AYZ$_a$와 닮음이므로 $\dfrac{|AY_a|}{|AZ|} = \dfrac{|AZ_a|}{|AY|}$ 이다. 따라서

$$\dfrac{|AY_a|}{|AZ|} \cdot \dfrac{|AZ|}{|AZ_b|} = \dfrac{|AZ_a|}{|AY|} \cdot \dfrac{|AY|}{|AY_c|}$$

이다.

이를 간단히 하면 $|\overline{AY_a}| \cdot |\overline{AY_c}| = |\overline{AZ_b}| \cdot |\overline{AZ_a}|$ 이므로 네 점 Y_c, Y_a, Z_a, Z_b는 한 원

위에 있고, 그 원을 원 C_1이라 하자. 앞의 식은 원 C_1에 대한 점 A의 방멱이다. 비슷하게 네 점 X_b, X_c, Z_a, Z_b는 원 C_2 위에 있고, 네 점 X_b, X_c, Y_c, Y_a는 원 C_3 위에 있다.

이제 세 원 C_1, C_2, C_3가 일치함을 보이기로 하자. 두 개의 원이 일치하면 세 개의 원이 모두 같게 된다. 따라서 세 원이 서로 다르다고 가정하자. 가정이 모순이 되게 하려면 한 쌍의 원에 대한 "근축(radical axis)"의 개념이 필요하다. 근축은 두 원에 대해 같은 방멱을 갖는 점들의 자취이다[Andreescu and Gelca, 2000]. (두 원 모두에 대하여 방멱이 0으로 같으므로) 교차하는 두 원에서 두 개의 교점을 지나는 직선이다. 따라서 $\overline{AB}$는 원 C_1과 원 C_2의 근축이고, $\overline{BC}$는 원 C_2와 원 C_3의 근축이고, $\overline{AC}$는 원 C_1과 원 C_3의 근축이다. 그러므로 세 원 모두에 대하여 각 점은 같은 방멱을 갖고, 이는 점 A가 삼각형의 세 변 위에 모두 있음을 뜻하므로 모순이다.

9.6 타원에 대한 몽주 원(Monge circle)

원은 기하 문제에서 예상치 못한 해결책으로 등장하곤 한다. 다음 문제가 그런 경우이다.

타원에 대해 수직을 이루는 두 접선의 교점들의 자취는 무엇일까?

평면에서 점들의 자취가 타원으로부터 직각을 이루고 있으므로 이때의 자취를 타원에 대한 직시 곡선(orthoptic curve)이라 한다. 프랑스의 수학자인 가스파르 몽주(Gaspard Monge, 1746~1818)는 이 질문에 대해 조사하여 그때의 자취(타원의 중심이 중심인 원)를 타원에 대한 몽주 원(Monge circle) 또는 디렉터 서클(director circle)로 부르게 되었다. (그림9.18 참조)

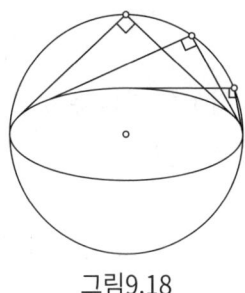

그림9.18

그 증명[Tanner and Allen, 1898]은 놀랍게도 간단하다. 타원 $\dfrac{x^2}{a^2} + \dfrac{y^2}{b^2} = 1$의 접

선의 방정식이 $y = mx + k$일 때, 타원의 방정식에 $y = mx + k$를 대입하면 x에 대한 이차방정식을 얻고 이로부터 $k^2 = a^2m^2 + b^2$이 된다. 따라서 기울기가 m인 타원에 대한 두 접선의 방정식은

$$y - mx = \pm \sqrt{a^2m^2 + b^2} \tag{9.1}$$

이다.

(9.1)에 수직인 접선의 방정식은 $y + \frac{1}{m}x = \pm \sqrt{\frac{a^2}{m^2} + b^2}$이고 이를 정리하면

$$my + x = \pm \sqrt{a^2 + b^2m^2} \tag{9.2}$$

이다.

(9.1)과 (9.2)를 제곱하여 더하면 $(m^2+1)x^2 + (m^2+1)y^2 = (m^2+1)(a^2+b^2)$이므로 교점의 자취는 원 $x^2 + y^2 = a^2 + b^2$이다.

9.7 도전문제

9.1. $\triangle ABC$가 $\angle C = 90°$인 직각삼각형일 때, 그림9.19처럼 점 B가 중심이고 반지름이 $a = |\overline{BC}|$인 원이 있다고 하자. 주어진 원에 대한 점 A의 방멱을 이용하여 피타고라스 정리를 증명하여라.

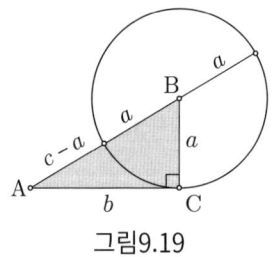

그림9.19

9.2. 점 P가 원 내부의 점이고, 점 P를 지나는 길이가 같은 세 개의 현이 존재할 때, 점 P가 원의 중심임을 증명하여라.

9.3. 그림9.17에서 $\{A, X, Z_b, Y_c\}$, $\{B, Y, X_c, Z_a\}$와 $\{C, Z, X_b, Y_a\}$가 같은 원 위의 점들의 집합임을 보여라.

9.4. 그림9.17에서 $\{X, Y, X_c, Y_c\}$, $\{Y, Z, Y_a, Z_a\}$와 $\{Z, X, Z_b, X_b\}$가 같은 원 위의 점들의 집합임을 보여라.

9.5. W.M.Keck 천체관측소는 하와이섬에 있는 마우나케아산의 정상에 위치한다.(그림 9.20을 참조하자.) (a) 해수면에서 지구라는 큰 원에 대하여 천체관측소라는 한 점의 방멱을 구하고, (b) 천체관측소에서 지평선까지의 거리를 구하여라. [힌트: 천체관측소는 해수면 위로 4.2km 떨어져 있고, 지구의 평균 반지름은 6378 km이다.]

그림9.20

9.6. 그림9.21((a)는 예각삼각형, (b)는 둔각삼각형)과 점들의 방멱을 사용하여 코사인 법칙을 유도하여라.[힌트: 사각형 CBZY와 사각형 ACXZ는 모두 원에 내접하는 사각형이다.]

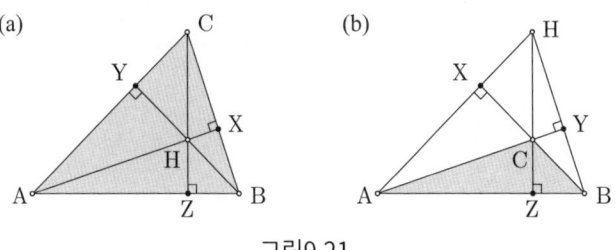

그림9.21

9.7. 지름이 $\overline{AB}$인 원에서 그림9.22와 같이 $\overline{AB}$에 평행한 현 CD를 생각하자. x와 y가 각각 $\angle ACD$와 $\angle ADC$의 크기일 때, $x - y = 90°$임을 보여라.

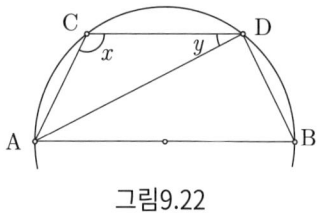

그림9.22

CHAPTER 10

원에 접하는 다각형

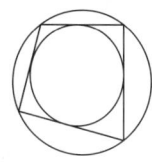

"여기 더 중요한 게 있어요. 더 영속적이고, 정말 영원한 것….”
"그게 뭐죠?"
"비켜요! 내 원을 망치지 마시오! 원의 넓이를 구하는 중이오."

카렐 차페크(Karel Čapek)
아르키메데스의 죽음

유클리드는 원론 제4권에서 원에 내접하고 외접하는 다각형과 다각형에 내접하고 외접하는 원에 대한 정리들에 관해 썼다. 원론 제4권의 정리들은 기하에 매우 중대한 영향을 미쳤다. 예를 들어, 『원의 측정(Measurement of the Circle)』에서 아르키메데스는 정96각형에 내접하고 외접한 다각형의 둘레의 길이와 지름의 비를 계산하여 원주율 π가 대략 $\frac{22}{7}$라는 것을 보여주었다.

그림10.1의 레오나르도 다 빈치가 15세기에 그린 비트루비우스적 인간(Vitruvian Man)에서 화가는 인체의 비례를 외접하는 정사각형과 원에 비교하고 있다. 이 그림은 이탈리아 1유로 동전에서도 볼 수 있다.

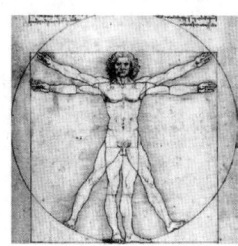

그림10.1

다각형, 특히 정사각형과 원은 미술과 일상의 사물들에서 주된 모티브가 된다. 그림 10.2에서 왼쪽은 바실리 칸딘스키(Wassily Kandinsky)의 1913년 작품 〈색채연구(Color Study)〉인데 동심원들이 있는 정사각형들(Squares with Concentric

Rings)과 비슷한 디자인을 샤워 커튼, 러그, 도자기, 주얼리, 상업적 로고 등에서 볼 수 있다.

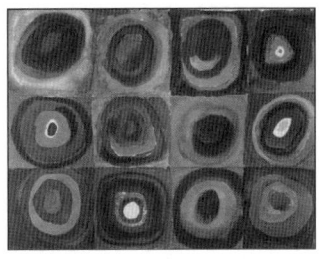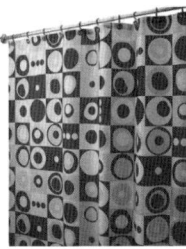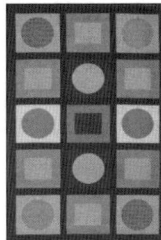

그림10.2

모든 삼각형은 내접원과 외접원을 가진다. 우리는 이러한 특성에 대해 6장과 7장에서 논의한 바 있다. 이제 이 장에서는 원에 내접, 외접, 내접과 동시에 외접하는 사각형에 관해 탐구해 보기로 한다. 원에 내접하는 사각형에 대해서 톨레미 정리(Ptolemy's theorem)를 소개하고, 반중심(anticenter)에 대해 논의한 후 산가쿠 전통의 멋진 결과인 일본인의 정리를 증명하기로 한다. 또, 원에 내접하고 동시에 외접하는 사각형에 대한 푸스의 정리(Fuss's theorem)와 한 원에 내접한 자기교차(self-intersecting) 사각형에 대한 나비 정리를 안내할 것이다.

10.1 원에 내접하는 사각형

내접사각형의 모든 꼭짓점은 원 위에 있다. 9.2절에서 관찰한 바와 같이 내접사각형의 마주 보는 각의 크기의 합은 180°이다. 네 변이 a, b, c, d이고, 대각선이 p, q이며 외접원의 반지름이 R인 내접사각형 Q에 대한 아름다운 결과들이 많이 있다. 우리는 먼저 내접사각형에 대한 톨레미의 정리로 시작하겠다. 이 정리의 공은 대부분 알렉산드리아의 클라우디우스 톨레미(약 85~165년경)에게 있다. 톨레미의 정리에 대한 많은 증명이 있지만 아마도 가장 멋진 증명은 지금 소개하려는 알마게스트의 톨레미 자신의 증명이 아닐까 한다.

톨레미의 정리(Ptolemy's theorem)
한 원에 내접하는 사각형 Q에 대하여 대각선의 길이의 곱은 두 쌍의 대변의 길이의 곱을 더한 것과 같다. 즉, 사각형 Q의 네 변의 길이를 순서대로 a, b, c, d라 하고 대각선의 길이를 p, q라 하면 $pq = ac + bd$이다.

그림10.3a는 내접사각형 ABCD를 나타낸 것이고, 그림10.3b에서 ∠BCA = ∠DCE가 되도록 대각선 BD 위의 점 E를 선택하여 선분 CE를 그리고 $|\overline{BE}| = x$, $|\overline{ED}| = y$라 하면 $x + y = q$이다.

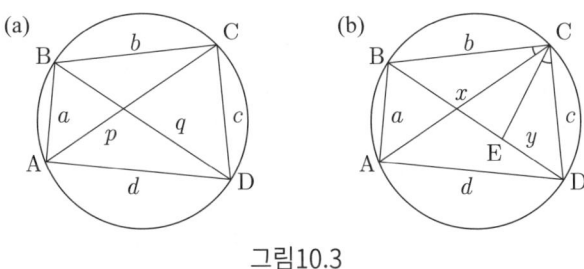

그림10.3

그림10.4a에서 ∡로 표시된 각은 같은 호에 대한 원주각이다. 따라서 두 각의 크기가 같고 회색의 두 삼각형은 닮음이므로 $\frac{a}{p} = \frac{y}{c}$ 또는 $ac = py$이다. 비슷하게 그림 10.4b에서 회색의 두 삼각형은 닮음이고 $\frac{d}{p} = \frac{x}{b}$ 또는 $bd = px$이다. 그러므로 $ac + bd = p(x + y) = pq$이다.

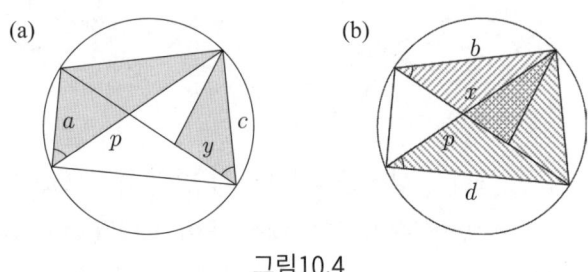

그림10.4

톨레미의 정리는 볼록사각형에 대한 톨레미의 부등식으로 확장될 수 있다. 사각형 Q의 네 변의 길이가 순서대로 a, b, c, d이고, 대각선의 길이가 p와 q인 볼록사각형이라면 $pq \leq ac + bd$이다.(단, Q가 내접사각형일 때 등호가 성립한다.) 증명은 [Alsina and Nelsen, 2009]를 살펴보자.

모든 볼록사각형 안에는 내접사각형이 존재한다. 이를 승명하기 위해 네 각을 이등분하면 네 개의 각의 이등분선은 내접사각형을 만든다. (그림10.5 참조)
$\alpha + x + y = 180°, \beta + z + t = 180°$이고 $2x + 2y + 2z + 2t = 360°$이므로

$x+y+z+t = 180°$이다. $\alpha + \beta = (180° - x - y) + (180° - z - t) = 180°$이므로 그림 10.5에서 회색 사각형은 내접사각형이다.

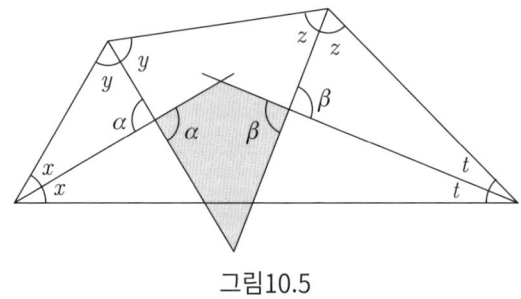

그림10.5

사각형의 대변의 중점을 연결한 두 선분을 이중중선(bimedians)이라 하고, 이중중선은 사각형의 꼭짓점들의 무게중심에서 만난다. 내접사각형의 외심 O를 중심 P에 대하여 대칭시켜 얻은 점을 반중심(anticenter) O′이라 한다. (그림10.6a 참조)

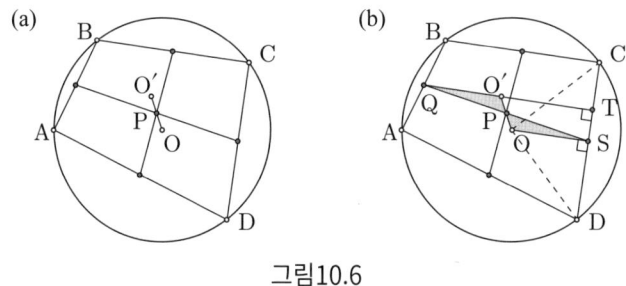

그림10.6

반중심은 다음과 같은 놀라운 성질을 갖는다. 각 변의 중점으로부터 반중심을 지나는 네 개의 직선은 모두 대변에 수직이다. 예를 들어, $\overline{QO'T}$는 $\overline{CD}$에 수직이다(그림 10.6b). 이것은 두 삼각형 POS와 PO′Q가 합동이고, $\overline{OC}$와 $\overline{OD}$가 외접원의 반지름이므로 삼각형 OCD가 이등변삼각형이라는 것으로부터 알 수 있다. 따라서 $\overline{OS}$는 삼각형 OCD의 중선이자 수선이고, $\overline{OS}$가 $\overline{QO'}$에 평행이므로 $\overline{QO'T}$는 $\overline{CD}$에 수직이다.

내접사각형의 두 대각선이 직교하면 두 대각선은 반중심에서 만난다. 데카르트 좌표계에 이와 같은 경우가 많이 있는데 원점을 포함하는 원과 좌표축에서 네 꼭짓점이 교차하는 사각형들이 그러하다. 그림10.7에서 보듯이 점 Q를 내접사각형의 직교하는 대각선의 교점이라 하자. 점 Q가 반중심임을 보이기 위하여 한 변에 수직이고 점 Q를 지나는 직선이 마주 보는 변을 이등분함을 보이자. 그림에서 직선을 그리고, 보각 x와 y를 표시하고, x와 y가 나타날 나머지 각들을 모두 표시하였다.

∠BAC와 ∠BDC가 모두 호 BC의 원주각이고, ∠ABD와 ∠ACD가 모두 호 AD의

원주각이므로 두 삼각형 ARQ와 BRQ는 모두 이등변삼각형이다. 따라서
$|\overline{AR}| = |\overline{QR}| = |\overline{BR}|$이다. 그러므로 점 R은 $\overline{AB}$를 이등분한다. 점 Q를 지나며 한 변에 수직인 다른 세 직선에 대해서도 이처럼 성립하므로 점 Q는 사각형 ABCD의 반중심이다.

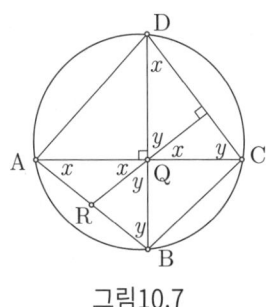

그림10.7

내접사각형의 대각선, 넓이, 외접원의 반지름에 관한 멋진 공식과 부등식이 많다. 예를 들어, a, b, c, d가 네 변의 길이이고, 내접사각형의 넓이가 K라면, 브라마굽타(Brahmagupta)의 공식 $K = \sqrt{(s-a)(s-b)(s-c)(s-d)}$ (단, $s = \dfrac{a+b+c+d}{2}$)가 성립한다. 브라마굽타의 공식의 증명과 관련된 결과에 대해서는 [Alsina and Nelsen, 2009, 2010]을 살펴보자.

10.2 산가쿠와 카르노의 정리

산가쿠(문자 그대로 "수학 현판")는 일본의 기하 정리로 에도시대(1603~1867)에 주로 나무 현판에 적혀 절과 신사에 제물로 걸려 있었다. 그림10.8은 다섯 가지 정리로 도형 문제에 관한 산가쿠를 보여준다.

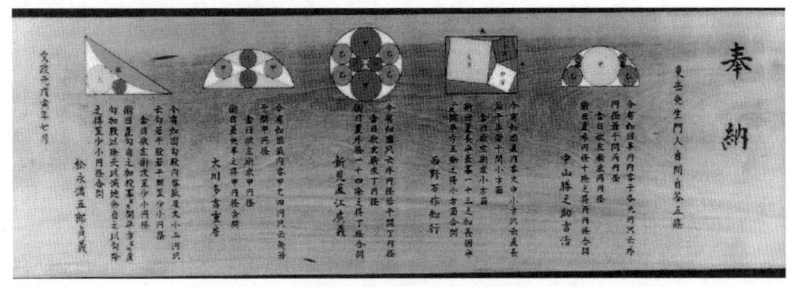

그림10.8

일본인의 정리는 약 1800년대에 이 산가쿠 정리를 부른 다른 이름이다.

일본인의 정리

다각형이 원에 내접하고 대각선에 의해 삼각형으로 분할되면, 분할된 삼각형들의 내접원의 반지름의 합은 다각형의 특정 삼각분할과 관계없이 상수이다.

그림10.9는 내접오각형에 대한 두 개의 서로 다른 삼각분할을 보여주는 예이다.

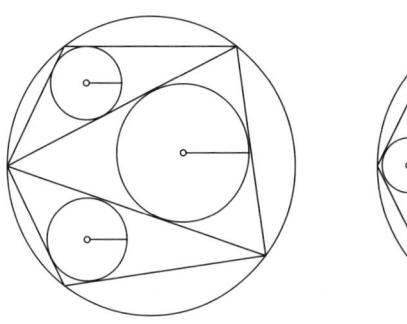
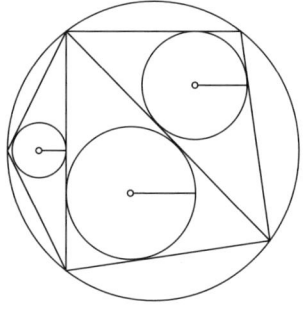

그림10.9

전통적으로 산가쿠는 문제와 도형을 포함하고 있지만 증명은 포함되어 있지 않다. 우리는 일본인의 정리를 라자르 카르노(Lazare Nicolas Marguérite Carnot, 1753~1823)의 카르노의 정리(Carnot's theorem)를 사용하여 증명한다.

예각삼각형 ABC에 대하여 카르노의 정리는 외심으로부터 각 변에 이르는 거리 x, y, z의 합이 내접원의 반지름 r과 외접원의 반지름 R의 합과 같다는 것이다. 즉, $x+y+z=r+R$이다. (그림10.10a 참조)

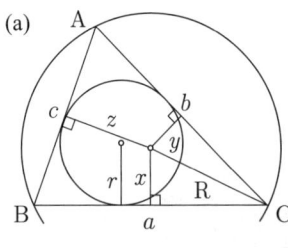
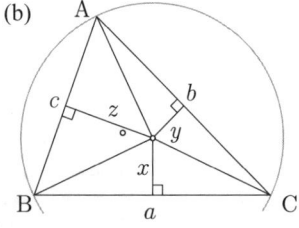

그림10.10

카르노의 정리를 증명하기 위해 r와 R를 x, y, z, 세 변 a, b, c와 연결지어 보자. 6.5절과 7.2절로부터 우리는 △ABC의 넓이 K가 $2K=r(a+b+c)$임을 알고 있다. 그림 10.10b로부터 $2K=ax+by+cz$이므로 $ax+by+cz=r(a+b+c)$이다.

그림6.13과 같이, 그림10.11a에서 △ABC의 외심에서 표시된 각 β와 γ는 점 B와

점 C의 꼭짓각과 크기가 같다. 그러므로 그림10.11a에서 △ABC와 두 개의 작은 회색 삼각형을 확대, 축소하여 붙이면 그림10.11b에서 보는 바와 같이 직사각형을 만들 수 있다.

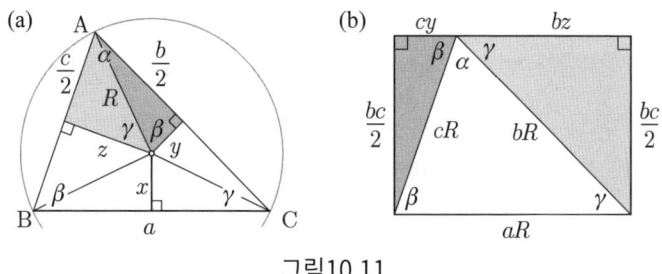

그림10.11

따라서 $cy + bz = aR$이고 같은 방법으로 $az + cx = bR$, $bx + ay = cR$이다.

$$(a+b+c)(x+y+z) = (ax+by+cz) + (cy+bz) + (az+cx) + (bx+ay)$$
$$= r(a+b+c) + (a+b+c)R$$
$$= (a+b+c)(r+R)$$

따라서 $x + y + z = r + R$이다.

둔각삼각형 ABC에 대하여 그림10.12를 살펴보자. 이 경우에 외심은 삼각형의 외부에 존재한다. 그래서 각 변에 대한 수선 중 하나는 완전히 △ABC의 밖에 그려지는데 그것을 x라 하자. 이 경우에 카르노의 정리는 $y + z - x = r + R$가 된다.

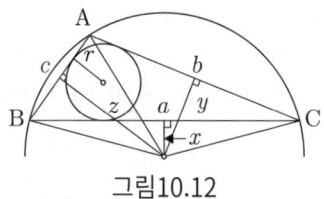

그림10.12

이때, △ABC의 넓이를 계산하면 $2K = by + cz - ax$이고 $by + cz - ax = r(a+b+c)$이다. 그림10.11b와 비슷한 그림을 그려 보면 $cy + bz = aR$임을 알 수 있다. 그림10.13a에 표시된 각을 보면 $\beta + \gamma + \delta = \frac{\pi}{2}$이므로 △ABC를 확대, 축소하여 붙이면 그림10.13b와 같은 직사각형을 그릴 수 있다. 그림10.13a의 회색 삼각형으로부터 $az - cx = bR$이고 같은 방법으로 $ay - bx = cR$이다.

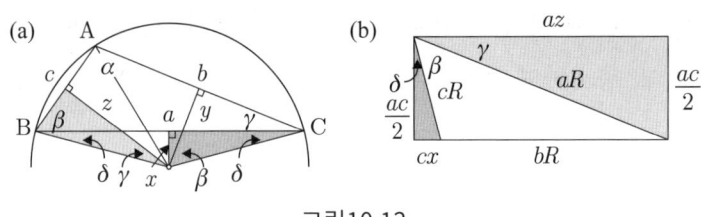

그림10.13

$$(a+b+c)(y+z-x) = (by+cz-ax) + (cy+bz) + (az-cx) + (ay-bx)$$
$$= r(a+b+c) + (a+b+c)R$$
$$= (a+b+c)(r+R)$$

따라서 $y+z-x=r+R$이다.

이제 그림10.14에서 보듯이 한 원에 내접하는 오각형을 사용하여 일본인의 정리에 대한 증명의 개요를 설명할 수 있다(과정은 어떤 다각형에 대해서나 같다). 원이 삼각분할에서 모든 삼각형의 외접원이므로 우리는 외심으로부터 각 변(여기서 x, y, z, u, v)에 이르는 거리와 대각선에 이르는 거리(여기서 s와 t)를 알아야 한다.

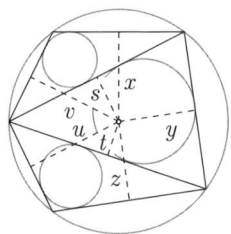

그림10.14

r_1, r_2, r_3가 (작은 것에서 큰 순서로) 세 개의 내접원의 반지름이라 할 때, 카르노의 정리에 따라 $r_1+R=x+v-s$, $r_2+R=u+z-t$이고 $r_3+R=y+s+t$이다. 등식들을 서로 더하면 $r_1+r_2+r_3+3R=x+y+z+u+v$이다. 따라서 합 $r_1+r_2+r_3$는 삼각분할과 상관없이 외접원의 반지름과 외심에서 다섯 개의 변에 이르는 거리의 함수이다. 외심에서 대각선에 이르는 거리는 카르노의 정리의 두 결과에서 반대 부호로 나타난다. 반면에 각 변에 이르는 거리는 한 가지로 표현된다.

10.3 외접사각형과 이중원 사각형(bicentric quadrilaterals)

사각형이 내접원을 가지면 외접한다(tangential)고 하고, 사각형이 원에 내접하면서 동시에 외접원을 가지면 이중원(bicentric) 사각형이라고 한다. 사각형 ABCD의 네 변이 a, b, c, d이고 내접원을 갖는 사각형이라면 $a+c=b+d$가 성립하고, 동시에 외접원을 갖기 때문에 $\angle A + \angle C = 180° = \angle B + \angle D$도 성립한다. 증명은 그림10.15를 보면, 원 밖의 한 점에서 원에 접하는 선분의 길이는 같으므로 $a = x+y, b = y+z, c = z+t, d = t+x$라 하면 $a+c=b+d$이다.

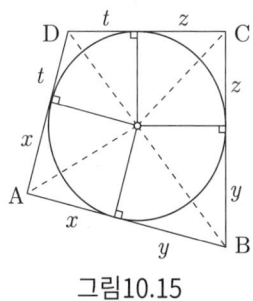

그림10.15

외접사각형의 내접원의 반지름을 r이라 하면 사각형의 넓이 K는
$K = \dfrac{r(a+b+c+d)}{2} = rs$ (단, $s = \dfrac{a+b+c+d}{2}$일 때)이다. 사실, $K=rs$는 모든 외접다각형에 대해 성립한다.

이중원 사각형을 작도하는 방법이 있다. 원 안에 두 개의 수직인 현을 그리고 그림 10.16과 같이 현의 끝점에서 접선을 그어 사각형 ABCD를 작도하면 된다.

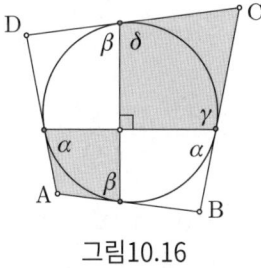

그림10.16

두 개의 반내접각(semi-inscribed angles) α의 각의 크기가 같은 이유는 두 각이 원의 같은 호를 공유하기 때문이다. (9.2절 참조) β로 표시된 반내접각도 역시 같다. 두 개의 회색 사각형의 각의 크기를 더하면 $\angle A + \alpha + \beta + 180° + \delta + \gamma + \angle C = 720°$이다. 그런데 $\alpha + \gamma = 180°$이고 $\beta + \delta = 180°$이므로 $\angle A + \angle C = 180°$이다. 따라서

사각형 ABCD는 내접사각형이고 이중원 사각형이다.

사각형 ABCD가 이중원 사각형일 때 브라마굽타의 공식에 따르면 사각형 ABCD의 넓이 K(10.1절)는 $K = \sqrt{abcd}$이다. 넓이 K는 $K = rs$로 구할 수도 있으므로 이중원 사각형의 내접원의 반지름을 네 변의 길이의 함수인 $r = \dfrac{\sqrt{abcd}}{s}$로 표현할 수 있다.

10.4 푸스(Fuss)의 정리

9.4절에서 오일러의 삼각형 정리를 살펴보았다. 오일러의 삼각형 정리는 내접원의 반지름 r와 외접원의 반지름 R 그리고 삼각형의 내심과 외심 사이의 거리 d 사이의 관계가 $R^2 - d^2 = 2rR$임을 알려준다. 이 식은

$$\frac{1}{R+d} + \frac{1}{R-d} = \frac{1}{r}$$

로도 표현할 수 있다.

이중원 사각형(그림10.17 참조)에 대하여 r, R, d 사이의 관계는 삼각형에서의 등식과 매우 비슷하지만 제곱으로 표현되어 있다.

$$\frac{1}{(R+d)^2} + \frac{1}{(R-d)^2} = \frac{1}{r^2} \tag{10.1}$$

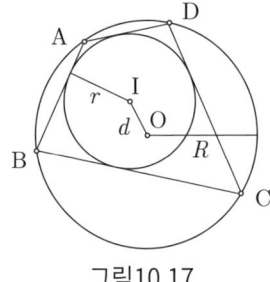

그림10.17

이 관계가 푸스의 정리(Fuss's theorem)로 알려져 있다. 니콜라스 푸스(Nicolas Fuss, 1755~1826)는 스위스의 수학자 베르누이(Daniel Bernoulli)의 추천으로 상트페테르스부르크 아카데미에서 오일러(Leonhard Euler)의 비서로 일했다. 이 정리에 대한 증명은 [Salazar, 2006]에서 가져온 것이다.

내심이 I, 외심이 O인 이중원 사각형 ABCD에서 그림10.18a와 같이 선분 IB, 선분 ID와 변 AB, 변 AD에 이르는 내접원의 반지름을 그린다. ∠B + ∠D = 180°,

$\alpha+\beta=90°$이고 회색 삼각형들은 닮음이므로 두 회색 삼각형은 (확대된) 그림10.18b처럼 직각삼각형 IBD로 결합할 수 있다.

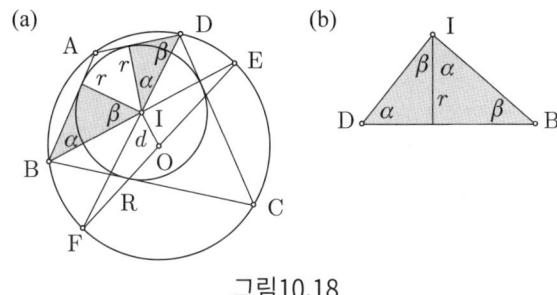

그림10.18

따라서 $r|\overline{BD}|=|\overline{IB}|\cdot|\overline{ID}|$이고 $r^2(|\overline{IB}|^2+|\overline{ID}|^2)=|\overline{IB}|^2|\overline{ID}|^2$이므로

$$\frac{1}{r^2}=\frac{|\overline{IB}|^2+|\overline{ID}|^2}{|\overline{IB}|^2|\overline{ID}|^2}=\frac{1}{|\overline{IB}|^2}+\frac{1}{|\overline{ID}|^2} \tag{10.2}$$

이다.

그림10.18a에서 선분 BI를 외접원과 점 E에서 만나도록 연장하고, 선분 DI를 점 F에서 만나도록 연장하면 $\angle COE=2\angle CBE=2\alpha$, $\angle COF=2\angle CDF=2\beta$이므로 선분 EF는 외접원의 지름이다. 이제 아폴로니오스(Apollonios)의 정리(6.2절 참조)를 삼각형 EIF에 적용하면

$$|\overline{IE}|^2+|\overline{IF}|^2=2(R^2+d^2) \tag{10.3}$$

이다.

외접원에 대한 점 I의 멱은 $|\overline{IB}|\cdot|\overline{IE}|=|\overline{ID}|\cdot|\overline{IF}|=(R-d)(R+d)=R^2-d^2$이므로

$$\frac{1}{|\overline{IB}|^2}+\frac{1}{|\overline{ID}|^2}=\frac{|\overline{IE}|^2}{(R^2-d^2)^2}+\frac{|\overline{IF}|^2}{(R^2-d^2)^2}=\frac{|\overline{IE}|^2+|\overline{IF}|^2}{(R^2-d^2)^2} \tag{10.4}$$

이다.

(10.2), (10.3), (10.4)를 결합하면 (10.1)이 된다.

10.5 나비 정리

나비 정리는 1815년에 처음 등장하여 약 200년 정도 되었다. 이것은 한 원에 내접하는 복잡한(자기 교차하는) 사각형에 대한 놀라운 성질에 관한 정리이다. 놀라운 것은 거의 무작위에 가까운 작도에서 예기치 않은 대칭이 발생한다는 점이다. 우리의 증명은 [Coxeter and Greitzer, 1967]로 간결하고 직접적이다. 추가로 10가지 증명과 나비 정리의 역사에 대해 더 알고 싶다면 [Bankoff, 1987]를 살펴보자.

나비 정리

한 원의 현 PQ의 중점 M을 지나는 임의의 현 AB와 현 CD를 긋고, 현 AD와 현 BC가 각각 점 X와 Y에서 $\overline{PQ}$와 교차할 때, 점 M은 $\overline{XY}$의 중점이다. (그림10.19a 참조)

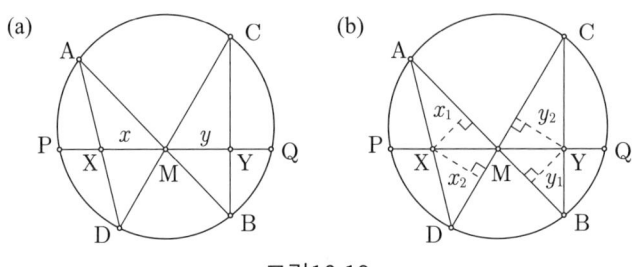

그림10.19

$a = |\overline{PM}| = |\overline{MQ}|$, $x = |\overline{XM}|$, $y = |\overline{MY}|$라 하고, 점 X로부터 $\overline{AB}$와 $\overline{CD}$에 수직이 되도록 선분 x_1, x_2를, 점 Y로부터 $\overline{AB}$와 $\overline{CD}$에 수직이 되도록 선분 y_1, y_2를 그리면 그림 10.19b의 점선이 된다. 점 M에서 두 쌍의 맞꼭지각이 있고, 점 A와 점 C, 점 B와 점 D에서도 마찬가지이므로 닮음인 직각삼각형 네 쌍이 있다. 이에 따라

$$\frac{x}{y} = \frac{x_1}{y_1}, \quad \frac{x}{y} = \frac{x_2}{y_2}, \quad \frac{x_1}{y_2} = \frac{|\overline{AX}|}{|\overline{CY}|}, \quad \frac{x_2}{y_1} = \frac{|\overline{XD}|}{|\overline{YB}|}$$

이다.

원에서 점 X, Y에 대한 방멱을 계산하면 $|\overline{AX}| \cdot |\overline{XD}| = |\overline{PX}| \cdot |\overline{XQ}|$이고 $|\overline{CY}| \cdot |\overline{YB}| = |\overline{PY}| \cdot |\overline{YQ}|$이다. 이로부터

$$\frac{x^2}{y^2} = \frac{x_1}{y_1} \cdot \frac{x_2}{y_2} = \frac{x_1}{y_2} \cdot \frac{x_2}{y_1}$$
$$= \frac{|\overline{AX}| \cdot |\overline{XD}|}{|\overline{CY}| \cdot |\overline{YB}|} = \frac{|\overline{PX}| \cdot |\overline{XQ}|}{|\overline{PY}| \cdot |\overline{YQ}|}$$
$$= \frac{(a-x)(a+x)}{(a+y)(a-y)} = \frac{a^2 - x^2}{a^2 - y^2}$$

이며 $x = y$이다.

10.6 도전문제

10.1 정사각형 안에 원을 내접시키고 다시 그 안에 처음 정사각형의 네 변과 평행한 정사각형을 그림10.20과 같이 내접시킨다. 내부의 정사각형의 넓이가 처음 정사각형의 넓이의 절반임을 보여라.

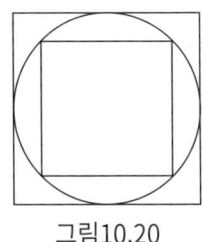

그림10.20

이것은 켄 폴릿(Ken Follett, 1949~)의 소설 「대지의 기둥(The Pillars of the Earth)」[Follett, 1989] 중 12장의 본문 내용에서처럼 중세시대 교회 회랑을 건설하는 데 중요한 역할을 했을 것이다.

"건축가인 나의 계부는 기하학에서 특정 작업을 수행하는 방법을 가르쳐 주셨습니다. 선분을 정확하게 절반으로 나누는 방법, 직각을 그리는 방법 그리고 큰 정사각형 안에 넓이가 처음 것의 절반이 되는 정사각형을 그리는 방법을."
"그러한 기술의 목적이 뭡니까?"
요제프가 말을 가로막았다.
"이러한 작업은 건물을 계획하는 데 필수적입니다."
잭은 요제프의 말에 주의를 기울이지 않는 척하며 유쾌하게 대답했다.
"이 안뜰을 보십시오. 가장자리 주변을 덮은 회랑의 넓이는 정확히 중간의 뚫린 넓이와 같습니다. 수도원의 회랑을 포함하여 대부분의 작은 안뜰은 모두 이렇게 지어졌습니다. 이 비율이 가장 만족스럽기 때문입니다. 가운데 부분이 더 크면 광장 같아 보이고, 더 작으면 지붕에 뚫린 구멍 같아 보입니다. 그러나 정확히 아름다운 비율을 얻으려면 건축가는 가운데의 뚫린 부분이 전체 넓이의 정확히 절반이 되도록 그릴 수 있어야만 합니다."

10.2 a, b, c, d는 이중원 사각형 Q의 네 변의 길이이고 p, q는 대각선의 길이일 때, $(a+b+c+d)^2 \geq 8pq$임을 증명하여라.

10.3 그림10.21에서 삼각형 AOB는 중심이 O인 사분원에 내접한다. △AOB의 내접원의 지름이 △AOB의 빗변에 인접한 활꼴 안에 내접할 수 있는 가장 큰 원의 지름의 두 배임을 증명하여라.

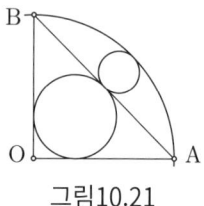

그림10.21

10.4 나비 정리에 대한 다음의 일반화를 증명하여라.

점 O가 한 원의 현 PQ 위의 임의의 점이라 할 때, 점 O를 지나는 현 AB와 현 CD를 그려라. $\overline{PQ}$와 현 AD, 현 BC의 교점을 각각 X, Y라 하고 $p = |\overline{PO}|$, $q = |\overline{OQ}|$, $x = |\overline{XO}|$, $y = |\overline{OY}|$라 하자. 그림10.22를 보고 $\frac{1}{x} - \frac{1}{y} = \frac{1}{p} - \frac{1}{q}$ 임을 증명하여라.

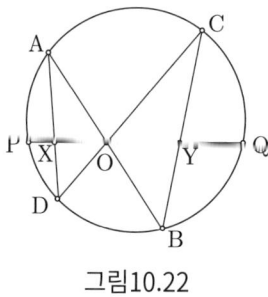

그림10.22

10.5 원에 내접하는 사각형 ABCD가 내부의 한 점 E에서 서로 수직으로 교차하는 대각선을 갖고 있다. $|\overline{AE}|^2 + |\overline{BE}|^2 + |\overline{CE}|^2 + |\overline{DE}|^2 = 4R^2$을 증명하여라. (단, R는 사각형 ABCD의 외접원의 반지름이다.)

10.6 내접원과 외접원이 존재하는 이중원 사다리꼴이 될 필요조건은 등변사다리꼴이고, 사다리꼴의 높이는 두 밑변의 기하평균임을 증명하여라.

CHAPTER 11
두 개의 원

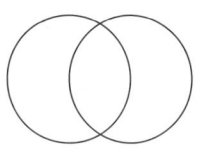

원은 영원함을 보여준다. 시작도 없고 끝도 없다.
메이너드 제임스 키넌(Maynard James Keenan)
온 우주는 리듬에 기반을 두고 있다. 모든 것은 원에서 생겨난다.
존 코완 하트포드(John Cowan Hartford)

이 장에서는 그림11.1과 같이 몇 가지 조건[(a) 두 원이 만나지 않을 때, (b) 두 원이 한 점에서 만날 때, (c) 두 원이 두 점에서 만날 때, (d) 두 원의 중심이 같을 때]에서 나타나는 두 원의 성질에 대해 알아본다.

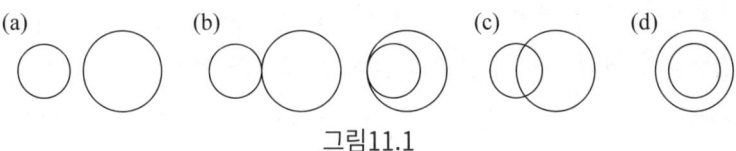

그림11.1

그림11.2와 같은 경우에 원으로 둘러싸인 영역을 부르는 이름이 각각 있다.
(a)와 (b) 초승달 또는 달꼴, (c) 렌즈, (d) 베시카 피시스(대칭인 렌즈), (e) 원환

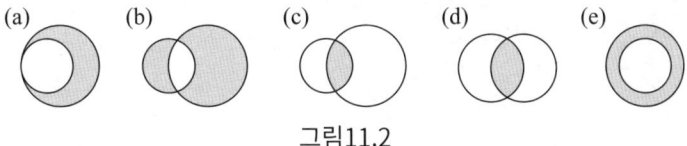

그림11.2

우리는 이러한 형태의 사물을 매일 본다. 예를 들어, 튀르키예나 알제리를 비롯하여 최소 10개국 이상의 국기와 미국 사우스캐롤라이나주의 주기에 초승달 모양이 사용되었다. 그림11.3에서 볼 수 있듯이 잘 알려진 신용카드 회사의 로고에도 서로 포개진 원을 사용했고, 미국의 한 방송국 로고에도 두 개의 활꼴과 하나의 렌즈를 사용했다. 또한 미국의 도소매 기업의 로고에도 두 개의 원환을 사용했다. 심지어 크루아상,

초승달 모양의 버터롤이나 베이글과 같은 식품의 모양에서도 찾아볼 수 있다.

 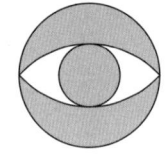 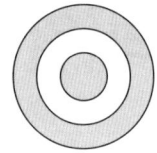

그림11.3

이 장에서 우리는 앞에서 두 개의 원 아이콘이 보여준 기하학적 성질의 다양성에 대해 알아보자.

11.1 안구 정리

안구 정리는 두 원에 대한 매우 재미있는 정리이다.

안구 정리

서로 만나지 않는 두 원의 중심이 각각 점 P와 점 Q이고, 점 P를 지나며 중심이 점 Q인 원에 접하는 직선이 중심이 점 P인 원 위의 점 A와 점 B에서 만난다고 가정하자. 이처럼 점 Q를 지나며 중심이 점 P인 원에 접하는 직선이 중심이 점 Q인 원 위의 점 C와 점 D에서 만난다고 할 때, $|AB| = |CD|$이다.

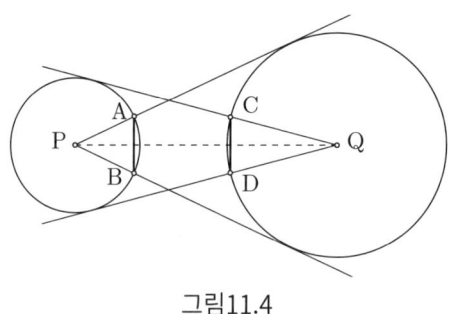

그림11.4

안구 정리에 관한 많은 증명이 있지만 우리는 [Konhauser et al., 1996]의 증명을 살펴보자. 그림11.4의 위쪽 절반의 영역을 가져와서 $x = \frac{|AB|}{2}$, $y = \frac{|CD|}{2}$, $d = |PQ|$라 하고, 그림11.5에서 보듯 두 원의 반지름을 r과 s라 표기한다. $|AB| = |CD|$임을 보이기 위해 $x = y$임을 증명한다.

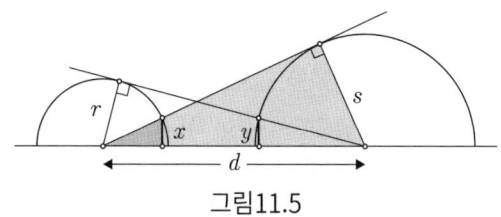

그림11.5

작은 회색 직각삼각형이 큰 회색 직각삼각형과 닮음이므로 $\frac{x}{r} = \frac{s}{d}$이고 이를 정리하면 $x = \frac{rs}{d}$이다. 같은 방법으로 $y = \frac{rs}{d}$이므로 $x = y$이다.

11.2 원으로 원뿔곡선 만들기

이 절에서는 원을 이용하여 타원, 포물선, 쌍곡선을 만들 수 있음을 보여주려 한다. 스위스 중등학교 교사 장루이 니콜레(Jean-Louis Nicolet)의 아이디어를 이용하여 칼렙 가테뇨(Caleb Gattegno)가 1949년에 수학적 개념을 설명하는 22개의 짧은(2~5분 분량) 무성 영화로 구성된 움직이는 기하를 만들었다. 앞으로 다룰 원뿔곡선의 특성은 〈원뿔곡선의 공통 특성〉이라는 제목의 마지막 영화에서 가져온 것이다 [Gattegno, 1967].

타원

점 P가 원 C의 내부의 한 점이라 하자. 점 P를 지나고 원 C에 접하는 원들의 중심의 자취가 점 P와 원 C의 중심이 초점인 타원이다.

그림11.6a를 보면 원 C 내부의 여러 위치에서 다양한 회색 원을 볼 수 있다.

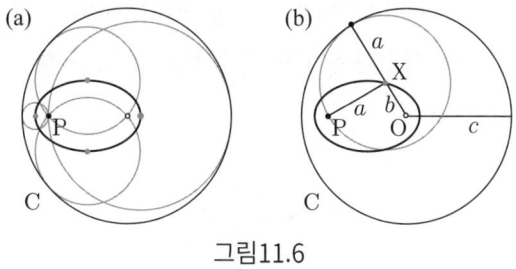

그림11.6

그 이유는 그림11.6b의 초점이 O와 P인 타원에서 시작하면 쉽게 확인할 수 있다. 점 X가 타원 위의 한 점이고, 점 P와 점 O로부터 점 X에 이르는 거리가 각각 a, b일 때, 어떤 상수 c에 대하여 $a + b = c$를 만족한다. 점 O를 중심으로 하고 반지름이 c인 원

C를 그리고, 원 C와 만나도록 선분 OX를 연장한다. 그러면 점 X는 점 P와 원 C로부터 같은 거리에 있다. 즉, 점 X는 점 P를 지나고 원 C에 접하며 반지름이 a인 원의 중심이다. 이 내용과 관련된 빅토르 위고(Victor Hugo, 1802~1885)의 글을 인용한다.

"인류는 하나의 중심을 가진 원이 아니라
사실과 생각이라는 두 개의 초점을 가진 타원이다."

포물선

그림11.7과 같이 한 원 C와 원 C와 만나지 않는 직선 L이 있다고 하자. 이때, 원 C와 직선 L에 동시에 접하는 원들의 중심의 자취가 포물선이다.

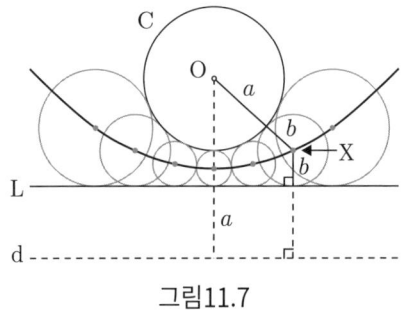

그림11.7

원 C와 직선 L에 접하는 원의 중심 X와 원 C의 중심 O 사이의 거리가 점 X로부터 직선 L에 평행한 직선(준선) d에 이르는 거리와 같으므로 증명은 그림에서 확인할 수 있다.

쌍곡선

그림11.8과 같이 한 원 C와 원 C의 외부의 점 P에 대하여 점 P를 지나고 원 C에 접하는 원들의 중심의 자취는 점 P와 원 C의 중심 O가 초점인 쌍곡선의 일부이다.

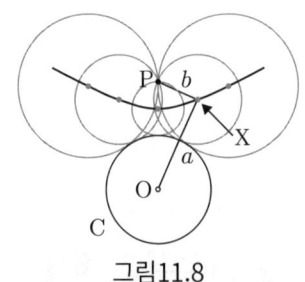

그림11.8

원 C의 중심 O로부터 곡선 위의 점 X에 이르는 거리 a에서 점 X로부터 점 P에 이르는 거리 b를 빼면 원 C의 반지름이다. 따라서 위의 곡선은 점 O와 점 P를 초점으로 하는 쌍곡선의 일부이다. 반대편 쌍곡선은 점 P를 원 C의 중심으로 하면 얻을 수 있다.

> **칼렙 가테뇨와 장루이 니콜레(Caleb Gattegno and Jean-Louis Nicolet)**
>
> 칼렙 가테뇨(Caleb Gattegno, 1911~1988)는 매우 영향력 있고 많은 연구를 남긴 20세기 수학교육학자 중 한 명이다. 이집트에서 스페인인 부모에게 태어난 그는 스위스에서 수학 박사 학위를, 프랑스에서 심리학 박사 학위를 받았다. 가테뇨는 수학을 잘하는 것은 모든 사람이 태어나면서부터 얻은 권리라 믿었고, 심리학과 조작 도구의 역할을 강조했다. 그는 기하판을 발명했고 수학교육에 대수막대(Cuisenaire rod)를 알리는 데 중요한 역할을 했다. 또, 그는 유럽의 여러 수학 단체와 학술지를 창립 및 공동 창립했으며 백 권이 넘는 책을 썼다.
>
> 움직이는 만화 영화를 초등 기하 교육에 사용할 것을 처음으로 제안한 사람은 스위스의 수학 교사인 장루이 니콜레(Jean-Louis Nicolet)이다. 가테뇨는 니콜레의 영화를 수업에 사용하는 것을 지지했고, 1940년대에는 그가 직접 연구한 교실 기하에 대한 동적 접근법을 제공했다[Powell, 2007].

11.3 공통현

두 원이 교차할 때 생기는 공통현은 몇 가지 놀라운 결과들의 핵심이다. 예를 들어, 원 C_2의 중심 O를 지나는 원 C_1을 생각해보자. 그림11.9와 같이 공통현 PQ의 길이는 점 P(또는 Q)를 지나고 원 C_1에 접하는 직선이 원 C_2 내부에 있는 부분의 길이와 같다[Eddy, 1992].

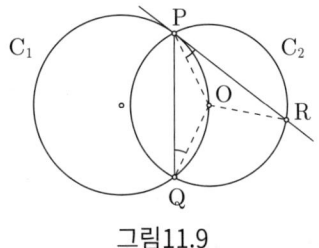

그림11.9

∠OPR = ∠OQP이기 때문에(9.2절 참조) 두 이등변삼각형 OPR, OQP는 합동이므로 $|\overline{PR}| = |\overline{PQ}|$이다.

두 원 C_1과 C_2가 만날 때 공통현을 $\overline{PQ}$라 하자(그림11.10a 참조). 원 C_2의 외부에 있고 원 C_1의 호 위의 점 A가 점 P와 점 Q를 지나도록 사영하여 원 C_2의 현 BC를 결정한다. 놀라운 것은 원 C_1의 호 위의 점 A가 어디에 위치하든지 현 BC의 길이가 같다는 것이다[Honsberger, 1978].

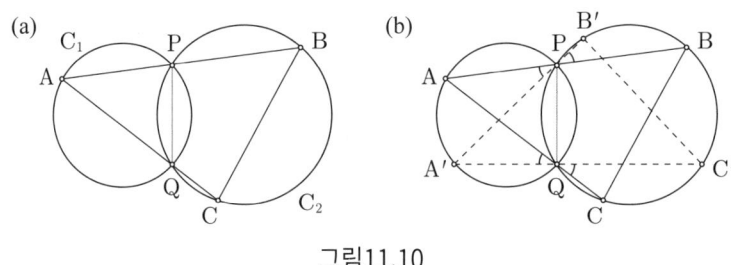

그림11.10

이를 증명하기 위해 원 C_2의 외부에 있고 원 C_1의 호 위의 다른 점 A'을 선택하여 점 P와 점 Q를 지나 현 B'C'을 결정하도록 사영한다. 그림11.10b에서 ∠으로 표시된 네 개의 각의 크기가 같고, 호 B'B와 호 C'C의 길이가 같으므로 호 B'C'과 호 BC의 길이는 같다. 따라서 $|\overline{BC}| = |\overline{B'C'}|$이다.

다음으로 두 원 C_1과 C_2가 교차하고 공통현이 PQ일 때, 두 원 위에 끝점을 갖는 점 P를 지나는 모든 선분에 대해 생각해보자. 그림11.11과 같이 그중 가장 긴 선분은 점 P를 지나고 공통현 PQ에 수직인 선분 AB이다.

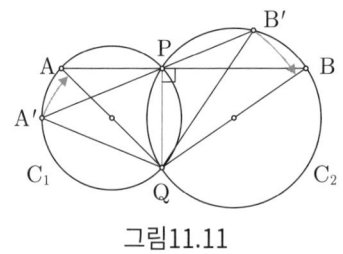

그림11.11

이를 증명하기 위해 점 P를 지나는 또 다른 선분 A'B'에 대해 생각해보자. $\overline{A'Q}$와 $\overline{B'Q}$를 그어보자. ∠B'A'Q = ∠BAQ, ∠A'B'Q = ∠ABQ이기 때문에 삼각형 A'B'Q와 삼각형 ABQ는 서로 닮음이다. 현 BQ가 원 C_2의 지름이므로 $|\overline{B'Q}| \leq |\overline{BQ}|$이다. 두 삼각형이 닮음이므로 $|\overline{A'B'}| \leq |\overline{AB}|$가 성립한다.

11.4 베시카 피시스

두 원이 교차할 때, 원호로 둘러싸인 볼록한 부분을 렌즈라 한다. 두 원의 반지름의 길이가 같을 때 렌즈는 대칭축을 갖는다. 그림11.2d와 같이 두 원이 서로 다른 원의 중심을 지날 때의 렌즈를 베시카 피시스(vesica piscis)라 부른다. 베시카 피시스는 "물고기의 부레"라는 라틴어이고 이탈리아어로는 만도를라(mandorla)라 부르며 "아몬드"라는 의미이다.

베시카 피시스는『유클리드 원론』의 제1권 명제1에서 정삼각형을 작도하는 첫 단계에서 볼 수 있으며, 주어진 선분을 이등분할 때와 주어진 직선에 대한 수선을 작도할 때도 볼 수 있다. (그림11.12 참조)

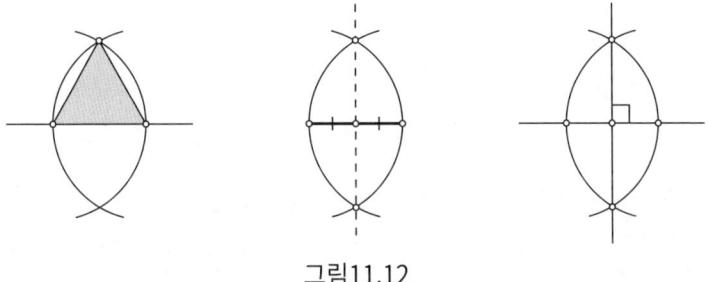

그림11.12

반지름이 r인 원에서 넓이가 K인 베시카 피시스는 중심각 $\frac{2}{3}\pi$에 대한 두 부채꼴의 넓이의 합에서 한 변의 길이가 r인 두 정삼각형의 넓이를 빼면 쉽게 계산할 수 있으며 식은 다음과 같다.

$$K = \left(\frac{2}{3}\pi - \frac{\sqrt{3}}{2}\right)r^2$$

베시카 피시스는 선분을 삼등분하는 데에도 이용될 수 있다. 그림11.13[Coble, 1994]의 작도를 보면 $\overline{AB}$를 삼등분하기 위해 점 A와 점 B를 중심으로 하는 두 원을 그리고 베시카 피시스를 작도한 다음 $\overline{CD}$, $\overline{DB}$, $\overline{AE}$와 $\overline{CF}$를 그린다. 이때, $\overline{AB}$와 $\overline{CF}$는 삼각형 BCD의 중선이므로 $|\overline{AX}| = \frac{1}{3}|\overline{AB}|$이다.

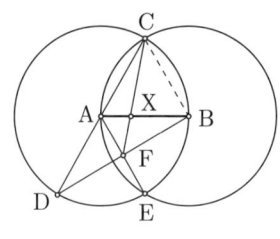

그림11.13

베시카 피시스는 신비스럽고 종교적인 상징으로서 긴 역사를 지니고 있다. 중세, 로마네스크, 비잔틴 양식의 미술에서 유명인이나 성스러운 사건에 대한 회화 작품의 테두리 또는 액자로 쓰이기도 했다.

건축에서는 고딕 아치의 한 형태인 등변 아치(equilateral arch)가 베시카 피시스의 위쪽 절반에 해당한다. (도전문제11.6 참조)

베시카 피시스와 타원

16세기 초기에 이탈리아와 스페인에서 교회와 성당 디자인에 타원을 결합하여 건축이 이루어지기 시작했다. 그러나 타원은 대부분 네 개 이상의 원호를 이용하여 대략적으로 그려졌다. 세바스티아노 세를리오(Sebastiano Serlio, 1475~1554)는 『건축 공사의 모든 것(Tutte l'Opere d'Architettura)』이라는 그의 저서에서 네 가지 건축 양식에 관해 서술하였는데 그중 하나가 베시카 피시스에 기초한 것이었다. 세를리오는 베시카 피시스의 간결함, 아름다움, 작도의 쉬움을 이유로 들면서 베시카 피시스의 사용을 권했다. 그림11.14a와 같이 두 개의 교차하는 원에 베시카 피시스의 꼭짓점을 중심으로 하고, 원의 지름을 반지름으로 하여 두 개의 원호를 추가한다. 비교를 위해 그림11.14b에서 같은 넓이의 진짜 타원을 보기 바란다. 자세한 내용은 [Rosin, 2001]을 살펴보자.

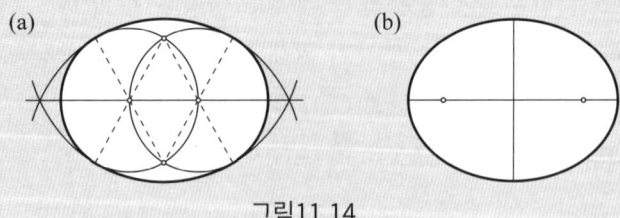

그림11.14

11.5 베시카 피시스와 황금비

만약 교차하는 두 원의 중심이 베시카 피시스 원의 중심과 일치하도록 그림11.15와 같이 베시카 피시스를 둘러싸고 있다면 우리는 여기서 다른 표현으로 황금비 φ를 볼 수 있다. $\frac{|CX|}{|CD|} = \varphi$이다[Hofstetter, 2002].

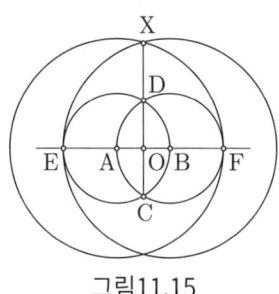

그림11.15

반지름이 $|\overline{AB}|$이고 중심이 각각 A, B인 한 쌍의 원을 그리고, 반지름이 각각 $|\overline{AF}| = |\overline{BE}|$이고 중심이 각각 A, B인 두 개의 원을 더 그린다. 점 O가 $\overline{AB}$의 중점이고, 점 D와 점 X가 그림에서 보듯 원들의 교점이라 할 때, 세 점 O, D, X는 일직선 위에 있다. $|\overline{OA}| = |\overline{OB}| = 1$이라 할 때, $|\overline{AC}| = |\overline{AB}| = 2$이고 $|\overline{AX}| = |\overline{AF}| = 4$이므로 $|\overline{CO}| = \sqrt{3}$이고 $|\overline{OX}| = \sqrt{15}$라 할 수 있다. 이를 정리하면 다음과 같은 식이 된다.

$$\frac{|\overline{CX}|}{|\overline{CD}|} = \frac{|\overline{CO}| + |\overline{OX}|}{|\overline{CD}|} = \frac{\sqrt{3} + \sqrt{15}}{2\sqrt{3}} = \frac{1 + \sqrt{5}}{2} = \varphi$$

11.6 달꼴

달꼴은 두 원호로 둘러싸인 평면상의 오목한 영역을 말한다. 그림11.2b에서 두 개의 회색 영역이 달꼴(lune)이고, 하나의 흰색 영역이 렌즈(lens)이다. 달꼴은 초승달(crescent)이라고 부르기도 하는데, 어떤 저자들은 그림11.2a와 같이 작은 원이 큰 원의 중심을 포함하고 있을 때만 초승달(crescent)이라 부르기도 한다.

키오스의 히포크라테스(Hippocrates of Chios, 기원전 470~410년)는 달꼴과 넓이가 같은 정사각형을 작도한 최초의 사람이라 여겨진다. 히포크라테스의 성공으로 사람들은 고대의 3대 작도 문제 중 하나인 원적 문제에 대해 희망을 갖게 되었다.

히포크라테스는 유클리드 시대 이전에 살았지만, 『유클리드 원론』의 제4권 명제31 피타고라스 정리에 대한 일반화에 대해 이미 알고 있었다.

"직각삼각형에서 빗변 위에 있는 도형의 넓이는
직각을 낀 두 변 위의 닮음인 두 도형의 넓이의 합과 같다."

히포크라테스는 이 정리를 증명하기 위해 삼각형의 변 위의 반원을 사용했다. 정사각형이 한 원에 내접하며 정사각형의 네 변 위에 각각 반원을 작도하면, 활꼴 네 개의 넓이는 정사각형의 넓이와 같다. (그림11.16 참조)

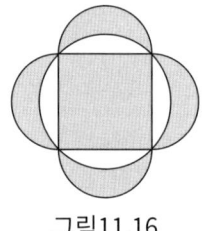

그림11.16

시각적으로 증명하기 위해 그림11.17을 살펴보자.

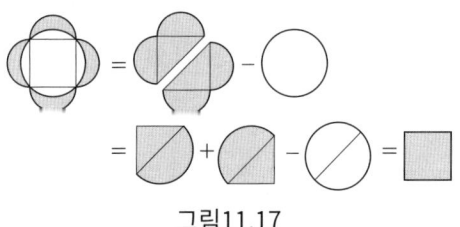

그림11.17

그림11.16의 도형을 정사각형의 대각선을 기준으로 합동인 두 도형으로 나누면 직각이등변삼각형의 직각을 낀 두 변 위의 활꼴의 넓이는 삼각형의 넓이와 같음을 알 수 있다. 히포크라테스는 도전문제 4.7에서와 같이 임의의 직각삼각형에서도 위 사실이 성립함을 증명했다.

히포크라테스는 정육각형, 여섯 개의 달꼴과 원의 넓이에 대하여 다음이 성립함도 밝혔다.

"정육각형이 원에 내접하며 정육각형의 각 변 위에 6개의 반원을 작도하면,
정육각형의 넓이는 여섯 개의 달꼴의 넓이와
정육각형의 한 변의 길이가 지름인 원의 넓이 합과 같다."

그림11.18을 살펴보면 이해가 쉽다.

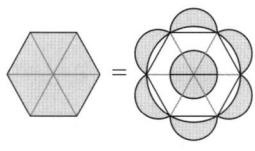

그림11.18

그림11.19의 시각적 증명[Nelsen, 2002c]에서 히포크라테스도 알고 있었던 사실 (원의 넓이는 반지름의 제곱에 비례한다.)을 이용하면 둘째 줄에서 네 개의 회색 원의 넓이의 합이 큰 흰색 원의 넓이와 같다.

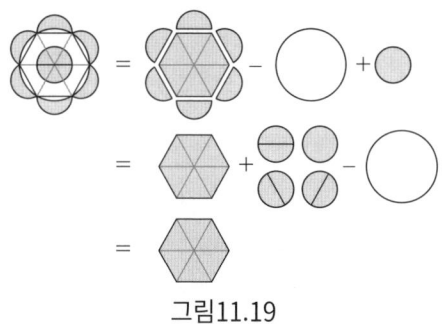

그림11.19

11.7 초승달 퍼즐

한 원이 다른 한 원의 내부에 접할 때, 두 원 사이의 영역이 달꼴의 한 형태이다. 상현과 하현 때에 볼 수 있는 달의 예술적인 모습이기도 하다. 달꼴 문양은 이슬람에서 주로 사용하였지만 이슬람에 앞서 수 세기 동안 사용되어 온 고대 문양이다.

초승달 그림은 놀이 수학 문제에서 자주 등장한다. 그중 하나가 "초승달 수수께끼"로 헨리 듀드니(Henry Dudeney)의 1917년 저서인 『수학의 즐거움(Amusements in Mathematics)』에 나오는 191번 문제이다. 그림11.20a의 초승달에서 두 부분의 길이가 주어졌을 때, 두 원의 지름을 구하는 문제이다.

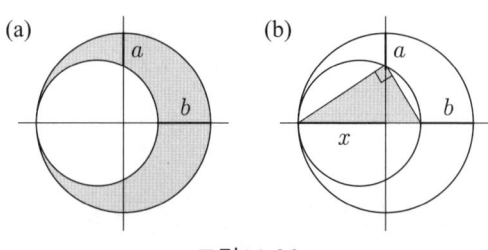

그림11.20

큰 원의 반지름을 x라 하면 두 원의 지름은 각각 $2x$와 $2x-b$이다. 4.2절에서 직각삼각형의 높이 정리에 따르면 $x-a$는 x와 $x-b$의 기하평균이다. 따라서 $x-a = \sqrt{x(x-b)}$이고 결과적으로 $x = \dfrac{a^2}{2a-b}$이다. 그러므로 두 원의 지름은 $\dfrac{2a^2}{2a-b}$과 $\dfrac{2a^2}{2a-b} - b$이다.

11.8 미니버 부인 문제

미니버 부인은 영국 작가 조이스 맥스톤 그레이엄(Joyce Maxtone Graham, 1901~1953)이 만든 허구의 인물이다. 작가는 잰 스트러더(Jan Struther)라는 필명으로 1937년과 1939년 사이에 런던 타임지에 칼럼을 썼다. 그녀는 『시골집 방문기(A Country House Visit)』라는 제목의 칼럼에 수학 용어를 실제 생활의 관계라는 측면에서 다음과 같이 설명했다[Struther, 1990].

"그녀는 모든 관계를 한 쌍의 교차하는 원으로 보았다. 언뜻 보면 원이 더 많이 겹칠수록 관계가 더 좋아지는 것 같았지만 사실은 그렇지 않았다. 어떤 시점을 넘어가면 수확 체감의 법칙이 적용되어 공유된 삶을 풍요롭게 만들어 줄 개인의 사적인 영역(달꼴 영역)이 양쪽 어디에도 남아 있지 않게 된다. 아마도 완벽한 관계란 중앙의 나뭇잎 모양의 넓이가 외부의 두 달꼴 영역의 넓이의 합과 같을 때일 것이다. 이러한 결과에 도달하려면 인생에는 없지만 종이 위에 깔끔한 수학 공식 몇 개는 적어야 할 것이다."

두 원의 크기가 같지 않을 때, 미니버 부인 문제의 답은 무엇일까? (그림11.21 참조)

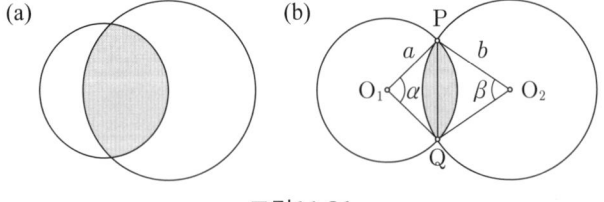

그림11.21

두 원의 반지름을 각각 a, b(단, $a \leq b$)라 하고 나뭇잎(즉, 렌즈)의 넓이를 L이라 하자. 두 달꼴의 넓이를 각각 C_1, C_2라 하면 $C_1 + C_2 + 2L = \pi(a^2 + b^2)$이다. 완전한 관계가 되려면 $L = C_1 + C_2$가 되어야 하므로 $3L = \pi(a^2 + b^2)$이다. L의 최댓값이 πa^2이므로

$a \leq b \leq a\sqrt{2}$ 를 얻을 수 있다.

현이 마주 보는 호와 현 사이의 활꼴의 넓이는 R가 원의 반지름이고 θ가 호에 대한 중심각(호도)일 때, $\dfrac{R^2(\theta - \sin\theta)}{2}$ 이다. 나뭇잎 영역은 그림11.21과 같이 각 α와 각 β에 대한 활꼴로 구성되어 있으므로

$$L = \dfrac{a^2}{2}(\alpha - \sin\alpha) + \dfrac{b^2}{2}(\beta - \sin\beta)$$

이다.

그러나 중심각 α와 β에 대해 $|\overline{PQ}| = 2a\sin\dfrac{\alpha}{2} = 2b\sin\dfrac{\beta}{2}$ 이고 두 반지름의 비를 $r = \dfrac{b}{a}(1 \leq r \leq \sqrt{2})$라 하면 $L = \dfrac{\pi(a^2 + b^2)}{3}$ 이므로 식을 정리하면 다음과 같다.

$$\dfrac{\pi}{3}(1 + r^2) = \dfrac{r^2}{2}(\beta - \sin\beta) + \arcsin\left(r\sin\dfrac{\beta}{2}\right) - \dfrac{1}{2}\sin\left\{2\arcsin\left(r\sin\dfrac{\beta}{2}\right)\right\}$$

r의 값이 주어지면 방정식을 β에 관하여 풀 수 있다. 만약, $r = 1$(즉, $a = b$이고 $\alpha = \beta$)이라면 $\beta - \sin\beta = \dfrac{2}{3}\pi$ 이고 β는 대략 2.6053256746 라디안이거나 149°16′27″ 이다. 두 원의 중심 사이의 거리는 대략 $0.529864a$이다.

11.9 동심원

원환은 중심이 같고 반지름이 다른 두 원 사이의 영역이다. 원환의 넓이는 그림 11.22와 같이 내원(안쪽 원)에 접하는 외원(바깥 원)의 현의 길이가 지름인 원의 넓이와 같다.

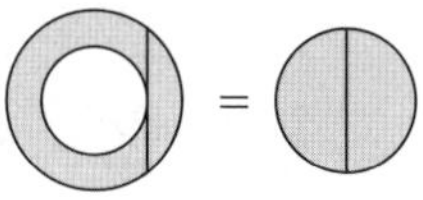

그림11.22

외원과 내원의 반지름을 각각 a, b(단, $a > b$)라 하면 원환의 넓이는 $\pi(a^2 - b^2)$이고 현의 길이는 $2\sqrt{a^2 - b^2}$ 이다. 따라서 이것을 지름으로 하는 원의 넓이는 원환의 넓이와 같다.

황소의 눈 착시

그림11.23에서 내부의 흰색 원판과 외부의 흰색 원환 중 어느 것의 넓이가 더 커 보이는가?

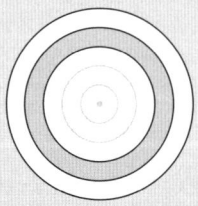

그림11.23

언뜻 보면 중앙의 원 내부의 넓이가 외부의 원환보다 커 보일 수 있지만 두 영역의 넓이는 같다. 원의 반지름을 1, 2, 3, 4, 5라 할 때, 외부의 흰색 원환의 넓이는 $(5^2-4^2)\pi=3^2\pi$이고, 이것은 내부의 흰색 원판과 넓이와 같음을 알 수 있다[Wells, 1991].

바깥 원의 반지름이 a이고, 안쪽 원의 반지름이 b인 원환의 넓이가 그림11.24와 같이 장축과 단축의 절반의 길이가 각각 a, b인 타원의 넓이와 같다고 가정해보자. a와 b의 비율에 대해 어떻게 말할 수 있을까?

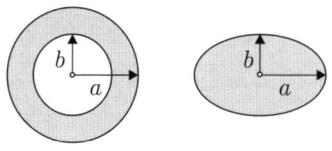

그림11.24

원환의 넓이는 $\pi(a^2-b^2)$이고, 타원의 넓이는 πab이므로 $a^2-ab-b^2=0$ 또는 $\left(\dfrac{a}{b}\right)^2-\dfrac{a}{b}-1=0$일 때만 두 넓이가 같다. $\dfrac{a}{b}>0$이므로 $\dfrac{a}{b}$는 황금비 $\varphi=\dfrac{1+\sqrt{5}}{2}$이다. 가로, 세로의 길이가 각각 $2a, 2b$인 황금 직사각형에 내접하므로 이러한 타원을 황금 타원이라 부른다[Rawlins, 1995].

베르트랑의 역설

조제프 루이 프랑수아 베르트랑(Joseph Louis François Bertrand, 1822~1900)은 1889년 그의 저서 『확률론(Calcul des Probabilités)』에서 다음 문제를 소개했다.

"반지름이 각각 r와 $2r$인 두 개의 동심원이 주어졌을 때, 무작위로 그려진 큰 원의 한 현이 그림11.25a와 같이 작은 원과 두 점에서 만날 확률을 구하시오."

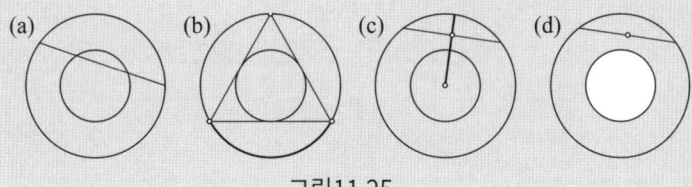

그림11.25

그 답은 우리가 현을 어떻게 "무작위"로 선택할 것인가에 달려 있다. 현의 한 끝점을 고정하고 다른 한 끝점이 그림11.25b와 같이 원 둘레의 $\frac{1}{3}$에 해당하는 중앙에 오게 한다면 확률은 $\frac{1}{3}$이 된다. 만약 현의 중점에 초점을 맞춘다면 그림 11.25c와 같이 원의 중심으로부터의 거리가 바깥 원까지 거리의 절반 이하가 되어야 하므로 확률은 $\frac{1}{2}$이 된다. 또, 그림11.25d와 같이 현의 중점이 작은 원의 내부에 있어야 한다고 하면 두 원의 넓이의 비에 따라 확률은 $\frac{1}{4}$이 된다.

11.10 도전문제

11.1 중심이 각각 P, Q인 두 원이 그림11.26과 같이 점 A에서 외접한다고 하자. $\overline{BC}$가 두 원에 접할 때, $\angle BAC = 90°$임을 보여라.

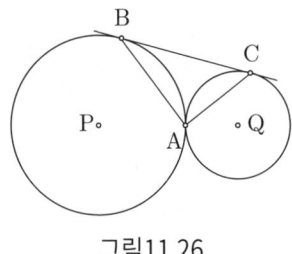

그림11.26

11.2 두 단위원이 그림11.27과 같이 외접한다고 하자. 한 원 위의 점 P에서 그은 두 반직선 PQ, PR가 두 원을 모두 통과한다. x, y, z가 두 반직선 사이에 놓인 두 원의 호의 길이일 때, $x+y=z$임을 보여라.

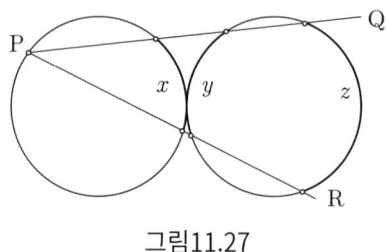

그림11.27

11.3 그림11.28과 같이 원 밖의 한 점 A로부터 원에 두 접선을 그었을 때 생기는 접점을 각각 B, C라 할 때, 삼각형 ABC의 내심이 주어진 원 위에 존재함을 보여라.

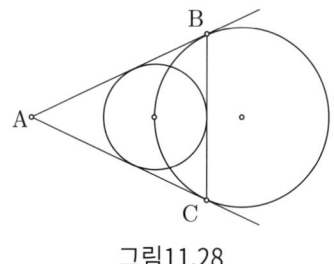

그림11.28

11.4 반지름이 1인 원판에서 반지름이 x인 원판을 제거한 모습을 그림11.29라 하자. 남아 있는 초승달의 무게중심이 제거된 원판의 가장자리에 있는 검은색 점일 때, $x = \dfrac{1}{\varphi} \approx 0.618$임을 보여라.(단, $\varphi = \dfrac{1+\sqrt{5}}{2}$는 황금비이며 이 초승달을 황금 귀걸이라 부른다[Glaister, 1996].)

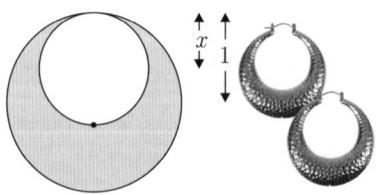

그림11.29

11.5 단위원으로 작도한 베시카 피시스 다이어그램에서 길이가 $\sqrt{1}, \sqrt{2}, \sqrt{3}, \sqrt{4}$, $\sqrt{5}$인 선분들의 위치를 찾아라.

11.6 고딕 양식의 등변 아치는 베시카 피시스의 상반부를 기준으로 하며, 그림11.30의 20유로 지폐에 그림과 같이 작은 아치와 장미창으로 장식되어 있다. 이 디자인에서 각 아치에 접하는 원형 장미창을 찾으려 한다고 가정해보자. 원형 장미창의 중심과 반지름을 구하여라.[힌트: 각각의 작은 아치는 큰 아치와 닮음이다.]

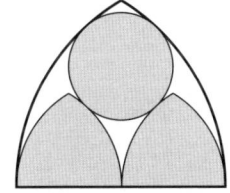

그림11.30

11.7 한 점 P가 두 동심원의 공통중심이 아닌 두 원 내부의 한 점이라 가정해보자. 점 P로부터 반직선이 그림11.31과 같이 점 Q에서 안쪽 원과 교차하고, 점 R에서 바깥 원과 교차한다. 점 P에서 반직선이 어떤 방향으로 나아갈 때 선분 QR의 길이가 최대인지 구하여라.

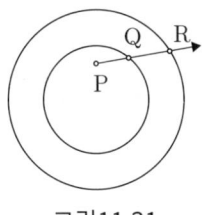

그림11.31

11.8 중심이 O이고 반지름의 길이가 r인 원 C와 외부의 점 P가 주어졌다고 가정하자. 점 P에서 시작하는 반직선이 원 C와 두 점 A, B에서 교차할 때, 현 AB의 중점 M의 자취를 구하여라.

11.9 중심이 각각 P, Q이고 반지름의 길이가 r, r'인 두 원이 외접하고, 두 원의 공통외접선이 점 V에서 그림11.32와 같이 만난다고 가정해보자. 두 원의 접점에 원의 중심이 있고, 두 공통외접선에 접하는 원의 반지름 R가 r와 r'의 조화평균임을 보여라.

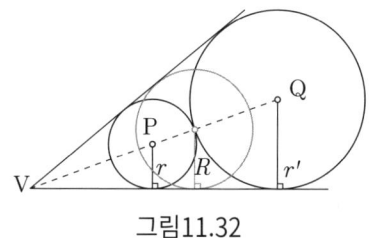

그림11.32

11.10 그림11.33과 같이 두 원의 중심이 각각 P, Q이고, 반지름의 길이가 r_1, r_2인 두 원에 외접하는 공통접선이 존재한다고 가정해보자. 두 접점 사이의 거리 $|\overline{AB}|$가 r_1과 r_2의 기하평균의 두 배임을 보여라.

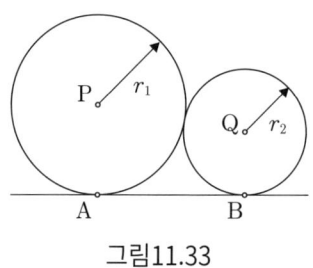

그림11.33

11.11 도전문제 11.10에서 두 원과 직선에 접하는 원의 중심이 R이고, 지름의 길이가 r_3라 가정해보자. 이때, 다음 식이 성립함을 증명하여라. (그림11.34 참조)

$$\frac{1}{\sqrt{r_3}} = \frac{1}{\sqrt{r_1}} + \frac{1}{\sqrt{r_2}}$$

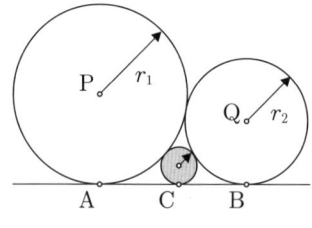

그림11.34

CHAPTER 12
벤 다이어그램

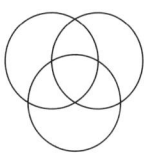

> 우리의 임무는 모든 생명체와 아름다운 자연 전체를 포용할 수 있도록 연민의 원을 넓혀 이 감옥에서 자신을 벗어나게 하는 것이어야 한다.
>
> **알베르트 아인슈타인(Albert Einstein)**

존 벤(John Venn, 1834~1923)은 1880년에 「명제의 도형적·기계적 표현과 추론에 관하여」라는 제목의 논문에서 자신의 이름을 딴 다이어그램을 소개했다[Venn, 1880]. 벤이 "오일러의 원"이라 부른 다이어그램은 집합과 그들 사이의 관계를 표현하기 위해 사용되었다. 다이어그램은 집합론에 기초한 1960년대 새수학 운동의 공통부분이 되었다. 벤 다이어그램은 다른 형태가 사용되기도 했지만 주로 교차하는 원들로 구성되었다. 라몬 유이(Ramon Llull, 1232~1315), 라이프니츠(Gottfried Wilhelm Leibniz, 1646~1716)와 오일러(Leonhard Euler, 1708~1783)의 연구에서도 비슷한 다이어그램을 찾아볼 수 있다.

존 벤과 캠브리지 대학교 카이우스 홀의 스테인드글라스

셋 이상의 교차하는 원의 이미지는 고딕 양식의 창, 그림, 그래픽 디자인과 올림픽 게임의 로고에서 볼 수 있다. 논리나 집합론에서 전통적 응용보다는 기하에서 교차하는 원 즉, 벤 다이어그램의 역할에 대해 살펴본다. 세 원에 대한 몇 가지 결과를 고려한 후에 교차하는 원과 삼각형에 대해 알아보기로 한다. 뢸로 삼각형(Reuleaux triangle)과 보로미안 링(Borromean ring)과 같은 벤 다이어그램과 관련된 도형에 대한 중요한 내용으로 마무리한다.

12.1 세 원 정리

세 개의 교차하는 원에 관한 몇 가지 정리를 살펴봄으로써 시작하겠다. 그 결과는 주로 교차점의 성질에 관한 것이다.

벤 다이어그램이나 좀 더 일반적인 그림12.1과 같이 평면 위에 세 개의 원이 있고 각각의 원이 다른 두 원과 두 점에서 교차하지만 세 개의 원에 공통인 점은 없다고 가정해보자. 만약 한 쌍의 원에 각각의 공통현을 그리면 세 개의 현은 한 점에서 만난다 [Bogomolny, 2010].

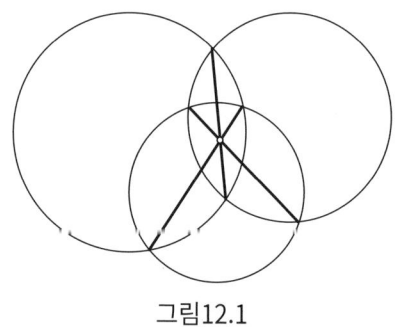

그림12.1

이렇게 멋진 결과를 증명하기 위해 먼저 다음과 같은 3차원의 결과가 필요하다.

"서로 교차하는 세 개의 구는 최대 두 개의 공통교점을 갖는다."

세 개의 구가 "일반적인 위치"에 있다고 가정해보자. 즉, 각 한 쌍의 구는 원으로 교차한다. 증명은 쉽다. 두 개의 구가 하나의 원으로 교차하고 하나의 원이 세 번째 구와 두 점에서 만남을 보이면 된다. 세 개의 원이 하나의 평면에 의해 잘린 세 개의 구의 적도일 때, 그림12.1을 생각해보자. 이때, 구가 쌍으로 교차하면서 생기는 원이 평면에 투영된 것이 그림12.1의 현이다. 이러한 선행 결과를 통해 세 개의 구는 두 개의 점에서 만나고, 두 점은 세 현의 교점으로 투영된다.

한 쌍의 교차하는 원의 공통현을 원에 대한 근축(radical axis)이라 하고, 위와 같이 쌍으로 고려한 세 원에 대한 세 근축의 교점을 근심(radical center)이라 한다. 근축과 근심이 다음의 히로시 하루키의 정리에 대한 증명에 도움이 될 것이다.

하루키의 정리

세 개의 원이 각각 다른 두 원과 두 개의 점에서 만난다고 가정해보자. 만약 그림 12.2와 같이 선분에 이름을 붙인다면 다음의 식이 성립한다.

$$\frac{a}{b} \cdot \frac{c}{d} \cdot \frac{e}{f} = 1$$

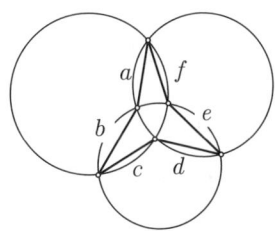

그림12.2

하루키 정리의 증명을 위해 세 개의 근축을 그리고, 그림12.3a와 같이 점에 이름을 붙이고, $\overline{PD}, \overline{PE}, \overline{PF}$의 길이를 각각 x, y, z라 하자.

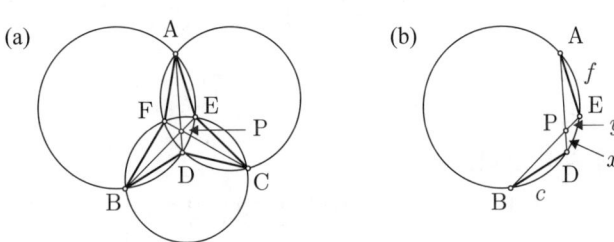

그림12.3

그림12.3a에서 점 A와 점 B를 지나는 원 위에 놓인 일부분을 그림12.3b로 옮겨와 생각해보자. 삼각형 AEP와 삼각형 BDP가 닮음이므로 $\frac{f}{y} = \frac{c}{x}$이다. 같은 방법으로 다른 두 원의 현에 대해서도 $\frac{b}{z} = \frac{e}{y}$와 $\frac{d}{x} = \frac{a}{z}$가 성립한다.

세 개의 비례식을 모두 곱하면 $\frac{fbd}{yzx} = \frac{cea}{xyz}$이므로 $bdf = ace$이다.

1916년에 존슨(R. A. Johnson)은 "가장 기초적인 기하학 수준에서 정말 아름다운 정리" 중 하나로 표현되는 다음의 결과를 발견했는데, 그것이 존슨의 정리이다[Honsberger, 1976].

존슨의 정리

만약 반지름이 모두 같은 세 개의 원이 한 점에서 만나면, 나머지 세 개의 교점을 지나는 네 번째 원의 반지름도 세 원의 반지름과 같다. (그림12.4a 참조)

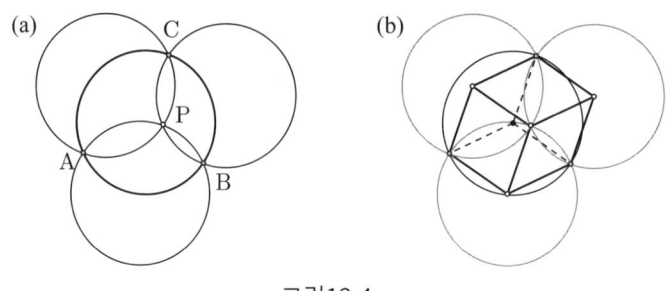

그림12.4

존슨의 정리를 증명하기 위해 3차원 시각에서 구성을 생각해 볼 수 있다. 그림12.4a와 같이 점들을 표기하고 원들의 공통 반지름을 r이라 하자. 교점 A, B, C와 원들의 중심이 그림12.4b와 같이 하나의 육각형을 세 개의 마름모로 나눈다. 길이가 r인 9개의 실선과 길이가 r인 3개의 점선이 정육면체의 투시도를 나타내고 있다. 따라서 세 점 A, B, C는 다른 점들로부터 거리가 r인 위치에 있으므로 네 번째 원의 반지름의 길이도 r이다.

다음에서 다룰 세 원의 정리는 가스파르 몽주(Gaspard Monge, 1746~1818)의 것이다.

몽주의 정리(세 원의 정리)

세 원 C_1, C_2, C_3가 있다. C_1, C_2의 교점이 점 Q와 점 R이고, C_2, C_3의 교점이 점 S와 점 T라고 가정하자. 이때, 반직선 RQ와 반직선 TS가 그림12.5a와 같이 점 P에서 만난다면 점 P로부터 세 원에 이르는 거리가 모두 같다.

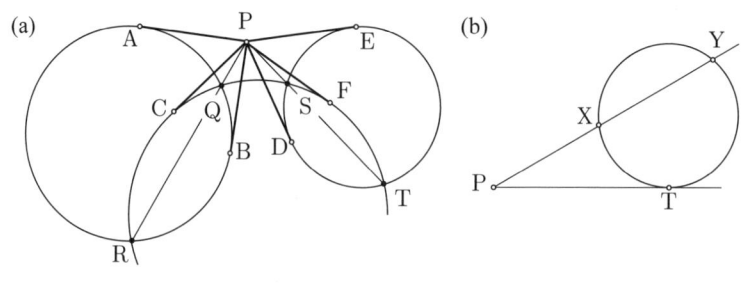

그림12.5

이제 $|\overline{PA}| = |\overline{PB}| = |\overline{PC}| = |\overline{PD}| = |\overline{PE}| = |\overline{PF}|$ 임을 증명해보자. 우리가 증명에 사용할 도구는 9.3절에서 다루었던 한 점의 원에 대한 방멱이다. 이를 이용하면 그림 12.5b와 같이 한 원에 대한 접선 PT와 할선 PXY에 대하여 $|\overline{PT}|^2 = |\overline{PX}| \, |\overline{PY}|$이다.

이에 따라 다음 식이 성립하고 결과는 다음과 같다.

$$|\overline{PA}|^2 = |\overline{PB}|^2 = |\overline{PQ}| \cdot |\overline{PR}| = |\overline{PC}|^2 = |\overline{PF}|^2$$
$$= |\overline{PS}| \cdot |\overline{PT}| = |\overline{PD}|^2 = |\overline{PE}|^2$$

11.4절에서 하나의 선분을 삼등분하기 위해 두 개의 교차하는 원(베시카 피시스 다이어그램)을 사용한다. 한 원이 다른 두 원의 중심을 지나는 세 개의 합동인 원을 이용할 수도 있다[Styer, 2001]. (그림12.6 참조)

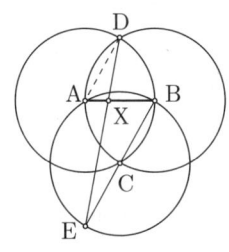

그림12.6

선분 AB를 삼등분하기 위하여 $|\overline{AB}|$의 길이를 공통 반지름으로 하고 중심이 각각 A, B, C인 세 원을 그림12.6과 같이 그린다. 점 C를 지나는 선분 BE를 그린 다음 선분 DE를 그린다. 이때, 선분 DE와 선분 AB의 교점을 X라 한다. 선분 AD가 선분 BE에 평행이므로 삼각형 ADX와 삼각형 BEX는 닮음이고 $|\overline{BE}| = 2|\overline{AD}|$이다.
따라서 $|\overline{BX}| = 2|\overline{AX}|$이고 $|\overline{AX}| = \frac{1}{3}|\overline{AB}|$이다.

12.2 삼각형과 교차하는 원

우리는 4장과 7장에서 삼각형과 원 또는 반원에 대한 다양한 정리를 살펴보았다. 이제 삼각형과 세 개의 교차하는 원에 관한 몇 가지 정리에 대해 알아보기로 한다.

그림12.7a는 직각삼각형의 세 변의 중점이 원의 중심이고, 세 변의 길이가 각각 세 개의 원의 지름인 경우이다. 만약 삼각형의 넓이를 T라 하고, 직각삼각형의 빗변 아래의 아벨로스 같은 영역의 넓이를 A라 하고, 삼각형 안에 렌즈 모양의 영역의 넓이를 $B = B_1 + B_2$라 하면 $T = A - B$이다. (그림12.7b 참조)

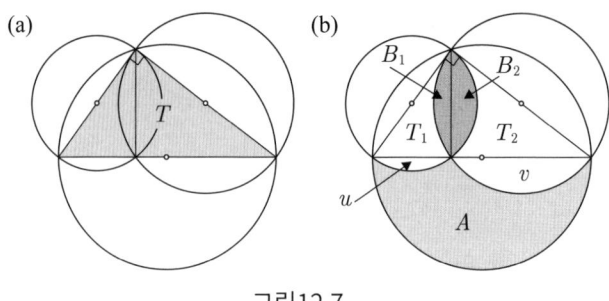

그림12.7

큰 삼각형의 빗변에 대한 높이의 왼편에 있는 직각삼각형의 넓이를 T_1, 오른편에 있는 직각삼각형의 넓이를 T_2라 하면 $T=T_1+T_2$이다. 삼각형의 두 변에 그려진 반원의 넓이가 각각 B_2+T_1+u와 B_1+T_2+v이므로 이를 더하면 삼각형의 빗변에 그려진 반원의 넓이 $A+u+v$와 같다(4장의 아르키메데스 명제4의 증명에 인용된 유클리드 원론 제4권 명제31에 의해). 따라서 $B+T=A$임을 증명하였다[Gutierrez, 2009].

직각삼각형과 관련된 다섯 개의 원에 관한 결과는 도전문제 12.1을 살펴보자.

1838년에 프랑스 수학자 오귀스트 미켈(August Miquel)은 자신의 이름을 딴 다음의 정리를 발표했으며, 피벗 정리(Pivot theorem)라고도 한다.

미켈(Miquel)의 정리

삼각형 ABC에서 세 변 AB, BC, CA 위에 세 점 P, Q, R가 그림12.8a와 같이 있다고 하자. 이때, 세 삼각형 APR, BPQ, CQR의 외접원은 모두 공통점 M을 지난다. 공통점 M을 세 원의 미켈 점(Miquel point)이라 부른다.

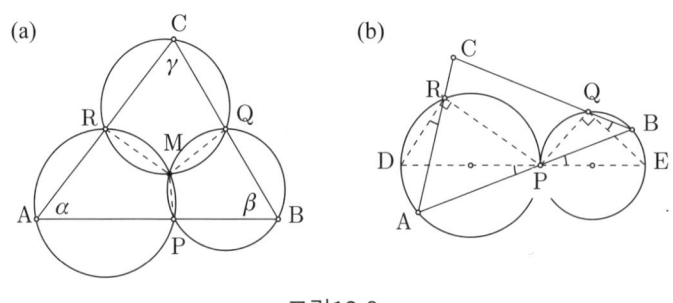

그림12.8

꼭짓점 A, B를 지나는 두 원이 점 P에서 만난다고 가정하자. 만약 두 원이 그림12.8a와 같이 다른 한 점 M에서도 만난다면 점 M은 세 점 C, R, Q를 지나는 원 위의 점임을 증명하고자 한다. 다음 두 각의 크기가 각각 $\angle \text{PMR} = 180° - \alpha$, $\angle \text{PMQ} = 180° - \beta$ 이므로 우리는 다음과 같이 $\angle \text{QMR}$의 크기를 얻을 수 있다.

$$\angle \text{QMR} = 360° - (\angle \text{PMR} + \angle \text{PMQ}) = \alpha + \beta = 180° - \gamma$$

따라서 사각형 CRMQ는 내접사각형이고, 점 M은 세 점 C, R, Q를 지나는 원 위에 있음을 증명하였다.

만약 점 A, B를 지나는 두 원이 점 P에서 접한다면, 점 P가 세 점 C, R, Q를 지나는 원 위에 있음을 증명하려고 한다. 그림12.8b를 보고 두 원의 지름 DPE를 그려 보자. $\overline{\text{DE}}$가 $\overline{\text{AC}}$를 지난다고 가정하자($\overline{\text{DE}}$가 $\overline{\text{BC}}$를 지나는 경우도 비슷하다). 네 개의 표시된 각 $\angle \text{ARD}$, $\angle \text{APD}$, $\angle \text{BPE}$, $\angle \text{BQE}$의 크기를 x라 하자. 삼각형 DRP와 삼각형 EQP가 직각삼각형이므로 우리는 다음 식을 얻을 수 있다.

$$\angle \text{CRP} + \angle \text{CQP} = (90° + x) + (90° - x) = 180°$$

따라서 사각형 CRPQ는 내접사각형이고, 점 P는 세 점 C, R, Q를 지나는 원 위에 있음을 증명하였다.

12.3 뢸로 다각형

뢸로 삼각형은 세 개의 원에 모두 속하는 벤 다이어그램의 중심 부분이다. 정삼각형에서 시작하여 세 꼭짓점을 원의 중심으로 하고, 삼각형의 각 변을 반지름으로 하는 원호를 추가하면 쉽게 그릴 수 있다. 뢸로 삼각형은 중세시대부터 현재에 이르기까지 고딕 양식의 건축물에 사용되었다. 그림12.9a의 유리창은 스페인 바르셀로나의 몬시오 성모 마리아 교회(Església Mare de Déu de Montsió)의 것이고, 그림 12.9b의 유리창은 호주 애들레이드에 있는 스코틀랜드 교회의 것이다.

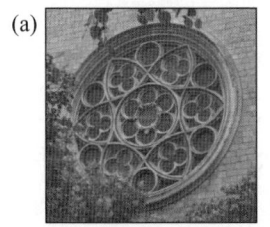 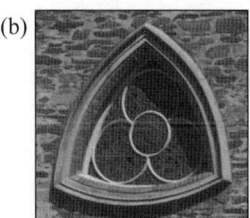 

그림12.9

독일인 공학자 프란츠 릴로(Franz Reuleaux, 1829~1905)는 회전하는 메커니즘과 관련하여 이 "원형 삼각형(circular triangle)"을 연구하였다. 방켈 로터리 엔진(Wankel rotary engine)의 회전자(rotor)는 릴로 삼각형 형태이다. 그림12.9c를 참조하자.

닫힌 볼록 곡선의 폭은 곡선의 경계에 접하며 마주 보는 두 평행선 사이의 최대 거리로 정의한다. 릴로 삼각형은 일정한 폭을 갖는 곡선의 한 예이다. 즉, 곡선의 폭이 원처럼 모든 방향에서 같다.

릴로 다각형은 정삼각형을 홀수 개의 변을 갖는 정다각형으로 대체하듯이 삼각형과 유사하게 구성된 것이다. 모든 릴로 다각형은 일정한 폭을 갖는 곡선이다. 바르비에의 정리(Barbier's theorem)는 일정한 폭 ω를 갖는 모든 곡선은 같은 길이의 둘레 $\pi\omega$를 갖는다는 것으로, 이 정리는 홀수 개의 변을 갖는 릴로 다각형의 경우와 밀접하다. 블라슈케-르베그 정리(Blaschke-Lebesgue theorem)는 일정한 폭을 갖는 모든 곡선 중에서 가장 작은 넓이를 갖는 곡선은 릴로 삼각형이라는 것이다.

릴로 다각형과 동전 디자인

조폐국에서 때로 원형이 아닌 동전을 만들고자 할 때 릴로 다각형을 이용한다. 원형이 아니지만, 동전으로 작동하는 기계(예를 들어, 자판기)에서 원형 동전처럼 작동하고, 시력이 좋지 않은 사람들에게 촉감으로 동전을 구분할 수 있게 해주기 때문이다. 그림12.10에서 7개의 변으로 이루어진 영국의 50펜스 동전과 9개의 변으로 이루어진 오스트리아의 5유로 동전, 그리고 11개의 변으로 이루어진 캐나다의 1달러 동전을 볼 수 있다.

그림12.10

릴로 삼각형은 세 변의 길이가 같지 않은 삼각형과 릴로 삼각형에서 나타나는 각진 모서리를 갖지 않는 곡선으로 일반화될 수 있다. 세 변의 길이가 a, b, c인 삼각형 ABC를 생각해보자. 다음 $\{a+b, b+c, c+a\}$ 중에서 큰 값보다 크도록 k를 선택하고,

그림12.11과 같이 꼭짓점을 지나도록 변을 연장하자.(비록 그림12.11은 세 변의 길이가 3, 4, 5인 직각삼각형에 $k = 10$으로 과정을 나타낸 그림이지만 이 과정은 임의의 삼각형에 적용된다.) 각각의 꼭짓점을 원의 중심으로 하여 원호를 그리자. 예를 들어, 꼭짓점 B를 중심으로 하여 반지름이 $k-c-a$와 $a+(k-a-b)=k-b$인 호를 그리자.

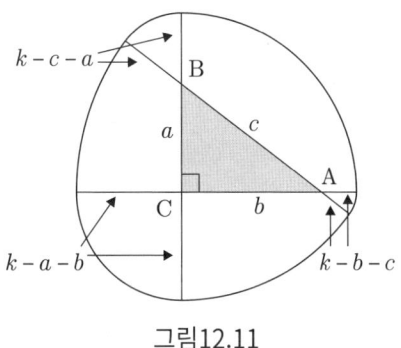

그림12.11

이렇게 그린 곡선은 일정한 너비 $2k-a-b-c$를 가지며, 곡선 위의 모든 점에서 접선을 그릴 수 있는 부드러운 곡선이다.

보로미안 고리

위상수학과 매듭이론에서 연구되는 보로미안 고리는 벤 다이어그램처럼 생긴 것으로 그림12.12a와 같이 세 개의 연결된 고리로 이루어져 있다. 고리들은 서로 연결되어 있어 분리될 수 없다는 성질을 갖지만 하나의 고리가 제거되면 나머지 두 개의 고리는 연결되어 있지 않다. 고리의 이름은 밀라노에 있는 보로메오 가문에서 유래하는데, 15세기 이후 가문의 문장에 고리를 추가하였다. 그림12.12b를 참조하자. 보로미안 고리가 미국에서 발렌타인 맥주와 에일의 로고로 사용되면서부터 발렌타인 고리라고 불리기도 한다. 또, 밀라노의 음반 제작 회사인 리코르디(Ricordi)의 로고로 쓰이기도 했는데, 2008년에 리코르디 200주년을 기념하는 우표가 그림12.12c와 같이 발행되기도 했다.

그림12.12

그림4.19의 정이십면체에서 발견한 세 개의 서로 수직인 황금 사각형의 모서리가 보로미안 고리처럼 연결되어 있다(그림12.13a 참조). 그림12.13b에서 국제 수학 연맹(the International Mathematical Union)의 로고는 원형이 아닌 보로미안 고리를 나타낸다.

그런데 보로미안 원이 3차원 공간에서 존재할까? 그 답은 놀랍게도 3차원 공간에서 그것의 크기나 방향에 관계없이 "아니오."이다. (증명은 [Lindström and Zetterström, 1991] 참조)

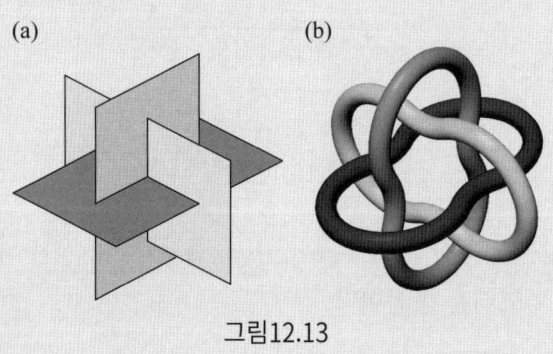

그림12.13

12.4 도전문제

12.1 직각삼각형을 그림 12.14와 같이 직각삼각형의 두 변, 빗변에 이르는 수선, 수선의 발에 의해 나누어진 빗변의 두 선분 즉, 다섯 개의 선분으로 나눈다. 각 선분의 중점을 중심으로 하고, 선분의 길이를 지름으로 하는 다섯 개의 원을 그려라. 이때, 회색의 활꼴 네 개의 넓이의 합 $A+B+C+D$가 삼각형의 넓이 T와 같음을 증명하여라. [힌트: 도전문제 4.7 참조]

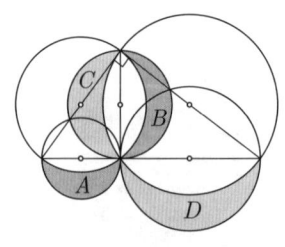

그림12.14

12.2 삼각형 ABC와 그 외접원 위의 한 점 P가 주어졌을 때, 삼각형의 세 변 AB, BC, AC에 (필요하면 삼각형의 세 변을 연장하여) 수선 PQ, PR, PS를 그려라. 이때, 세 점 Q, R, S가 한 직선 위에 있음을 보여라. (그림12.15 참조)

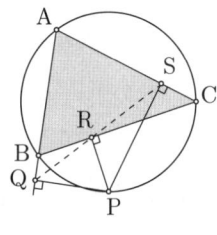

그림12.15

12.3 평면 위에서 n개의 원으로 나누어지는 영역의 최대 개수는 $n^2 - n + 2$임을 보여라.

12.4 두 원의 교점을 각각 A, B라 하자. 점 A를 지나고 두 원에서 현의 길이가 같아지게 하는 직선의 개수는 몇 개인지 구하여라.

12.5 그림12.16은 한 변의 길이가 1인 정사각형에 내접하는 4개의 사분원이다. 네 사분원이 겹치는 부분의 넓이를 구하여라.(단, 미적분학, 해석 기하학, 삼각법은 필요하지 않다.)

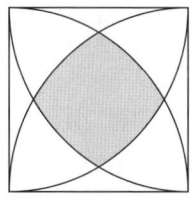

그림12.16

12.6 1917년, 헨리 어니스트 듀드니(Henry Ernest Dudeney, 1857~1936)의 저서 『수학의 즐거움(Amusements in Mathematics)』에서 "빵 퍼즐"에 다음과 같은 문제가 나온다.(그림12.17 참조)

"세 개의 원은 세 개의 빵을 나타내는데 세 개의 빵을 어떻게 네 명의 소년(다비드, 에드거, 프레디, 해리)에게 똑같이 나누어 줄 것인지 설명하여라. 빵의 두께가 모두 같고, 가능한 빵을 최소한의 조각으로 잘라야 한다면 놀랍게도 다섯 조각이 필요하다. 그중에서 한 소년이 두 조각을 가져가고, 나머지 세 소년은 한 조각씩 가져갈 것이다."[힌트: 빵의 지름의 비는 $3:4:5$이다.]

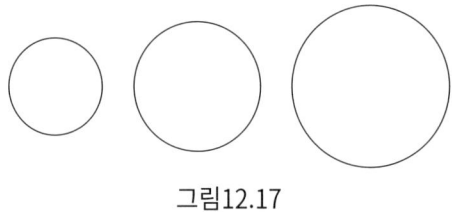

그림12.17

12.7 세 개의 합동인 원이 각각 다른 두 개의 원에 접한다고 할 때, 그림12.18과 같이 세 개의 접점을 연결하는 호에 의해 닫힌 회색 영역의 넓이를 구하여라.

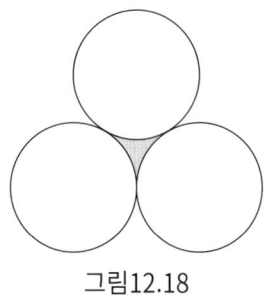

그림12.18

12.8 세 개의 원으로 만든 벤 다이어그램의 7개의 영역에 숫자 1, 2, 3, 4, 5, 6, 7을 배정하여 각 원에 속한 숫자의 합이 모두 같도록 할 수 있을까?

12.9 평면 위의 한 점 P와 정삼각형 ABC에 대하여 세 삼각형 PAB, PBC, PCA가 각각 이등변삼각형일 때, 점 P의 위치로 가능한 곳은 몇 군데인지 구하여라.

12.10 △ABC의 각 변에 대한 정삼각형의 무게중심에 의해 만들어진 나폴레옹 삼각형의 세 변은 △ABC의 꼭짓점을 페르마의 점 F와 연결한 $\overline{AF}$, $\overline{BF}$, $\overline{CF}$를 각각 수직이등분함을 보여라. 그림12.19를 참조하자. [힌트: 세 개의 회색 정삼각형의 외접원을 생각하자.]

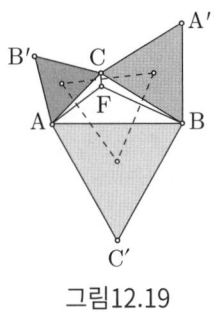

그림12.19

CHAPTER 13
포개진 도형

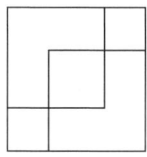

정사각형은 직선이 아니고 원도 아니다. 정사각형은 영원하다. 점들은 정사각형 주위를 좇지 않는다. 정사각형은 변함없이 언제나 그 자리에 있고, 자신의 자리를 안다. 원은 정사각형으로 바뀌지 않는다.
작가 미상

앞의 여러 장에서는 여러 개의 다른 그림으로 분할된 기하학적인 도형으로 구성된 아이콘을 사용했다. 이 장에서는 중복되어 포개진 도형으로 그 아이디어를 확장해보려 한다. 예를 들어, 위의 아이콘은 3개의 작은 정사각형과 2개의 L 모양의 영역으로 분할된 정사각형이 아니라 큰 정사각형 안에 작은 정사각형 두 개가 포개져 있다고 볼 수 있다. 이 단순한 생각이 놀랄만한 결과를 가지고 온다.

이 장에서는 먼저 덜 알려진 양탄자 정리와 $\sqrt{2}$의 무리수 증명과 피타고라스 세 수의 특징을 제시한다. 이렇게 포개진 도형들은 부등식을 설명하는 자연스러운 방법을 제공한다. 뿐만 아니라 포개진 그림은 호안 미로(Joan Miro) 그리고 파울 클레(Paul Klee)와 같은 화가들에 의해 고전적인 그림에서부터 추상적인 그림까지 많은 영역에서 나타나고 있다. 콜라주(collage)는 인쇄물, 사진, 오려내기를 이용하여 그림13.1a처럼 예술적인 구성을 하는 것이다. 포개진 그림은 수학의 한 분야인 매듭 이론에 매우 중요한 도움을 주었다. 우리는 포개진 도형을 매일 쓰는 컴퓨터에서 여러 개의 창을 띄운 화면으로 그림13.1b처럼 동시에 열어 볼 수 있다.

(a)  (b)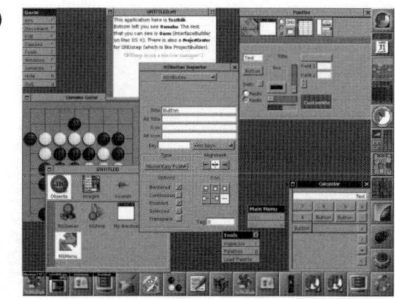

그림13.1

13.1 양탄자(carpet) 정리

포개진 도형에 관한 문제를 해결하는 데 간단하면서도 효과적인 도구는 양탄자 정리이다. 그림13.2a처럼 방 전체를 2개의 양탄자로 완전히 덮을 수 있다고 하자. 이때, 그림13.2b처럼 왼쪽에 있는 직사각형을 움직이면 포개진 부분(회색 부분)과 포개지지 않은 부분(흰 부분)의 넓이는 같다. 이것은 대수적으로 쉽게 알 수 있다. 그림13.2c처럼 방에서의 넓이를 각각 x, y, z, w로 표시하자. 방의 넓이는 $x+y+z+w$, 결합한 두 양탄자의 넓이의 합은 $x+2y+z$이다. 따라서 $x+y+z+w = x+2y+z$이므로 $y=w$이다.

양탄자(carpet) 정리
방에 2개의 양탄자가 있다. 두 양탄자의 포개진 부분의 넓이가 덮여 있지 않은 부분의 넓이와 같다는 것의 필요충분조건은 두 양탄자의 넓이의 합이 바닥 전체의 넓이와 같다는 것이다.

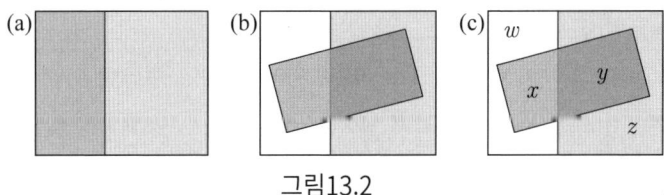

그림13.2

방과 양탄자의 모양은 임의로 바꿀 수 있으며, 2개의 양탄자가 완전히 포개진 경우에도 정리는 성립한다.

예를 들어, 그림13.3의 평행사변형이 있다. 두 삼각형 ABC, CDE의 넓이는 각각 사각형 ACEF의 넓이의 반이다. 양탄자 정리에 의해 사각형 모양의 포개진 회색 부분의 넓이와 3개의 흰 부분의 넓이는 같다[Andreescu and Enescu, 2004]. (양탄자 정리에 대한 응용은 도전문제 13.1, 13.2 참조)

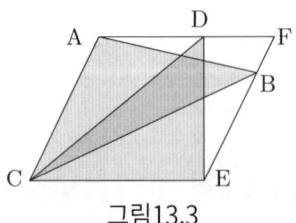

그림13.3

13.2 무리수 $\sqrt{2}$ 와 $\sqrt{3}$

$\sqrt{2}$ 가 무리수라는 증명은 많이 있다. 여러 가지 수학적인 내용과 퍼즐 문제가 많은 알렉산더 보고몰니(Alexander Bogomolny)의 웹사이트[(*)]에는 증명 방법이 20개가 넘는다. 대부분의 증명은 $\sqrt{2}$가 유리수라 가정하고 그 가정이 모순임을 보인다. 여기서는 스탠리 테넨바움(Stanley Tennenbaum) [Conway, 2005]의 증명을 소개하고자 한다.

$\sqrt{2}$ 가 유리수라 가정하고 $\sqrt{2} = \dfrac{m}{n}$ (단, m, n은 양의 정수이고 서로소)이라 하자. 양변을 제곱하고 정리하면 $m^2 = 2n^2$이다. 이것은 그림13.4a에서 한 변의 길이가 각각 m, n인 정사각형의 넓이에서 한 정사각형의 넓이가 다른 정사각형 넓이의 2배임을 나타낸다. 여기서 m, n은 가장 작은 양의 정수이다.

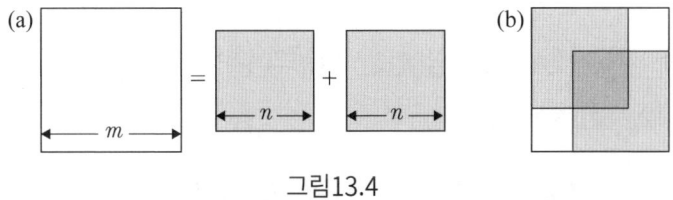

그림13.4

그림13.4b와 같이 큰 정사각형 위에 작은 정사각형 2개를 놓을 수 있다. 양탄자 정리에 의해 진한 회색 정사각형의 넓이는 2개의 흰색 부분의 넓이 합과 같다. 그러나 진한 회색 정사각형의 한 변의 길이는 $2n - m$이고, 흰색 정사각형의 한 변의 길이는 $m - n$이며 m, n보다 각각 더 작다. 이는 m, n이 가장 작은 양의 정수라는 사실에 모순이 된다. 따라서 $\sqrt{2}$는 무리수이다.

같은 방법으로 $\sqrt{3}$이 무리수라는 것을 정삼각형을 포개는 방법을 이용하여 증명할 수 있다. 한 변의 길이가 s인 정삼각형의 넓이를 $T_s = \dfrac{\sqrt{3}}{4}s^2$이라 하자. $\sqrt{3}$을 유리수라 가정하고 $\sqrt{3} = \dfrac{m}{n}$ (단, m, n은 서로소)라 하여 양변을 제곱하고 정리하면 $m^2 = 3n^2$ 또는 $T_m = 3T_n$이 된다.

그림13.5에서 진한 회색 부분과 흰색 부분의 길이는 각각 $2n - m$, $2m - 3n$이고 양탄자 정리에 의해서 $T_{2m-3n} = 3T_{2n-m}$ 또는 $(2m-3n)^2 = 3(2n-m)^2$이다. 따라서 $\sqrt{3} = \dfrac{2m-3n}{2n-m}$이고 $0 < 2m - 3n < m$, $0 < 2n - m < n$이므로 m, n이 서로소라는 사실에 모순이므로 $\sqrt{3}$은 무리수이다.

[(*)] www.cut-the-knot.org/proofs/sq_root.shtml

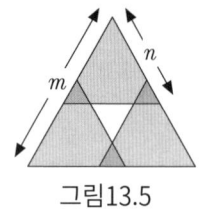

그림13.5

13.3 피타고라스 세 수의 다른 특징

7.4절과 도전문제 7.4에서 $a^2 + b^2 = c^2$을 만족하는 피타고라스 세 수 (a, b, c)에 대해 알아보았다. 세 변의 길이가 각각 a, b, c인 직각삼각형에서 피타고라스 관계식은 $a^2 + b^2 = c^2$이다. 이때, 그림13.6a와 같이 넓이가 c^2인 정사각형 방에서 두 개의 정사각형 양탄자의 넓이는 각각 a^2, b^2이다[Teigen and Hadwin,1971; Gomez, 2005]. 양탄자 정리에 의해 가운데 진한 회색 정사각형의 넓이 $(a+b-c)^2$은 2개의 흰색 직사각형의 넓이 $2(c-a)(c-b)$와 같다.

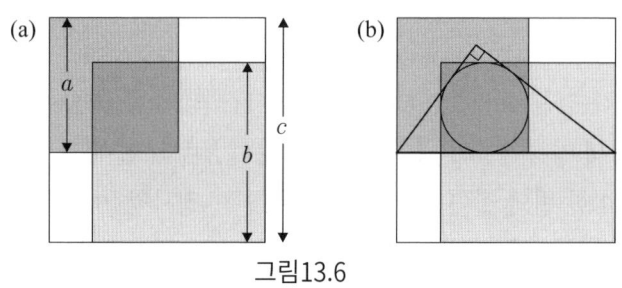

그림13.6

이때, $n = a+b-c$, $p = c-a$, $q = c-b$(단, n, p, q는 정수)라 하면 $a^2 + b^2 = c^2$과 $n^2 = 2pq$는 서로 필요충분조건이다. 따라서 다음 성질이 성립한다.

피타고라스 세 수 (a, b, c)와 $n^2 = 2pq$는 일대일대응이다.

더욱이 $a = n+q$, $b = n+p$, $c = n+p+q$이고 피타고라스 세 수 (a, b, c)가 서로소인 사실과 필요충분조건은 p와 q가 서로소라는 것이다.

예를 들어, $6^2 = 2 \cdot 1 \cdot 18$에 대응하는 세 수는 $(7, 24, 25)$이고, $6^2 = 2 \cdot 2 \cdot 9$에 대응하는 세 수는 $(8, 15, 17)$이고, $6^2 = 2 \cdot 3 \cdot 6$이면 세 수는 $(9, 12, 15)$이다.

마지막으로 그림13.6b에서 가운데 정사각형의 한 변의 길이 $a+b-c$는 내접하는 원 (7.2장 참조)의 지름과 같고 빗변에 대한 높이보다 짧다.

피타고라스 세 수

그림1.1의 그리스 우표에 있는 신부의 의자와 그림2.1의 주비산경에서 볼 수 있는 피타고라스 세 수 $(3, 4, 5)$는 a, b, c가 연속한 정수가 되는 유일한 경우이며, 등차수열에 세 수가 있는 전형적인 경우이다. 피타고라스 세 수 중 $(5, 12, 13)$, $(7, 24, 25)$ 등과 같이 밑변과 빗변이 연속되는 것들도 많이 있고 $(20, 21, 29)$, $(119, 120, 169)$ 등과 같이 직각을 낀 두 변이 연속되는 것들도 많이 있다.

1643년에 피에르 드 페르마(Pierre de Fermat)는 마랭 메르센(Marin Mersenne)에게 직각을 낀 두 변의 합과 빗변이 모두 제곱수가 되는 피타고라스 세 수를 물어보는 편지를 썼다. 그 편지에서 그러한 피타고라스 세 수가 무한히 많다고 하였으며 조건을 만족하는 가장 작은 수들은 $(4565486027761, 1061652293520, 4687298610289)$라고 하였다. 더 자세한 내용은 [Sierpiński, 1962]을 살펴보자.

13.4 평균들의 부등식 관계

이 장의 시작 부분에 설명된 포개진 정사각형의 아이콘으로부터 평균들에 대한 여러 가지 좋은 부등식을 유도할 수 있다. 그렇게 하려면 양탄자 정리에서와 같이 포개진 정사각형의 넓이의 합이 전체 정사각형의 넓이와 같다는 것을 완화하여 제한할 수 있다. (그림13.7 참조)

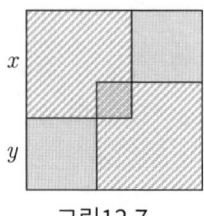

그림13.7

포개진 두 정사각형이 변의 길이가 $x \neq y, x > 0, y > 0$일 때, 부등식
$$2(x^2 + y^2) \geq (x+y)^2 \tag{13.1}$$
이 성립한다.

만약 $x = \sqrt{a}$, $y = \sqrt{b}$라 하면 $2(a+b) \geq (\sqrt{a} + \sqrt{b})^2 = a + 2\sqrt{ab} + b$이 성립하므

로 이를 정리하면 산술평균-기하평균 부등식이 된다.

$$\frac{a+b}{2} \geq \sqrt{ab} \text{ (단, } a>0, b>0)$$

만약 $x = \frac{a}{2}$, $y = \frac{b}{2}$라 하면 (13.1)에서 $\frac{a^2+b^2}{2} \geq \left(\frac{a+b}{2}\right)^2$임을 알 수 있고, 다음의 산술평균-제곱평균 제곱근(root mean square) 부등식이 성립한다.

$$\sqrt{\frac{a^2+b^2}{2}} \geq \frac{a+b}{2} \text{ (단, } a>0, b>0)$$

만약 $x = \frac{1}{\sqrt{a}}$, $y = \frac{1}{\sqrt{b}}$이라 하면 (13.1)에서 $2\left(\frac{1}{a} + \frac{1}{b}\right) \geq \frac{1}{a} + \frac{2}{\sqrt{ab}} + \frac{1}{b}$이므로 식을 정리하면 $\frac{a+b}{ab} \geq \frac{2}{\sqrt{ab}}$이다. 여기서 역수를 취하고 2를 곱하면 조화평균-기하평균 부등식이 성립한다.

$$\sqrt{ab} \geq \frac{2ab}{a+b} \text{ (단, } a>0, b>0)$$

그림13.7을 직사각형에서 포개진 직사각형들로 일반화할 수 있다.

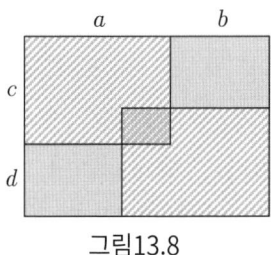

그림13.8

그림13.8에서 $a \geq b > 0$, $c \geq d > 0$일 때,

$$2(ac+bd) \geq (a+b)(c+d) \text{ 또는 } ac+bd \geq ad+bc \quad (13.2)$$

이다. 이 부등식은 $b \geq a > 0$, $d \geq c > 0$일 때, $a \geq b > 0$, $d \geq c > 0$일 때, $b \geq a > 0$, $c \geq d > 0$일 때도 성립한다. 따라서 등식이 성립하기 위한 필요충분조건은 $a = b$ 또는 $c = d$이다.

13.5 체비쇼프 부등식(Chebyshev's inequality)

(13.2)를 응용하면 다음과 같은 체비쇼프(Pafnuty Lvovich Chebyshev, 1821~1894) 부등식을 증명할 수 있다. 임의의 $n \geq 2$에 대하여 $0 < x_1 \leq x_2 \leq \cdots \leq x_n$이라 할 때,

(i) $0 < y_1 \leq y_2 \leq \cdots \leq y_n$이면 $\sum_{i=1}^{n} x_i \sum_{j=1}^{n} y_j \leq n \sum_{i=1}^{n} x_i y_i$ (13.3a)

(ii) $y_1 \geq y_2 \geq \cdots \geq y_n > 0$이면 $\sum_{i=1}^{n} x_i \sum_{j=1}^{n} y_j \geq n \sum_{i=1}^{n} x_i y_i$ (13.3b)

(단, 등식은 모든 x_i들이 같거나 모든 y_i들이 같을 때 성립한다.)

(13.3a)는 (13.2)의 결과를 사용하면 $i \leq j$, $a = x_i$, $b = x_j$, $c = y_i$, $d = y_j$이므로 $x_i y_j + x_j y_i \leq x_i y_i + x_j y_j$를 이용하면 된다. 이 부등식을 $(x_1 + x_2 + \cdots + x_n)(y_1 + y_2 + \cdots + y_n)$의 전개에서 $x_i y_i$ 형태의 항들의 합에 적용하면 결과를 얻을 수 있다.

(13.3b)도 위와 같은 방법으로 하면 된다. 그러나 이 경우는 $b \geq a$, $c \geq d$이므로 부등호의 방향이 반대이다.

그림13.9는 (13.3a)의 $n = 4$일 때 직사각형이 포개진 경우이다.

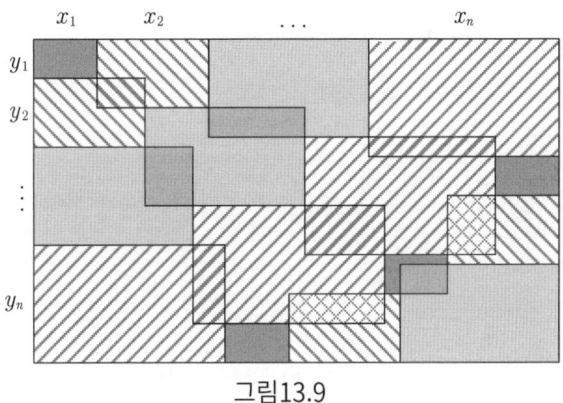

그림13.9

13.6 세제곱의 합

n이 양의 정수일 때, 세제곱의 합에 대한 우아한 증명[Golomb, 1965]은

$$1^3 + 2^3 + 3^3 + \cdots + n^3 = (1 + 2 + 3 + \cdots + n)^2$$

이다. 이 공식은 포개진 정사각형을 사용한다.

여기서 $k^3 = k^2 \cdot k$(단, $1 \leq k \leq n$)로 보고 넓이가 k^2인 k개의 정사각형들을 한 변이 $1 + 2 + \cdots + n$인 큰 정사각형 안에 그림13.10과 같이 배열한다.

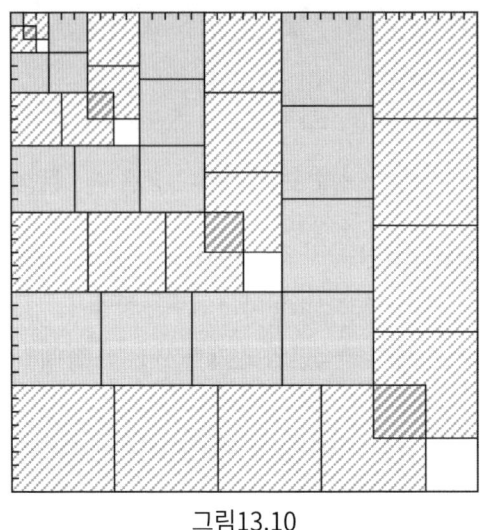
그림13.10

k가 짝수일 때, 2개의 정사각형이 포개진 진한 회색 부분의 넓이와 비어있는 부분의 정사각형(흰색 부분)의 넓이가 같다.

13.7 도전문제

13.1 그림13.11과 같이 각 변의 중점이 M, N, P, Q인 사각형 ABCD가 있다. 진한 회색 부분의 사각형의 넓이와 네 개의 흰색 부분인 삼각형의 넓이의 합이 같음을 보여라.

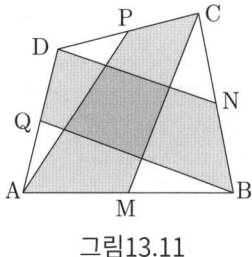

그림13.11

13.2 그림13.12와 같이 직사각형의 방 안에 두 개의 직사각형의 양탄자를 볼 수 있다. 진한 회색 부분인 사각형의 넓이와 흰 부분인 여섯 개의 삼각형의 넓이의 합이 같음을 보여라.

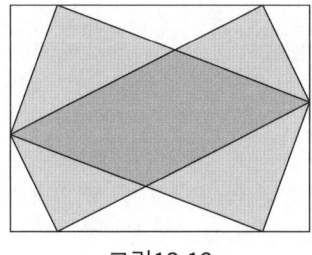

그림13.12

13.3 종이접기 부등식문제

그림13.13은 회색 부분의 직각이등변삼각형과 하얀 부분의 직사각형과 정사각형으로 이루어져 있다. 삼각형들을 점선을 따라 접으면 회색 부분의 넓이가 하얀 부분의 넓이를 초과하는 부등식을 만들 수 있다. 부등식으로 나타내어라.

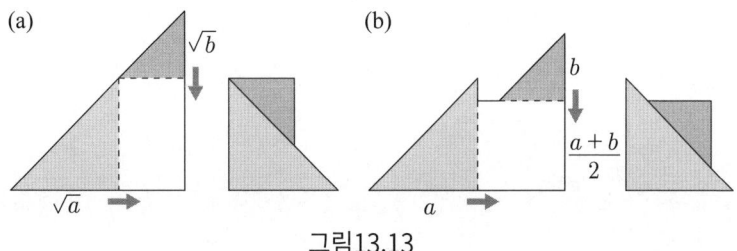

그림13.13

13.4 원 위의 점들(Cocircular points) [Gardner, 1975]

그림13.14와 같이 5개의 종이 직사각형(한 직사각형의 모서리는 찢어져 있다)과 6개의 종이 원판이 테이블 위에 있다. 각각의 자리에서 각각의 직사각형의 꼭짓점들과 변과 변이 만나는 교점들을 표시한다. 이 문제는 외접원을 갖는 4개의 점을 찾는 것이다. 예를 들어, 모든 직사각형은 외접원을 가지기 때문에 그림13.14에서 오른쪽 아래에 홀로 있는 직사각형도 외접원을 갖는다.

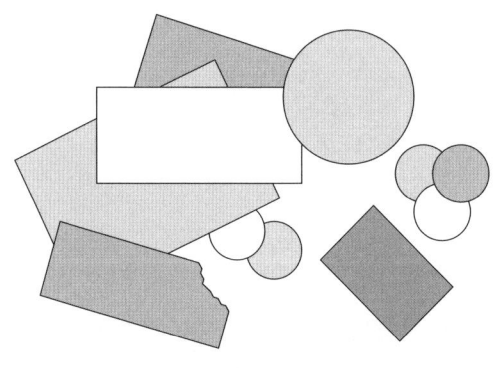

그림13.14

마틴 가드너(Martin Gardner)는 이 문제를 스티븐 바(Stephen Barr)의 문제라고 한다

13.5
그림13.15와 같이 잡지 A가 잡지 B 위에 놓여 있다. A가 B를 덮은 부분의 넓이는 B의 넓이의 반보다 클까? 작을까?

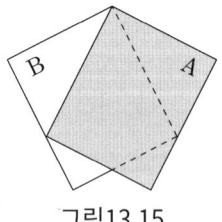

그림13.15

CHAPTER 14
음과 양

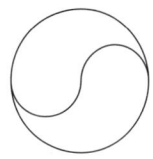

음과 양 두 요소가 결합하면 구체적 세계가 탄생한다. 다양한 사물들과 인류도 그렇게 생겨난다. 이들의 끊임없는 연쇄를 통해 음과 양 두 요소는 우주의 위대한 섭리를 구축해내는 것이다.

장재(張載,1020~1077)

중국사상에서 음과 양은 우주에서 작용하는 두 개의 대립적이지만 보완적인 창조력을 나타낸다. 음과 양을 나타내는 음양도는 도교에서 태극무늬로 알려져 있으며, 더 큰 전체 안에서 대립적이며 상호 보완적인 철학적 개념을 시각화할 수 있다. (예 : 낮과 밤, 여성과 남성, 선과 악, 긍정과 부정, 홀수와 짝수 등)

태극무늬는 2개의 반원을 곡선으로 구성하여 하나의 원이 2개의 다른 색깔로 구분되어 있으며 1893년에는 대한제국을 나타내는 깃발이었고, 지금은 대한민국을 나타내는 국기이다. 태극무늬는 기업의 로고로도 사용되어 왔으며 그 모양은 보석, 가구, 세면기, 그릇의 디자인 등으로 사용되고 있다.

태극기

2차원 또는 3차원의 기하학적 대상의 두 복사본은 음과 양이 원반형을 이루는 결합과 마찬가지로 넓이 또는 부피가 두 배가 되는 새로운 도형을 형성한다.

이 간단한 아이디어는 수학에서 많은 응용을 만들 수 있다. 우리는 이 장에서 아이콘의 여러 속성을 살펴본 후에 탐구할 것이다.

14.1 위대한 모나드

1917년 헨리 어니스트 듀드니(Henry Ernest Dudeney, 1857~1936, 그림14.1)는 그의 고전적인 수학 퍼즐 책『수학의 즐거움(Amusements in Mathematics)』을 출판했다. 이 책의 문제 158은 '음과 양'에 관한 것이고, 듀드니는 이것을 '위대한 모나드'라고 부른다(모나드는 자연에서 영적인 형이상학적 실체로 정의되며 전체 우주를 자기 안에 반영한다). 문제 158에서 듀드니는 다음과 같이 두 가지를 말하고 있다.

1. 음과 양 (그림14.1a 참조)을 한 번 잘라서 넓이와 모양이 같아지도록 4개의 조각으로 나눈다.
2. 하나의 직선으로 잘라 같은 크기의 4조각의 음과 양을 나눈다.

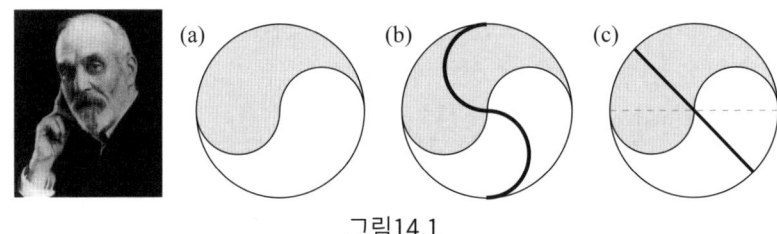

그림14.1

듀드니가 문제 158에 대해 명확하게 말하지는 않았지만 그가 고전적인 유클리드 도구인 컴퍼스와 직선자로 문제를 해결하려고 했다는 것은 분명하다(이 장에서 사용될 도구).

첫 번째 문제를 해결하기 위해 그림14.1b의 어두운 곡선으로 표시된 경로를 자르고 음과 양의 경계는 90° 회전한다. 그림14.1c와 같이 지름(회색 점선)과 45°의 진한 실선을 만들어주면 두 번째 문제를 해결할 수 있다. 둘로 나누어진 음의 영역에서 점선 아래의 회색의 반원의 넓이가 전체 원의 넓이의 $\frac{1}{8}$이고 점선 위의 회색의 부채꼴 영역도 전체 원의 넓이의 $\frac{1}{8}$이다. 따라서 반원과 부채꼴 영역의 넓이의 합은 전체 원의 넓이의 $\frac{1}{4}$이다.

음과 양을 이등분하는 다른 방법은 도전문제 14.1에 있다.

> **조각원호곡선(Piecewise circular curves)**
>
> 음과 양의 경계선은 조각원호곡선의 예이며, 하나의 호의 끝점이 다음 호의 시작점으로 이어지는 원호들이 유한 개로 연결된 형태이다[Banchoff and Giblin, 1994].
>
> 조각원호곡선은 다각형과 비슷한 원호이다. 다른 예로는 4.4절의 구두장이의 칼과 소금그릇(arbelos and salinon), 도전문제 4.7의 히포크라테스의 초승달(lune), 11장의 베시카 피시스(vesica piscis), 12.3절의 뢸로 삼각형(Reuleaux triangle), 도전문제 4.9의 보스코비치의 하트모양(cardioid of Boscovich)의 곡선이 있다.

그림14.2에서 수평 지름을 길이 a와 b의 두 부분으로 나누어 만든 비대칭적인 음과 양을 볼 수 있다. 흰 부분과 회색 부분의 넓이의 비는 얼마일까?

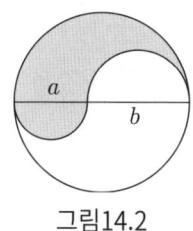

그림14.2

회색 부분의 넓이는

$$\frac{\pi}{8}a^2 + \frac{\pi}{8}(a+b)^2 - \frac{\pi}{8}b^2 = \frac{\pi}{4}a(a+b)$$

이고, 흰 부분의 넓이도 비슷한 방법으로 구하면 $\frac{\pi}{4}b(a+b)$이다. 따라서 넓이의 비는 지름의 두 선분의 비 $\frac{a}{b}$와 같다.

만약에 $b=6a$이면 회색 부분의 넓이는 원의 넓이의 $\frac{1}{7}$이다.

질문: 원을 7개의 영역으로 나눈 뒤 나눈 영역이 똑같이 원의 넓이의 $\frac{1}{7}$이 되도록 할 수 있을까?

넓이가 같은 부채꼴로 나누는 것은 곤란하다. 왜냐하면 그것은 원 안에 내접하는 정칠각형을 작도하는 것과 같기 때문이다. 그러나 음과 양의 원호 형태로 분할은 가능하다. 그림14.3a에서와 같이 반원의 지름을 같은 폭의 7개의 간격으로 분할하고 내부에 6개의 중첩된 반원을 그린다. 반원들 사이의 영역의 넓이가 표시된 값임을 보이는 것은 어렵지 않다(x 값은 중요하지 않다). 그림14.3b와 같이 완성하면 각각의 넓이가 같고 원의 넓이의 $\frac{1}{7}$이다.

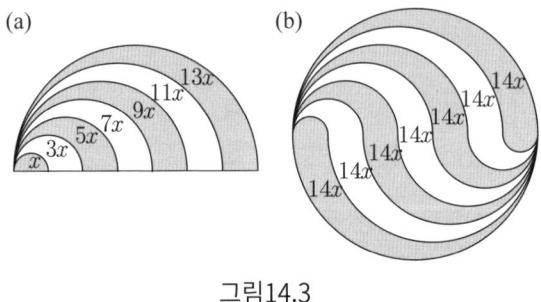

그림14.3

14.2 음(yin)과 양(yang)의 조합

음과 양의 대칭성은 간단한 조합 문제를 해결하기 위해 이용된다. 가장 간편하고 잘 알려진 것은 $T_n = 1 + 2 + 3 + \cdots + n$이다. 그림14.4a와 같이 공을 삼각형 형태로 배열하고, T_n을 n번째 삼각수라 하자. 그림14.4b와 같이 $2T_n$은 사각형 형태로 공을 배열할 수 있고 공의 개수는 $n(n+1)$이다. 따라서

$$T_n = 1 + 2 + 3 + \cdots + n = \frac{n(n+1)}{2}$$

이다.

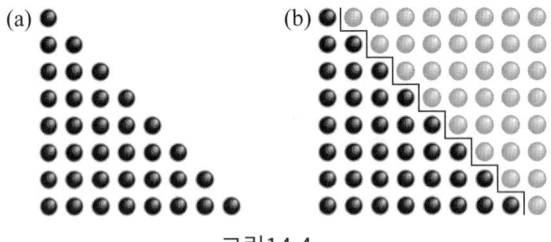

그림14.4

이 합은 유한수열에서 이웃하는 두 항의 차가 일정한 등차수열의 예이다. 첫째항은 a, 공차를 d라 하면 등차수열의 첫째항부터 n번째 항까지의 합은

$$a + (a+d) + (a+2d) + \cdots + \{a + (n-1)d\} = \frac{n}{2}\{2a + (n-1)d\}$$

이다. 즉, 첫째항과 끝항까지의 합에 항의 개수를 곱한 것의 $\frac{1}{2}$과 같다. 그림14.5 [Conway and Guy, 1996]에서 사각형의 넓이를 구하는 과정을 나타내고 있다.

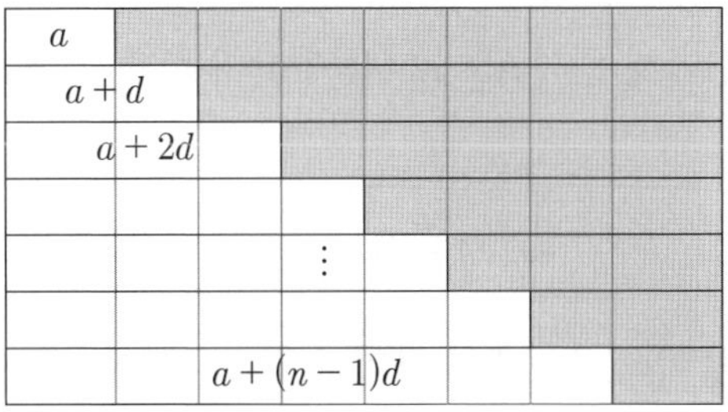

그림14.5

음과 양의 대칭성을 평면에서 3차원으로 확장하여 정육면체를 쌓아 입체를 만들어 부피를 쉽게 계산할 수 있다. 예를 들어, $n \geq 1$인 경우

$$S_n = \sum_{i=1}^{n} \sum_{j=1}^{n} (i+j-1)$$

을 생각해 보자.

그림14.6a에서 S_n은 단위 정육면체의 합으로 나타낼 수 있는데 그림14.6b처럼 두 개의 S_n으로 $n \times n \times 2n$ 차원을 갖는 직사각형 상자를 채울 수 있다. 따라서 $2S_n = 2n^3$이므로 $S_n = n^3$이다.

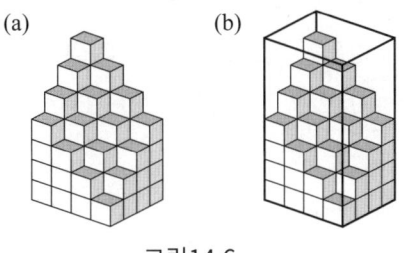

그림14.6

일반화하면 다음과 같다.

$$\sum_{i=1}^{m} \sum_{j=1}^{n} \{a + (i-1)b + (j-1)c\} = \frac{mn}{2} \{2a + (m-1)b + (n-1)c\}$$

1차원적인 등차수열의 합은 첫째항 $[(i,j) = (1, 1)]$과 끝항 $[(i,j) = (m, n)]$의 합에 항의 개수를 곱한 합의 $\frac{1}{2}$과 같다.

14.3 음과 양의 대칭을 통한 적분

1980년도에 윌리엄 로웰 퍼트넘 수학 경시대회(William Lowell Putnam Mathematical Competition)에서 문제 A3이 다음과 같이 출제되었다.

$$\int_0^{\frac{\pi}{2}} \frac{1}{1+(\tan x)^{\sqrt{2}}}\, dx$$

이 문제는 참가 학생들이 매우 어려워하였다. 만약 그 대회에서 그래픽계산기를 사용할 수 있었다면 많은 학생이 그 문제를 해결할 수 있었겠지만 불행히도 계산기를 사용할 수 없었다. 그림14.7a에서 구간 $\left[0, \frac{\pi}{2}\right]$에서 피적분함수의 그래프에서 알 수 있듯이 많은 학생이 대칭을 이용하여 적분값을 계산할 수 있었다.

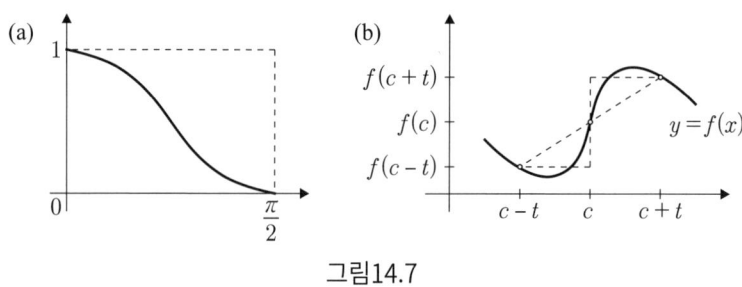

그림14.7

적분 그래프의 대칭은 점대칭이고, 그림14.1a에서 음과 양 사이의 경계 곡선(2개의 반원)과 같은 대칭이다. 더 정확하게는 함수 $y=f(x)$의 그래프는 만약 정의역에 있는 c, $c-t$, $c+t$에 대하여 $f(c-t)+f(c+t)=2f(c)$가 성립하면 점 $(c, f(c))$에 대하여 대칭이다. (그림14.7b 참조)

f가 구간 $[a, b]$에서 연속이고 f의 그래프가 구간 $[a, b]$의 중점 $\frac{a+b}{2}$에 대하여 대칭이라 가정하면, f는 구간 $[a, b]$의 모든 x에 대하여 $f(x)+f(a+b-x)=2f\left(\frac{a+b}{2}\right)$를 만족한다. 이런 함수들은 쉽게 적분할 수 있다.

$$\int_a^b f(x)\, dx = (b-a)f\left(\frac{a+b}{2}\right) = \frac{1}{2}(b-a)\{f(a)+f(b)\}$$

해석적인 증명은 간단한데 그림14.8이 좀 더 이해하기 쉬울 것이다. 단, 여기서는 음과 양이 직사각형으로 나타난다.

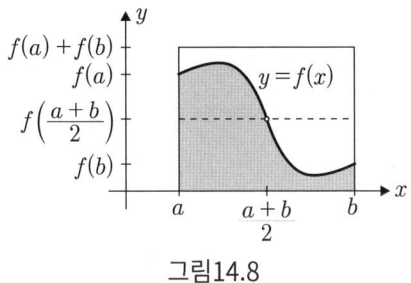

그림14.8

퍼트넘(Putnam) 문제의 적분은 $\left[0, \frac{\pi}{2}\right]$에서 $f(x) + f\left(\frac{\pi}{2} - x\right) = 2f\left(\frac{\pi}{4}\right) = 1$이기 때문에 답은 $\frac{1}{2} \cdot \frac{\pi}{2} \cdot [1 + 0] = \frac{\pi}{4}$이다. 이와 유사한 문제가 1987년에 실시한 퍼트넘 대회의 문제 B1으로 다음과 같이 출제되었다.

$$\int_2^4 \frac{\sqrt{\ln(9-x)}}{\sqrt{\ln(9-x)} + \sqrt{\ln(x+3)}} \, dx \text{의 값을 구하시오.}$$

같은 풀이 과정을 이용하면 답은 1이다. 기호 대수학 프로그램인 Mathematica(v. 7.01)로는 앞에서 제시한 2개의 퍼트넘 문제를 구할 수 없었다. 도전문제 14.6의 다른 적분 문제는 대칭을 이용하여 값을 구할 수 있다.

14.4 음과 양을 이용한 놀이 수학

14.1절에서 우리는 듀드니의 위대한 모나드 퍼즐 문제를 알아보았다. (도전문제 14.1을 참조) 그림14.1a의 음과 양은 원형 디스크를 2개의 합동 영역으로 분할할 뿐만 아니라 흥미로운 회전 대칭을 보여준다. 음과 양에서 발견되는 대칭을 적용하는 것은 놀이 수학의 세계에서 일반적인 과정이다.

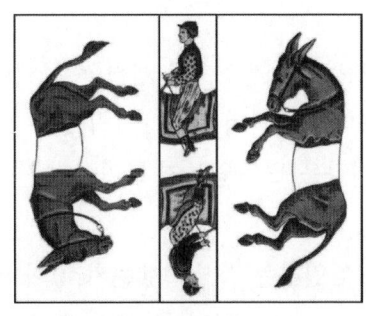

그림14.9

1871년 샘 로이드(Sam Loyd)는 '트릭 당나귀'라는 퍼즐을 만들었다. 다음 해에는 바넘(P. T. Barnum)이 '바넘의 트릭 노새'라는 이름으로 판매하였다. 수백만 부의 사본이 카드에 인쇄되어 판매되었고, 샘 로이드는 1년 이내에 부자가 되었다. 그림14.9는 그의 퍼즐이다. 그 문제는 카드를 두 개의 수직선을 따라 3개(단지 3개만)의 조각으로 자른 다음 각 기수가 노새를 타는 것처럼 보이도록 재배열하는 것이다.

풀이는 그림14.10a(음과 양의 대칭의 형태를 보여주는)에서와 같이 노새 두 조각을 뒤로(등이 서로 맞대도록) 정렬한 다음 그림14.10b에서와 같이 기수 조각을 맨 위에 놓는다.

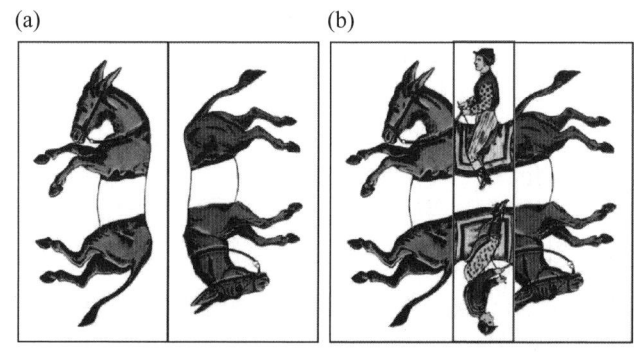

그림14.10

데이지(Daisy) 게임은 원형 보드에 n개를 배열한 뒤 두 사람이 할 수 있는 아이들 놀이이다. 그림14.11a는 $n = 9$일 때이다.

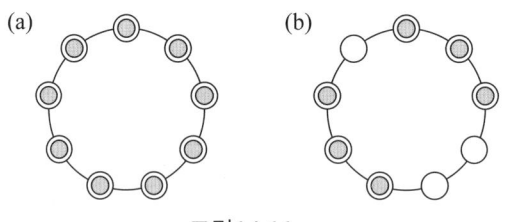

그림14.11

놀이 방법은 교대로 1개 또는 인접한 2개를 제거할 수 있다. 마지막을 제거하는 사람이 이긴다. 그림14.11b는 놀이 참가자가 각각 1번씩 했을 때의 원형 보드 모양이다. 놀이 참가자 중 한 명이 승리 전략을 쓰고 있는지 확인하기 전에 몇 가지 게임을 하고 싶을 수 있다.

두 번째 선수가 항상 이길 수 있다는 걸 발견했는가? n이 짝수일 때, 두 번째 플레이어는 첫 번째 플레이어의 움직임을 따라 한다. 첫 번째 플레이어가 만약 한 개나 두 개를 가져가면 맞은편에서 똑같이 가져가면 된다.

n이 홀수일 때, 첫 번째 플레이어가 첫 번째 기회에서 하나를 제거하면 두 번째 플레이어는 두 개를 맞은편에서 제거한다. 그림14.11b에서의 보드는 n이 짝수일 때에 대한 두 번째 플레이어의 전략이다.

14.5 도전문제

14.1 그림14.1a처럼 그림14.12를 음과 양으로 절단하면 2등분됨을 보여라.

[힌트: 모나드의 반지름은 1이고 (b)에서 자른 원의 반지름은 $\frac{\sqrt{2}}{2}$, (c)의 자른 반원의 반지름은 $\frac{\varphi}{2}$, $\frac{1}{2\varphi}$이다. 여기서 φ는 황금비이고 $\varphi = \frac{1+\sqrt{5}}{2}$이다.]

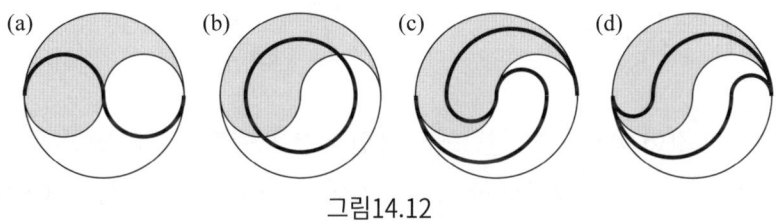

그림14.12

14.2 그림14.13을 두 번 이용하여 $1 + 3 + 5 + \cdots + (2n-1) = n^2$임을 보여라.

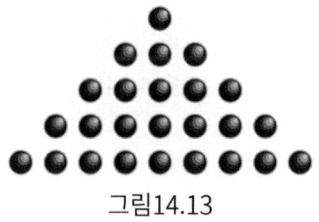

그림14.13

14.3 14.2장에서 $T_n = \frac{n(n+1)}{2}$임을 보였다. 즉, n번째 삼각수는 이항계수 $_{n+1}C_2$이다. k개의 원소로부터 2개의 원소를 선택하는 방법의 수는 $_kC_2$이고, 여기에는 $(n+1)$개의 원소를 가진 집합에서 2개의 원소를 가진 부분집합과 T_n개의 원소를 갖는 집합에 일대일대응이 존재한다. 그중 하나를 구하여라.

14.4 정수 N이 1보다 크면서 2의 거듭제곱이 아닐 때, N을 연속된 두 정수의 합으로 표현할 수 있음을 보여라.

14.5 그림14.6과 같이 정육면체를 배열하는 방법을 사용하여 설명하여라.
$$1^2 + 2^2 + 3^2 + \cdots + n^2 = \frac{n(n+1)(2n+1)}{6}$$ (단, n은 양의 정수)

[힌트: 같은 입체도형 여섯 개를 사용할 수 있음!]

14.6 다음 적분값을 계산하여라.

(a) $\int_{-1}^{1} \arctan(e^x)\,dx$

(b) $\int_{0}^{\frac{\pi}{4}} \ln(1+\tan x)\,dx$

(c) $\int_{0}^{2} \frac{1}{x+\sqrt{x^2-2x+2}}\,dx$

(d) $\int_{0}^{2} \left(\sqrt{x^2-x+1} - \sqrt{x^2-3x+3}\right) dx$

(e) $\int_{0}^{4} \frac{1}{4+2^x}\,dx$

(f) $\int_{0}^{2\pi} \frac{1}{1+e^{\sin x}}\,dx$

14.7 14.14와 같이 음과 양의 원판에서 음인 부분의 원판 지름의 오른쪽 끝점을 A라 하자. 만약 음의 경계에서 한 점 C가 주어졌을 때, 직각삼각형 ABC에서 각 B가 직각이 되는 점 B를 음의 경계에서 모두 찾아라.

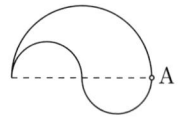

그림14.14

CHAPTER 15
다각선

우리가 알고 있는 원은 진짜 원이 아니다. 단지 매우 많은 작은 변들을 가지고 있는 다각형이다. 변들의 수가 증가할수록 다각형은 원에 가까워진다. 변이 삼백 개 또는 사백 개로 아주 많아지면 임의의 다각형의 각을 정확하게 아는 것은 매우 어렵다.

에드윈 A 애벗(Edwin Abbott Abbott)
〈플랫랜드(1884)〉

다각선이란 인접하는 선분끼리 끝점을 공유하는 선분들을 모은 것이라 할 수 있다. 일반적으로 다음과 같이 정의한다. 평면에 "꼭짓점"이라 부르는 서로 다른 $n+1$개의 점으로 이루어진 유한점열 $\{P_0, P_1, P_2, \cdots, P_n\}$이 주어질 때, 다각선은 꼭짓점들과 "변"이라 부르는 선분들 즉, $\overline{P_0P_1}$, $\overline{P_1P_2}$, $\cdots$, $\overline{P_{n-1}P_n}$으로 구성된다.

인간이 만든 다각선의 예는 그림15.1에서와 같이 접이식 나무 눈금자, 꺾은선 그래프, 관절형 사다리가 있다.

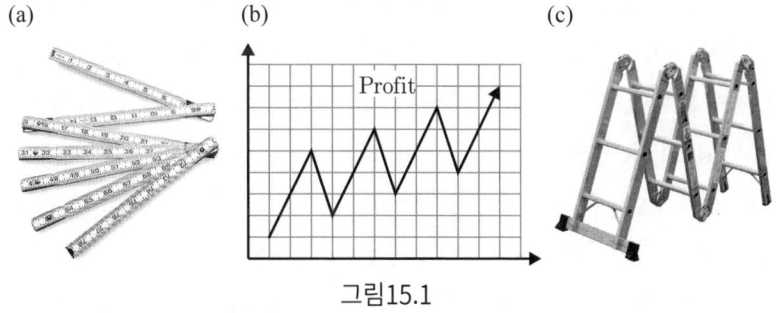

그림15.1

$P_n = P_0$일 때, 닫힌 도형을 다각형이라 한다. 이때, n각형은 변의 개수를 의미한다. 1장에서 삼각형과 정사각형, 2장에서 사다리꼴 등 이전의 여러 장에서 다각형을 공부하였다.

간단한 질문으로 시작해 보자. 선분으로 가장 단순한 다각선을 어떻게 그릴 수 있을까? 다음에는 다각선의 꼭짓점을 생각해서 다각수에 대한 공식을 유도하자. 그런 다음 미적분학에서 다각선의 사용에 주목하자.

볼록 다각형에서 몇 가지 일반적인 결과를 유도한 후에 정다각형을 사용하여 사이클로이드(cycloids)와 카디오이드(cardioids)에 대한 몇 가지 결과를 얻을 수 있다.

15.1 직선과 선분

가장 단순한 다각선은 직선인 선분이다. 그러나 "직선"은 무엇을 의미할까? 플라톤(Plato)은 파르메니데스(Parmenides)와의 대화에서 "직선이란 가운데가 양쪽 극단 앞에 있는 것"이라고 쓰고 있다. 『유클리드의 원론』에서 정의I.4는 "직선은 점들이 한결같이 고르게 놓여 있다."이다.

당연히 유클리드는 이 정의를 사용하지 않았다. 직선 또는 선분을 정의하는 것을 제쳐놓더라도 어떻게 그릴까? 그것은 쉽다. 직선 자 또는 자를 사용한다. 그러나 직선 자가 직선이 되는 것을 어떻게 알 수 있는가?

원을 그릴 때, 우리는 연필이나 펜으로 원판을 그리지 않고 컴퍼스를 이용(컴퓨터 소프트웨어가 있기 이전에는)하여 그린다. 컴퍼스는 고정된 점에서 같은 거리에 있는 점들이 원이라는 정의를 보여줄 수 있는 기계장치이다. 유클리드의 직선 정의는 직선을 그리는 데 큰 도움이 되지 않는다.

원을 그리는 컴퍼스처럼 직선을 그리는 기계를 만드는 것이 가능할까? 이 질문은 산업혁명으로 성취된 많은 기계장치들이 발명되었던 19세기에 가장 중요한 질문이었다. 연결장치(금속이나 목재로 만들어진 단단한 막대기)는 원운동을 직선운동으로, 직선운동을 원운동으로 전환하기 위하여 만들어졌다. 스코틀랜드의 공학자인 제임스 와트(James Watt, 1736~1819)와 러시아 수학자 파프누티 레보비치 체비쇼프(Pafnuty Lvovich Chebyshev, 1821~1894)가 근사하게 직선운동을 할 수 있는 연결장치를 만들었고, 원운동을 직선운동으로 바꾸는 진정한 연결장치는 프랑스 공학자인 찰스 니콜라스 피셀리에(Charles-Nicolas Peaucellier, 1832~1913)에 의해 1864년에 만들어졌으며, 러시아 수학자인 립먼 립킨(Lippman Lipkin, 1851~1875)에 의해 1871년에 독립적으로 재발견되었다. 이 연결장치는 피셀리에-립킨 연결장치(the Peaucellier-Lipkin linkage), 피셀리에 셀(the Peaucellier cell), 피셀리에 반전기(Peaucellier inversor)와 같은 다양한 이름으로 불렸다.

1876년에 알프레드 브레이 캠프(Alfred Bray Kempe)는 런던 남쪽의 켄싱턴 박물관에서 '직선을 어떻게 그릴 것인가'에 대한 강의를 하였고 이듬해에는 작은 책을 출판하였다[Kempe, 1877]. 그림15.2는 피셀리에-립킨(Peaucellier-Lipkin)의 연결장치를 나타낸 캠프의 그림이다.

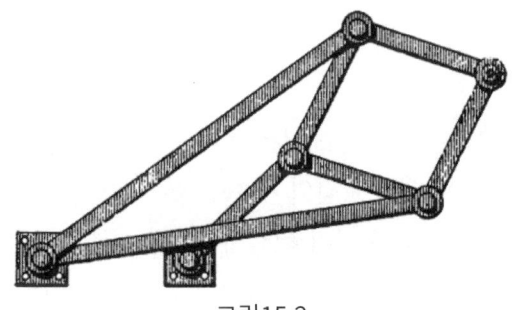

그림15.2

캠프는 강의와 책에서 연결장치가 직선을 그리는 것을 명확하게 설명했다. 코사인 법칙을 이용하여 간단하게 설명할 수 있다. 그림15.3에서 연결장치의 각 부분의 길이는 $a > b > 0$일 때, $|\overline{BC}| = |\overline{BD}| = a$, $|\overline{AC}| = |\overline{CP}| = |\overline{AD}| = |\overline{DP}| = b$이고 $|\overline{AE}| = |\overline{BE}| = r$이다. 점 B, E는 고정된 점이고, 점 A는 중심이 E이고 반지름이 r인 원 위의 점이다. $\angle ABE = \alpha$, $\angle PAC = \beta$라 하고 점 Q는 점 P에서 x축에 내린 수선의 발이다.

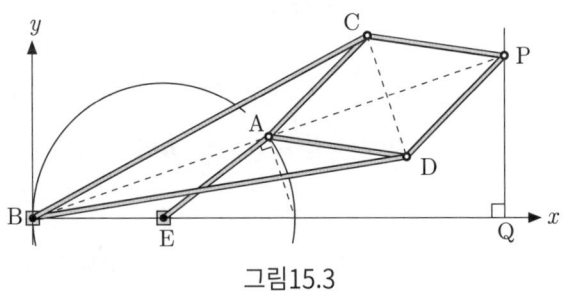

그림15.3

점 P의 자취가 직선임을 보이기 위해서는 x좌표가 a, b, r에만 의존하고 α 또는 β에는 의존하지 않음을 보여야 한다.

$$|\overline{AB}| = 2r\cos\alpha, \quad |\overline{AB}| = 2b\cos\beta$$

이므로 점 P의 x 좌표는 $|\overline{BQ}| = |\overline{BP}|\cos\alpha = (2r\cos\alpha + 2b\cos\beta)\cos\alpha$이다. 삼각형 ABC에서 코사인 법칙을 이용하면

$$a^2 = b^2 + (2r\cos\alpha)^2 - 2b(2r\cos\alpha)\cos(\pi - \beta)$$

이다. 이를 정리하면

$$\frac{a^2-b^2}{2r} = (2r\cos\alpha + 2b\cos\beta)\cos\alpha = |\overline{BQ}|$$

이다. 따라서 점 P의 x 좌표는 a, b, r에만 의존하므로 점 P의 자취가 직선임을 알 수 있다.

15.2 다각수

조약돌과 같은 물체에 의한 숫자의 표현은 적어도 고대 그리스 기하학에서도 쉽게 찾아볼 수 있다. 도형 모양으로 배열된 점의 개수로 표현되는 수를 도형수라 하고, 도형수 중에서 사각형과 오각형 등과 같은 다각형에 대응시킨 수를 다각수라고 한다.

가장 단순한 다각수는 삼각수와 사각수이다. 그림15.4는 첫 번째부터 다섯 번째까지의 삼각수인 1, 3, 6, 10, 15를 나타낸 것이다. 14.2에서 보았듯이 n번째 삼각수는 $T_n = \frac{n(n+1)}{2}$이다.

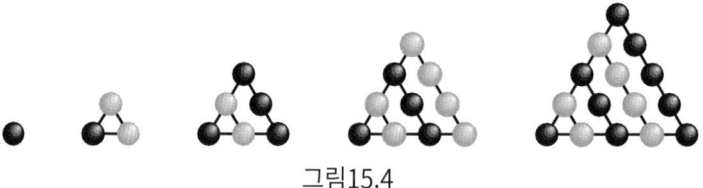

그림15.4

그림15.5는 첫 번째부터 다섯 번째까지의 사각수인 1, 4, 9, 16, 25를 나타낸 것이다. n번째 사각수는 $S_n = n^2$이다. 그림에서 알 수 있듯이 n번째 사각수는 첫 번째부터 n번째까지 홀수들의 합이다.

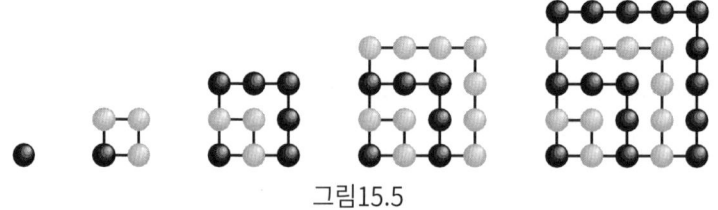

그림15.5

그림15.6은 첫 번째부터 네 번째까지의 오각수인 1, 5, 12, 22를 나타낸 것이다.

n번째 오각수의 공식 P_n은 삼각수와 오각수의 관계에서 구할 수 있다. 그림15.7a에서 오각형을 위에서 눌러 사다리꼴로 만들면 $P_n = T_{2n-1} - T_{n-1}$이다. 그림15.7b에서 $P_n = \frac{1}{3}T_{3n-1}$이다. 이 두 식을 정리하면 $P_n = \frac{n(3n-1)}{2}$이다.

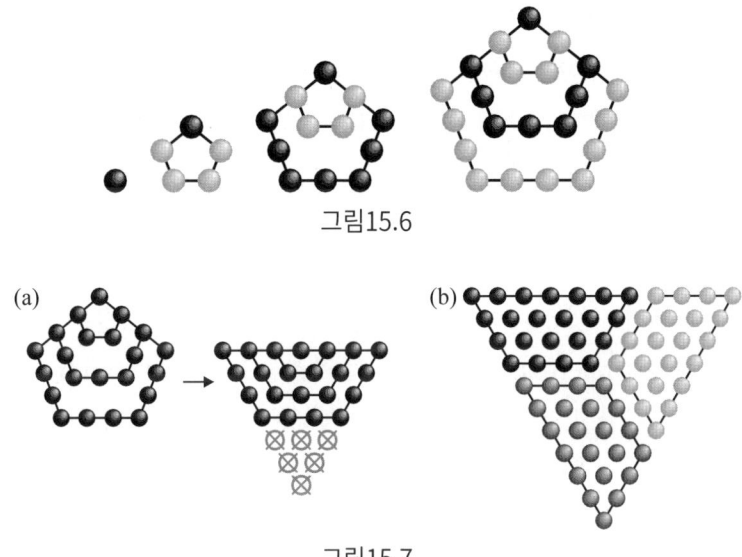

그림15.6

그림15.7

n번째 육각수 H_n도 비슷하게 정의할 수 있다. 그림15.8a에서 $n = 4$에 대한 H_n의 값을 구할 수 있다(즉, $H_4 = 28$). 그림15.8bcd에서 육각수를 삼각수로 나타낼 수 있고 그 값은 아래 첨자들의 곱이다(여기에서는 $H_4 = T_7 = 4 \cdot 7 = 28$).

육각수 H_n의 일반식은 $H_n = T_{2n-1} = n(2n-1)$이다.

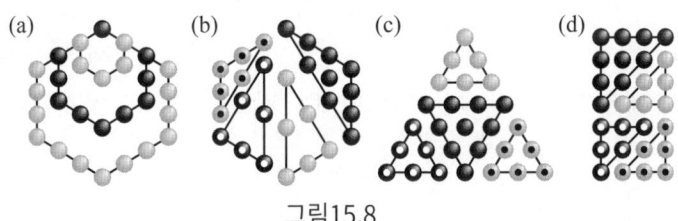

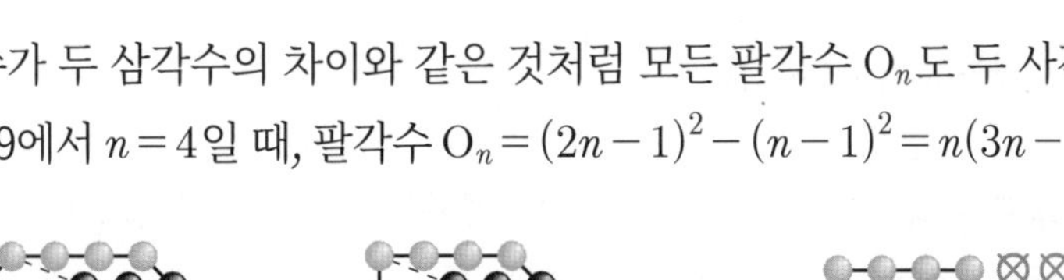

그림15.8

모든 오각수가 두 삼각수의 차이와 같은 것처럼 모든 팔각수 O_n도 두 사각수의 차이이다. 그림15.9에서 $n = 4$일 때, 팔각수 $O_n = (2n-1)^2 - (n-1)^2 = n(3n-2)$이다.

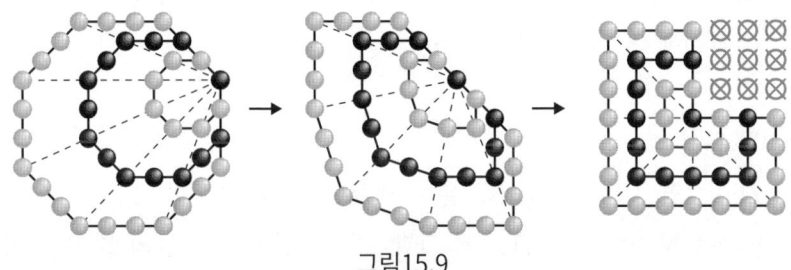

그림15.9

다각수와 삼각수의 관계에서 임의의 정수 $n \geq 1$, $k \geq 3$에 대하여 n번째 k다각수인 P_n^k의 공식을 구할 수 있다. 예를 들어, $P_n^3 = T_n$, $P_n^4 = S_n$ 등이 있다.

그림15.8b에서 4번째 육각수인 P_4^6를 3개의 T_3와 1개의 T_4로 만들 수 있다. 비슷한 방법으로 P_n^k는 $(k-3)$개의 T_{n-1}과 T_n의 합이다. 이것을 정리하면 다음과 같다.

$$P_n^k = T_n + (k-3)T_{n-1} = \frac{n}{2}[(k-2)n - (k-4)] \tag{15.1}$$

다각수는 수론에서 오랫동안 중요한 역할을 해왔다. 다각수의 성질은 저라사(Gerasa)의 니코마코스(Nicomachus, 기원전 100)와 알렉산드리아(Alexandria)의 디오판토스(Diophantus, 기원전 250)가 조사하였다. 1638년에 피에르 디 페르마(Pierre de Fermat, 1601~1665)는 "모든 자연수는 최대 3개의 삼각수의 합 또는 최대 4개의 사각수의 합으로 나타낼 수 있으며 일반적으로 최대 n개의 n각수의 합으로 나타낼 수 있다."고 하였다.

페르마의 증명 방법이 있었는지 모르지만 찾을 수 없었다. 칼 프리드리히 가우스(Carl Friedrich Gauss, 1777~1855)는 삼각수에 대해 증명하였고, 1796년 7월 10일 일기장에

"유레카! 수 = 삼각형 + 삼각형 + 삼각형"("EYPHKA! Num = △ + △ + △")

라고 적었다. 1770년에 사각수에 대한 경우를 조셉 루이스 라그랑주(Joseph Louis Lagrange, 1736~1813)가 증명하였고 그것은 라그랑주의 네제곱 정리로 알려졌다. 페르마가 주장한 일반적인 경우는 1813년에 어거스틴-루이스 코시(Augustin-Louis Cauchy, 1789~1857)가 증명하였다.

15.3 미적분에서 다각선

함수의 그래프에 대한 다각선의 근삿값은 미적분학 결과의 출발점이다. 특별한 구간에서 함수 $y = f(x)$에 대한 두 가지 예가 있다.

1. 사다리꼴 규칙

$a < b$, $f(x) \geq 0$인 $\int_a^b f(x)\,dx$의 값은 구간 $[a, b]$에서 꼭짓점 $\{P_0, P_1, P_2, \cdots, P_n\}$을 갖는 다각선으로 함수 $y = f(x)$의 그래프를 대신하고 이들의 넓이를 적분값에 근사할 수 있다. (단, $\triangle x = \frac{b-a}{n}$, $x_i = a + i\triangle x$인 $P_i = (x_i, y_i)$와 $y_i = f(x_i)$이다.)

다각선 그래프의 아랫부분의 넓이는 n개의 사다리꼴의 넓이의 합과 같으며 근삿값은 다음과 같다.

$$\int_a^b f(x)\,dx \approx \frac{\Delta x}{2}(y_0 + 2y_1 + 2y_2 + \cdots + 2y_{n-1} + y_n)$$

2. 호의 길이

구간 $[a, b]$에서 함수 $y = f(x)$의 그래프의 길이에 대한 적분 공식은 $\sum_{i=1}^{n}|\overline{P_{i-1}P_i}|$로 시작한다. 그래프의 전체 길이는 사다리꼴 규칙의 유도 방법을 사용하면 $y = f(x)$ 그래프의 다각선의 근삿값과 같다.

15.4 볼록 다각형

다각형 내부의 임의의 두 점을 연결한 선분이 다각형 안에 있으면 그 다각형은 볼록하다. 결과적으로 내각의 크기가 $180°$ 보다 작으면 대각선(이웃하지 않은 두 꼭짓점을 연결한 선분)은 다각형 안에 있다. 볼록 n각형의 각과 대각선의 성질은 다음과 같다.

(i) 내각의 크기의 합은 $(n-2) \times 180°$이다.
(ii) 대각선의 수는 $\frac{n(n-3)}{2}$이다.
(iii) 대각선들은 많아야 $_nC_4$인 내부의 점에서 만난다.

(i)은 볼록 n각형의 한 점에서 이웃한 점을 제외하고 다른 꼭짓점을 연결하여 $(n-3)$개의 대각선을 그릴 수 있다. $(n-3)$개의 대각선은 n각형을 $(n-2)$개의 삼각형으로 나누기 때문에 내각의 크기의 합은 $(n-2) \times 180°$이다.

(ii)는 각 꼭짓점에서의 대각선의 개수는 $n-3$개이므로 대각선의 각 끝점에서의 개수의 합은 $n(n-3)$개이다. 각 대각선은 2개의 끝점을 갖고 있으므로 대각선의 수는 $\frac{n(n-3)}{2}$이다.

(iii)은 두 대각선이 만나서 생기는 내부의 각 점은 그림15.10처럼 적어도 4개의 꼭짓점으로 이루어진 하나의 사각형의 대각선이 만나서 생기는 점이 n각형의 꼭짓점이고, n각형에서 4개의 꼭짓점을 선택하는 방법은 $_nC_4$이다.

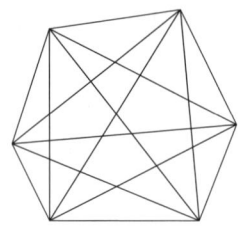

그림15.10

n각형의 모든 대각선을 생각해 보자. 얼마나 많은 삼각형을 찾을 수 있을까? 이 물음에 대한 답은 그림15.10에서와 같이 3개의 대각선이 내부의 한 점에서 만나지 않을 때이다. 3개의 대각선이 내부의 한 점에서 만나지 않는 성질을 가진 볼록 n각형을 P라 하자. P에서의 삼각형의 개수는 내부의 점 또는 P의 꼭짓점의 개수이다. 즉,

$$_nC_3 + 4 \cdot {}_nC_4 + 5 \cdot {}_nC_5 + {}_nC_6$$

이다. [Conway and Guy, 1996]에 의하면 다각형 P의 꼭짓점의 개수를 이용하여 삼각형의 개수를 셀 수 있다. 그림15.11a에서 다각형 P 위의 꼭짓점들을 이용한 삼각형의 개수는 $_nC_3$이고, 그림15.11b에서 다각형 P 위의 두 꼭짓점을 이용한 삼각형의 개수는 $4 \cdot {}_nC_4$이다. 그림15.11c에서 다각형 P 위의 한 꼭짓점을 이용한 삼각형의 개수는 $5 \cdot {}_nC_5$이고 그림15.11d에서 다각형 P 내부의 모든 꼭짓점으로 이루어진 삼각형의 개수는 $_nC_6$이다.

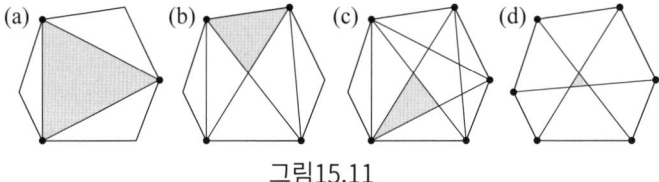

그림15.11

비슷한 질문을 이어보자. 볼록 n각형 P의 대각선은 다각형의 내부를 얼마나 많은 영역으로 나눌 수 있는가? [Honsberger, 1973; Freeman, 1976; Alsina and Nelsen, 2010]의 증명에서 만약 P의 3개의 대각선이 내부의 점에서 만나지 않으면 P의 경계의 분할 수는 다음과 같다.

$$_nC_4 + {}_{n-1}C_2$$

다각형을 삼각형으로 나누는 것은 대각선들이 만나지 않고 삼각형은 겹치지 않도록 꼭짓점을 연결하여 만든 부분이다. 예를 들어, 그림15.12와 같이 사각형, 오각형, 육각형의 삼각형 분할 수는 각각 2, 5, 14이다.

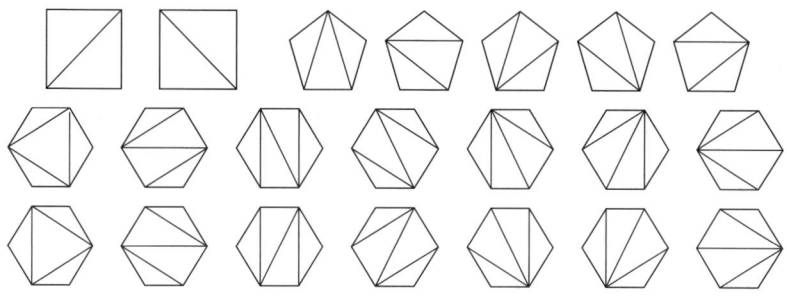

그림15.12

볼록 n각형의 삼각형의 분할 수를 세는 문제에 대한 유명한 이야기가 있다. 이 문제(몇 개의 n에 대한 불확실한 답변)는 레온하르트 오일러(Leonhard Euler, 1707~1783)가 크리스티안 골드바흐(Christian Goldbach,1690~1764)에게 보낸 편지에서 언급되었다[Euler, 1965]. 오일러는 또한 문제를 해결한 얀 안드레이 셰그너(Jan Andrej Segner, 1704~1777)와도 의견을 교환하였다. 후에 공개된 문제는 조제프 리우빌(Joseph Liouville, 1809~1894)과 가브리엘 라메(Gabriel Lamé, 1795~1870)를 포함한 여러 수학자에 의해 해결되었다.

이 장에서는 라메의 조합론을 이용한 주장을 제시한다[Lamé, 1838].

T_n은 볼록 n각형(단, $n \geq 3$)의 삼각형의 수를 나타낸다고 할 때, $T_3 = 1$이고 다음을 만족한다.

(i) $T_{n+1} = T_n + T_3 T_{n-1} + T_4 T_{n-2} + \cdots + T_{n-2} T_4 + T_{n-1} T_3 + T_n$ $(n \geq 3)$

(ii) $T_n = \dfrac{n(T_3 T_{n-1} + T_4 T_{n-2} + \cdots + T_{n-2} T_4 + T_{n-1} T_3)}{2n-6}$ $(n \geq 4)$

(iii) $T_{n+1} = \dfrac{(4n-6) T_n}{n}$ $(n \geq 3)$

그림15.13을 보면서 팔각형에서 (i)의 증명을 설명하면, n다각형에서도 어떻게 증명을 진행할 것인지 잘 알 수 있다.

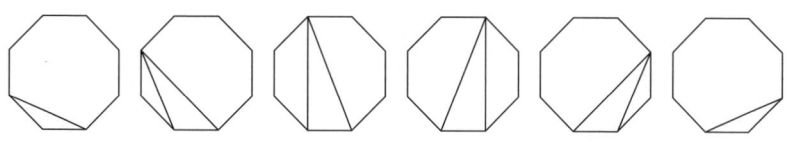

그림15.13

팔각형의 바닥에 있는 변을 생각하자. 그림에서 알 수 있듯이 삼각형으로 나누면 바닥에 있는 변을 이용하여 6개의 삼각형을 만들 수 있다. 각각의 다각형(선분 또는 "2각형")에서 삼각형의 왼쪽 또는 오른쪽으로 삼각형을 나눌 수 있다.

그림15.13의 첫 번째 팔각형의 왼쪽에는 선분이, 오른쪽에는 칠각형이 있고 삼각형 분할 수는 T_7이다. 두 번째 팔각형의 왼쪽에는 삼각형이, 오른쪽에는 육각형이 있고 삼각형 분할 수는 $T_3 T_6$이다. 나머지 4개의 그림도 똑같은 방법으로 수를 구하면 $T_4 T_5$, $T_5 T_4$, $T_6 T_3$, T_7이다. 따라서 팔각형에서의 삼각형 분할 수 T_8은 $T_8 = T_7 + T_3 T_6 + T_4 T_5 + T_5 T_4 + T_6 T_3 + T_7$이다.

그림15.14를 보면서 칠각형에서 (ii)의 증명을 설명하면, n각형에서도 어떻게 증명을 진행할 것인지 잘 알 수 있다. 각각의 대각선은 많은 삼각형으로 나눌 수 있다.

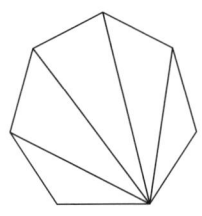

그림15.14

그림15.14에서 가장 왼쪽에 있는 대각선은 칠각형을 삼각형과 육각형으로 나누므로 $T_3 T_6$으로 삼각형의 분할을 나타낸다. 다음 칠각형의 부분은 사각형과 오각형으로 나누어지므로 $T_4 T_5$로 삼각형의 분할을 나타낸다. 칠각형은 7개의 꼭짓점을 가지고 있고 대각선을 이용하여 셀 수 있는 모든 가능한 삼각형의 분할 수(그중 많은 수들이 여러 번 세어짐)는 $L_7 = 7(T_3 T_6 + T_4 T_5 + T_5 T_4 + T_6 T_3)$이다. 이것을 일반화하면 $L_n = n(T_3 T_{n-1} + T_4 T_{n-2} + \cdots + T_{n-1} T_3)$이다.

n각형의 각 삼각형의 분할은 $(n-3)$개의 서로 다른 대각선이 있으며 각 대각선은 2개의 끝점을 가지고 있다. 따라서 임의의 $(n-3)$개의 서로 다른 대각선의 집합의 합 L_n은 $2(n-3)$번 셀 수 있으므로 $T_n = \dfrac{L_n}{2n-6}$임을 알 수 있다. 마지막으로 (iii)은 (i)과 (ii)의 결과로 금방 알 수 있지만 (iii)은 공식 $T_n = \dfrac{1}{n-1} \cdot {}_{2n-4}C_{n-2}$보다 수학적 귀납법 단계를 제공하고 있다.

수 $\{T_n\}_{n=3}^{\infty}$은 카탈랑 수(Catalan numbers)를 뜻하는 것으로 $C_n = T_{n+2}$이다. 즉, $n \geq 1$에 대하여 $(n+2)$각형의 삼각형의 분할 수는 n번째 카탈랑 수이다. 카탈랑 수들은 곱의 괄호, 정사각형 격자의 대각선 회피 경로 및 이진 트리(binary trees)와 같은 많은 다른 조합 문제에 대한 해결책에 나타난다. 카탈랑 수는 벨기에의 수학자 외젠 샤를 카탈랑(Eugène Charles Catalan, 1814~1894)의 이름을 따서 부르게 되었다.

15.5 다각형 사이클로이드(Polygonal cycloids)

원이 선을 따라 굴러갈 때 원 위의 한 점에 의해 생성된 곡선이 사이클로이드(cycloids)라는 것은 잘 알려져 있다. 사이클로이드(cycloids)에는 멋진 2가지 성질이 있다.

(i) 사이클로이드(cycloids)의 아래의 넓이는 원의 넓이의 3배이다.
(ii) 사이클로이드(cycloids)의 길이는 원의 지름의 4배이다.

원이 정다각형일 때도 비슷한 결과가 성립하는가?

기하학자들의 헬레네

사이클로이드(cycloids)는 니콜라스 쿠자누스(Nicolaus Cusanus, 1401~1464)와 샤를 드 보벨(Charles de Bouvelles, 1471~1553)에 의해 처음 연구되었지만 '사이클로이드(cycloids)'라는 이름은 건축에서 아치의 모양으로 사용한 갈릴레오 갈릴레이(Galileo Galilei, 1564~1642)에서 시작되었다.

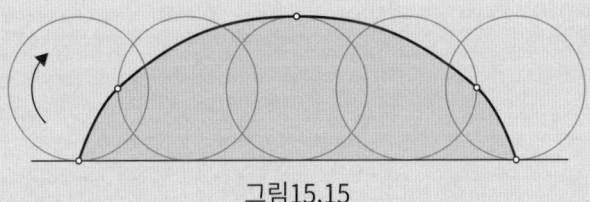

그림15.15

프랑스 수학자인 질 페르손 드 로베르발(Gilles Personne de Roberval, 1602~1675)은 아치(사이클로이드)의 넓이를 구했으며, 영국의 건축가인 크리스토퍼 렌(Christopher Wren, 1632~1723)은 아치의 길이를 구하였다. 17세기 동안 사이클로이드(cycloids)에 대한 많은 우선순위 다툼 때문에 "기하학자들의 헬레네"라고 알려져 왔다. 크리스티안 하위헌스(Christiaan Huygens, 1629~1695)는 뒤집힌 사이클로이드로 등시곡선 문제(공이 곡선 위의 어느 위치에 있더라도 같은 시간에 바닥에 도착하는 곡선을 찾는 문제)를 해결했다. 등시곡선 문제에 대한 풀이는 허먼 멜빌(Herman Melville)의 소설 『모비 딕(Moby-Dick, 1851)』의 다음 구절에도 나타난다.

"나는 피쿼드 호에 있던 항아리 안에서 어느 위치에 있는 동석(soapstone)들이라도 사이클로이드 곡선을 따라 모두 같은 시간에 바닥에 도착하는 것을 발견하고 깜짝 놀랐다."

원을 정다각형으로 대체하면 다각형의 꼭짓점으로 원호들을 만들 수 있다. 이 곡선들로 이루어진 도형을 사이클로곤(cyclogon)이라 부른다[Apostol and Mnatsakanian, 1999]. 그림15.16a는 정팔각형을 직선을 따라 굴렸을 때 나타나는 사이클로곤이다.

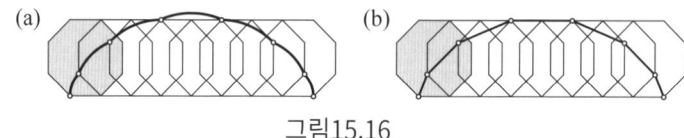

그림15.16

그림15.16b의 정팔각형의 그림에서 호를 현으로 바꾼 그림을 다각형 사이클로이드라 하며, 다각형 사이클로이드 아래의 넓이와 길이를 구할 수 있다. 첫째로 그 자체로 관심 있는 보조 정리를 증명한다 [Ouellette and Bennett, 1979].

외접원의 반지름의 길이가 R인 정n각형의 꼭짓점을 $V_1, V_2, \cdots, V_n$이라 하고 점 P를 n각형의 외접원 위의 점이라 하면

$$|\overline{PV_1}|^2 + |\overline{PV_2}|^2 + \cdots + |\overline{PV_n}|^2 = 2nR^2$$

이다. 외접원의 중심이 원점인 xy평면에 n각형을 놓으면 $V_i = (a_i, b_i)$, $P = (u, v)$이다. 따라서

$$\begin{aligned}
|\overline{PV_1}|^2 + |\overline{PV_2}|^2 + \cdots + |\overline{PV_n}|^2 &= \sum_{i=1}^{n}(u-a_i)^2 + \sum_{i=1}^{n}(v-b_i)^2 \\
&= n(u^2+v^2) - 2u\sum_{i=1}^{n}a_i - 2v\sum_{i=1}^{n}b_i + \sum_{i=1}^{n}(a_i^2+b_i^2) \\
&= 2nR^2 - 2u\sum_{i=1}^{n}a_i - 2v\sum_{i=1}^{n}b_i \\
&\quad (\text{단}, u^2+v^2=R^2, a_i^2+b_i^2=R^2)
\end{aligned}$$

이다. 이를 완벽하게 증명하려면 $\sum_{i=1}^{n}a_i = \sum_{i=1}^{n}b_i = 0$임을 보여야 한다.

n각형의 각 꼭짓점의 무게를 같게 놓는다. 외접원의 중심이 중력의 중심이 되고 이 상태에서 x와 y의 움직임은 없으므로 0이다. 따라서 $\sum_{i=1}^{n}a_i = \sum_{i=1}^{n}b_i = 0$이다. (복소수를 사용하여 공식을 증명하는 것은 [Ouellette and Bennett,1979]에서 찾을 수 있다.)

매우 흥미로운 경우로 점 P가 n각형의 한 꼭짓점일 때가 있다. 외접원의 반지름이 R인 정n각형의 한 정점에서 각각 서로 다른 $(n-1)$개의 꼭짓점 사이의 거리의 제곱의 합은 $2nR^2$이다.

사이클로이드의 넓이에 대한 성질은 다각형 사이클로이드에 대해서도 성립한다. 다각형 사이클로이드가 선을 따라 구를 때, 다각형의 꼭짓점에 의해 만들어진 다각형 사이클로이드의 넓이는 다각형 넓이의 3배이다.

n각형의 외접원의 반지름을 R, 그림15.17a에서 n각형의 한 꼭짓점(V_1)에서 다른 $(n-1)$개의 꼭짓점까지의 거리를 각각 $d_1, d_2, \cdots, d_{n-1}$이라 하고, 외접원의 반지름의 길이가 1인 정n각형의 넓이를 A라 하자. 그림15.17b는 다각형이 선을 따라 구를 때, 점 V_1에 의해 만들어진 다각형 사이클로이드이다.

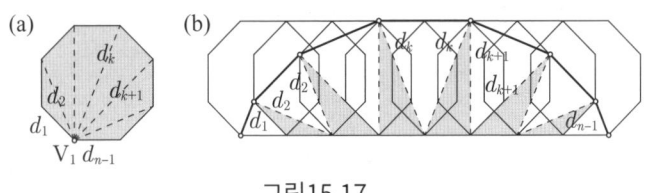

그림15.17

다각형 사이클로이드의 아랫부분은 $(n-2)$개의 회색 삼각형과 $(n-1)$개의 흰 이등변삼각형이 각각의 정점을 갖고 있고 각의 크기는 $\frac{2\pi}{n}$이다. (우리는 이 부분과 다음 부분에서 삼각함수를 사용하기 때문에 라디안 각을 사용한다.)

이등변삼각형의 등변의 길이는 연속적으로 $d_1, d_2, \cdots, d_{n-1}$이다. $(n-2)$개의 회색 삼각형은 n각형의 대각선에 의해 이루어진 $(n-2)$개의 삼각형과 같고, 그 넓이의 합은 R^2A이다. $(n-1)$개의 흰 이등변삼각형의 넓이의 합은

$$\frac{1}{n}\text{A}(d_1^2 + d_2^2 + \cdots + d_{n-1}^2) = \frac{\text{A}}{n} \cdot 2nR^2 = 2R^2\text{A}$$

이다. 따라서 다각형 사이클로이드의 넓이는 $3R^2$A 즉, 정n각형에 의해 만들어진 넓이의 3배이다. 정n각형의 변의 개수를 무한히 하면 사이클로이드의 호 아래의 넓이는 원에 의해 만들어지는 넓이의 3배이다.

이제 다시 다각형 사이클로이드의 길이를 생각해 보면 정다각형이 선을 따라 움직일 때, 다각형의 꼭짓점에 의해 만들어지는 다각형 사이클로이드의 길이는 다각형의 외접원의 반지름과 내접원의 반지름을 더한 것의 4배임을 증명하자.

n각형의 외접원의 반지름과 내접원의 반지름을 각각 R, r이라 하고, 그림15.17b에서 이등변삼각형의 등변 d_k를 갖는 다각형 사이클로이드의 선분의 길이를 L_k라 하자. 여기서 $d_k = 2R\sin\left(\frac{k\pi}{n}\right)$라 하면

$$L_k = 4R \sin \frac{k\pi}{n} \sin \frac{\pi}{n} = 2R \left\{ \cos \frac{(k-1)\pi}{n} - \cos \frac{(k+1)\pi}{n} \right\}$$

이다. 따라서 다각형 사이클로이드의 길이는

$$\sum_{k=1}^{n-1} L_k = 2R \sum_{k=1}^{n-1} \left\{ \cos \frac{(k-1)\pi}{n} - \cos \frac{(k+1)\pi}{n} \right\}$$
$$= 4R \left(1 + \cos \frac{\pi}{n} \right)$$
$$= 4R + 4r \quad (단, \ r = R \cos \frac{\pi}{n})$$

이다. 결과적으로 사이클로이드 호의 길이는 만들어진 원의 지름의 4배이다.

15.6 다각형 카디오이드(cardioids, 하트)

카디오이드(cardioids, 그리스어로 $καρδια'$ '마음', $ει'δος$ '형태' 또는 '형상')는 그림15.18a와 같이 같은 크기의 고정된 원의 주위에 원을 굴렸을 때 만들어진 것이다. 사이클로이드와 같이 카디오이드도 2가지 멋진 성질이 있다.

(i) 카디오이드의 넓이는 처음 원의 넓이의 6배이다.
(ii) 카디오이드의 길이는 처음 원의 지름의 8배이다.

그림15.18b의 팔각형에서 보여주듯이 원 대신에 정다각형에 의해서도 같은 결과를 얻을 수 있다.

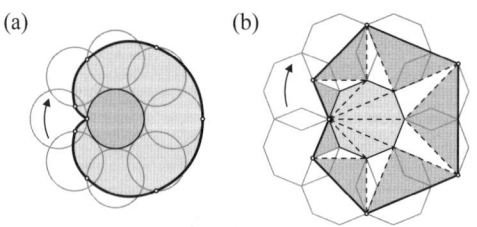

그림15.18

카디오이드는 "심장 모양"을 의미하지만 많은 사람은 단면의 모양이 복숭아, 자두, 토마토처럼 보인다고 생각한다. 그런데도 카디오이드는 밸런타인데이 카드와 선물, 카드놀이, 밀턴 글래서의 "I♥NY"로고에 나타나는 친숙한 심장 아이콘과 관련이 있다. 그림15.19와 같이 수학적인 내용을 설명하는 로고에도 사용하고 있다.

그림15.19

다각형 사이클로이드의 넓이를 구하기 위해 사용했던 방법을 이용하여 그림15.18b에서 다각형 카디오이드로 둘러싸인 넓이를 구했다. 외접원의 반지름이 1인 정n각형의 넓이를 A라 하자. 다각형 카디오이드의 둘러싸인 부분의 넓이는 $(n-2)$개의 흰 부분의 삼각형과 $(n-1)$개의 회색 이등변삼각형이 각각의 정점을 갖고 있고 각의 크기는 $\frac{4\pi}{n}$이다. 이등변삼각형의 등변의 길이는 $d_1, d_2, \cdots, d_{n-1}$이다. $(n-2)$개의 흰 삼각형은 n각형의 대각선에 의해 이루어진 $(n-2)$개의 삼각형과 같고 그 넓이의 합은 $R^2 A$이다. $(n-1)$개의 회색 이등변삼각형의 넓이의 합은

$$\begin{aligned}\frac{1}{2}(d_1^2+d_2^2+\cdots+d_{n-1}^2)\sin\frac{4\pi}{n} &= (d_1^2+d_2^2+\cdots+d_{n-1}^2)\sin\frac{2\pi}{n}\cos\frac{2\pi}{n}\\ &= \frac{2A}{n}(d_1^2+d_2^2+\cdots+d_{n-1}^2)\cos\frac{2\pi}{n}\\ &= \frac{2A}{n}\cdot 2nR^2\cos\frac{2\pi}{n}\\ &= 4R^2 A\cos\frac{2\pi}{n}\end{aligned}$$

이다. 따라서 다각형 카디오이드에 의해 둘러싸인 넓이는 $\left\{2+4\cos\left(\frac{2\pi}{n}\right)\right\}R^2 A$ 또는 충분히 큰 수 n에 대하여 n각형으로 만들어진 넓이의 약 6배이다. n의 값을 무한히 크게 하면 카디오이드에 둘러싸인 넓이는 원에 의해 만들어지는 넓이의 6배이다.

도전문제 15.6에서 n각형에 의해 만들어진 다각형 카디오이드의 길이는 $8R\cos^2\left(\frac{\pi}{n}\right)+8r$이고 n각형의 내접원의 반지름 r와 외접원의 반지름 R의 합의 약 8배이다. 결과적으로 카디오이드의 길이는 만들어진 원의 지름의 8배이다.

카디오이드를 정의하는 방법은 많다. 카디오이드에서 반지름이 a인 고정된 원과 만나는 점은 카디오이드의 첨점(두 곡선이 만나는 점)이다. 첨점을 지나고 고정된 원의 지름을 연장한 극축과 첨점을 극점으로 하는 극좌표를 이용하여 구한 카디오이드의 방정식은 원의 중심은 $(a, 0)$이고 $r = 2a(1+\cos\theta)$이다. 자세한 내용은 [Pedoe, 1976]을 살펴보자.

만델브로의 카디오이드(The Mandelbrot cardioid)

만델브로의 집합(그림15.20의 검은 부분)은 수열 $\{c, c^2+c, (c^2+c)^2+c, \cdots\}$의 극한이 무한이 아닌 복소수 c의 집합이다. 만델브로 집합의 가운데 공 모양의 부분은 카디오이드를 나타낸다. 증명은 [Branner,1989]을 참조하자.

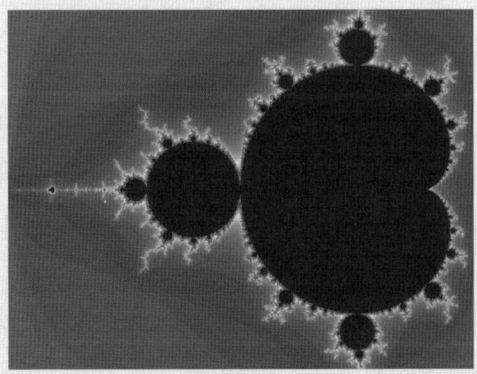

그림15.20

15.7 도전문제

15.1 주어진 수를 연속적인 2개 이상의 양의 정수의 합으로 나타낼 수 있는 수를 polite number라고 한다. 예를 들어, 그림15.7a에서 오각수는 polite number이다. 도전문제 14.4에서 n이 2의 거듭제곱이 아니면 n이 polite number라는 것을 증명했다. 그 역을 증명하여라. n이 polite number이면 n이 2의 거듭제곱이 아니다.(삼각수가 아닌 polite number를 종종 사다리꼴 수라 부른다.)

15.2 k각형수의 n번째를 P_n^k라 할 때, $k \geq 3$, $n \geq 2$에 대하여 $P_n^{k+1} = P_n^k + T_{n-1}$, $P_{n+1}^k = P_n^k + (k-2)n + 1$임을 보여라. 아래 표는 $P_1^k = 1$을 시작으로 하는 다각수의 표를 만든 결과이다.

n	1	2	3	4	5	6	7	8	
삼각형	1	3	6	10	15	21	26	36	
사각형	1	4	9	16	25	36	49	64	
오각형	1	5	12	22	35	51	70	92	$\cdots$
육각형	1	6	15	28	45	66	91	120	
칠각형	1	7	18	34	55	81	112	148	
팔각형	1	8	21	40	65	96	133	176	

$\cdots$

15.3 $0 \le a, b, c \le n, 2n \le a+b+c$ 이고 $T_0 = 0$을 갖는 k번째 삼각수를 T_k라 할 때,

$$T_a + T_b + T_c - T_{a+b-n} - T_{b+c-n} - T_{c+a-n} + T_{a+b+c-2n} = T_n$$

임을 보여라.(단, T_n 형태의 삼각수를 배열한다고 생각하면 대수적 증명이 가능하다.) 다음은 흥미로운 몇 가지 특별한 경우이다.

(a) $(n; a, b, c) = (2k-j; k, k, k) : 3(T_k - T_j) = T_{2k-j} - T_{2j-k}$

(b) $(n; a, b, c) = (a+b+c; 2a, 2b, 2c) : T_{a+b+c} + T_{a+b-c} + T_{a-b+c} + T_{-a+b+c}$
$= T_{2a} + T_{2b} + T_{2c}$

(c) $(n; a, b, c) = (3k; 2k, 2k, 2k) : 3(T_{2k} - T_k) = T_{3k}$

15.4 P를 외접원의 반지름의 길이가 R인 정n각형이라 하자. P의 모든 대각선과 변들의 길이의 제곱의 합은 $n^2 R^2$임을 보여라.

15.5 하나의 직선에서 n각형을 굴렸을 때 생기는 다각형 사이클로이드에서의 각의 크기를 구하여라.

15.6 n각형에서 다각형 카디오이드의 길이가 $8R\cos^2\left(\dfrac{\pi}{n}\right) + 8r$임을 보여라. (단, r, R는 n각형의 내접원의 반지름과 외접원의 반지름이다.)

15.7 카디오이드의 첨점을 지나는 모든 현의 길이는, 만들어진 원의 반지름의 길이의 4배와 같은 길이임을 보여라.

CHAPTER 16
별다각형

> 그림자가 있는 구름 위에는 빛나는 별이 있다.
> **피타고라스(Pythagoras)**
> 아무리 작은 별이라도 어둠 속에서는 빛난다.
> **핀란드 속담**

우리는 하늘에서 빛나는 작은 점의 천체를 별이라 부른다. 그리고 별다각형은 오랫동안 인간을 매료시켜 왔다. 고대부터 별다각형은 신화적이고 종교적인 상징으로 사용됐으며 유대교, 이슬람교나 기독교에서 두드러지게 나타난다. 별 모양 형태는 성취의 상징으로서 상품뿐만 아니라 자연에서도 발견되고 있다. 그림16.1에서처럼 별 모양의 다각형은 불가사리, 자전거의 쇠사슬 기어, 할리우드에 있는 명예의 거리에 있는 별에서 볼 수 있다.

그림16.1

그림16.1 외에도 별 모양의 꽃, 깃발에 있는 별, 회사나 조직의 로고에도 있다. 별은 일반적으로 품질의 정도(예를 들어, 별 다섯개의 호텔 등)를 나타내는 데 사용되며, 과자, 빵, 파스타 등에 사용되기도 한다.

고대 그리스의 기하학자들은 오각별과 육각별을 연구하였고, 피타고라스 학파의 상징이 오각별이었다. 별다각형을 처음 연구한 사람은 영국의 수학자이며 캔터배리 대주교인 토마스 브래드워딘(Thomas Bradwardine, 1290~1349)이고 나중에는 레기

오몬타누스(Regiomontanus, 1436~1476)와 샤를 드 뷰엘(Charles de Bouelles, 1470~1533)이다. 요하네스 케플러(Johannes Kepler, 1571~1630)는 다면체에 관한 연구와 함께 관련하여 1619년에 출판한 그의 책 『우주의 조화(Harmonices Mundi)』에서 별 모양의 다각형에 관해 이야기하였다.

우리는 별다각형의 기하학에 관한 토론을 시작으로 오각별, 육각별, 팔각별에 대해 나누어 설명하고자 한다. 우리는 놀이 수학에서 마법의 별에 관한 이야기로 결론을 내릴 것이다.

16.1 별다각형의 기하학

볼록 또는 오목한 일반적인 다각형은 변들이 만나지 않는다는 점에서 간단하다. 다각형의 변들이 만날 때는 별다각형을 얻는다. 별정다각형 또는 정다각별(polygram)은 $\{p/q\}$로 표기하고, 변이 p개인 정다각형의 q번째 꼭짓점을 연결하여 구성한다. 여기서 $1 < q < \frac{p}{2}$이다.

그림16.2의 왼쪽부터 오른쪽까지의 별정다각형은 $\{5/2\}$, $\{6/2\}$, $\{7/2\}$, $\{7/3\}$, $\{8/2\}$, $\{8/3\}$이다. 많은 별정다각형은 각각의 이름이 있다. $\{5/2\}$는 오각별, $\{6/2\}$는 육각별, 다윗(다비드)의 별 또는 솔로몬의 인장, $\{8/2\}$는 락슈미(Lakshmi)의 별, $\{8/3\}$은 팔각별이다.

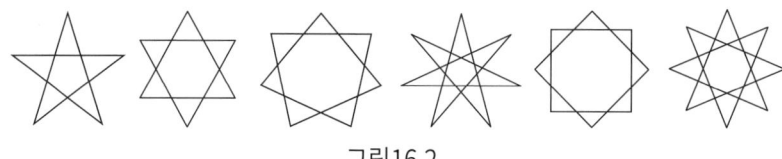

그림16.2

별다각형은 바깥선 뿐만 아니라 안쪽에 있는 선까지도 포함한다. 예를 들어, 그림16.2의 첫 번째 상징인 오각별은 오목한 10각형인 ☆이 아니다. 완결성을 갖추기 위해 p개의 변을 갖는 볼록정다각형은 $\{p/1\}$ 또는 간단히 $\{p\}$로 나타낸다. p, q가 서로소일 때, $\{p/q\}$는 임의의 선분을 중복하지 않거나 연필을 종이에서 떼지 않고 그릴 수 있는 한붓그리기가 가능하다. p, q가 $d > 1$인 최대공약수를 가질 때, $\{p/q\}$는 $\{(p/d)/(q/d)\}$를 d번 반복하여 구성되고 흔히 별 모양이라는 용어가 사용된다. 예를 들어, 육각별 $\{6/2\}$는 2개의 정삼각형 $\{3\}$으로 구성되고, 락슈미의 별 $\{8/2\}$도 2개의 정사각형 $\{4\}$로 구성되어 있다.

일반적인 다각형의 각 변을 연장하여 다른 변과 만나게 하여 만든 다각형을 별모양 다각형(stellated polygons)이라 하고, 그러한 과정을 거쳐 만든 별다각형을 별꼴(stellation)이라고 한다. 그림16.2에서 모든 별다각형은 별모양 다각형이다.

어떤 경우에는 각 변이 다른 변의 연장선과 처음 만날 때까지 연장되고, {7/3}, {8/3} 같은 경우에는 한 변의 연장선이 다른 변의 연장선과 두 번째로 만날 때까지 연장된다.

별과 법 집행 배지

5, 6, 7 때때로 8개의 점을 가진 별은 미국의 경찰관 배지에 대한 일반적인 디자인이다. 별과 법 집행기관과의 연관성은 잉글랜드와 스코틀랜드의 문장에서 별을 사용하는 것으로 거슬러 올라가며, 가끔은 격려의 의미로 사용되는 것과 관련이 있다. 그림16.3은 $p=5, 6, 7, 8$에 대하여 별다각형 $\{p/2\}$에 기반한 배지이다.

그림16.3

토마스 브래드워딘(Thomas Bradwardine)은 $\{p/q\}$의 꼭짓점의 각들에 대한 합의 공식이 $(p-2q) \times 180°$임을 발견하였다. p의 각 꼭짓점의 각은 $\left(1 - 2 \times \dfrac{q}{p}\right) \times 180°$이므로 합은 $(p-2q) \times 180°$이다. 따라서 오각별의 꼭짓점 각들의 합은 $180°$, 육각별과 팔각별의 합은 $360°$, 락슈미의 별의 합은 $720°$이다.

그림16.4와 같이 일반적으로 오각별의 꼭짓점 각의 합은 $180°$[Nakhli, 1986]이다.

$$\alpha + (\beta + \delta) + (\gamma + \varepsilon) = \alpha + \theta + \varphi = 180°$$

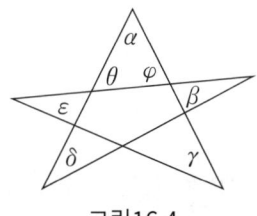

그림16.4

토마스 브래드워딘의 공식이 정별다각형이 아닌 별다각형 [p/q]({p/q}와 유사하게 임의의 볼록 다각형으로부터 만들었다.)에도 성립함을 보여주려고 한다. 그림16.5a와 같이 [7/3]에 대해 p, q를 소수라 하자. 별다각형 위를 움직이는 개미를 상상해 보자. 그림16.5b와 같이 점 A에서 출발하여 점 B를 향해 움직인 뒤 외각을 따라 방향을 바꾸어 점 C를 향해 움직인 후 다시 외각을 따라 방향을 바꾼다.

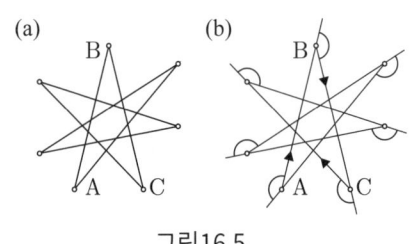

그림16.5

개미가 다시 점 A로 돌아왔을 때는 처음 움직였을 때와 같은 방향이 된다. 모든 3번째 꼭짓점에서 만나기 위해서는 모든 꼭짓점에서 3번의 순환이 필요하므로 총 세 번을 완전히 회전한다.

따라서 외각의 크기의 합은 $3 \times 360°$이고 각각의 내각은 {180° − (한 외각)}이므로 7개의 내각의 크기의 합은 $7 \times 180° − 3 \times 360° = (7 − 2 \times 3) \times 180°$이므로 [7/3]을 [p/q]로 바꾸면 합으로 $(p − 2q) \times 180°$를 구할 수 있다[de Villiers, 1999].

p, q의 최대공약수 d가 $d > 1$일 때, [p/q]는 별다각형 [(p/d)/(q/d)]를 d번 반복하여 구성되고, 각의 합은 이전과 같다.

$$d \cdot [(p/d) − 2(q/d)] \times 180° = (p − 2q) \times 180°$$

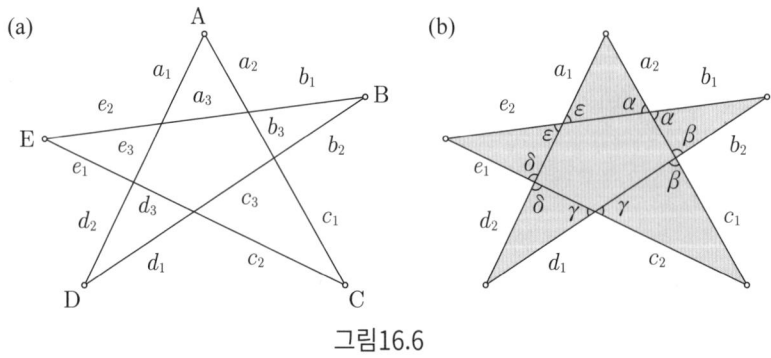

그림16.6

각과 마찬가지로 일반적인 오각별의 선분들의 길이 사이에도 좋은 관계식이 있다. 그림16.6a의 오각별 ABCDE에서 꼭짓점 A를 갖는 작은 삼각형의 각 변을 a_1, a_2, a_3라

하고 다른 꼭짓점의 변들도 이와 같이 이름을 붙이면

$$a_1 b_1 c_1 d_1 e_1 = a_2 b_2 c_2 d_2 e_2 \tag{16.1}$$

이고

$$\frac{(a_3+b_1)}{(a_2+b_3)} \cdot \frac{(b_3+c_1)}{(b_2+c_3)} \cdot \frac{(c_3+d_1)}{(c_2+d_3)} \cdot \frac{(d_3+e_1)}{(d_2+e_3)} \cdot \frac{(e_3+a_1)}{(e_2+a_3)} = 1 \tag{16.2}$$

이다. (16.1)을 증명하기 위해서는 그림16.6b의 회색 삼각형의 각각에 대하여 사인법칙을 이용하면

$$\frac{a_1}{a_2} = \frac{\sin\alpha}{\sin\varepsilon}, \; \frac{b_1}{b_2} = \frac{\sin\beta}{\sin\alpha}, \; \frac{c_1}{c_2} = \frac{\sin\gamma}{\sin\beta}, \; \frac{d_1}{d_2} = \frac{\sin\delta}{\sin\gamma}, \; \frac{e_1}{e_2} = \frac{\sin\varepsilon}{\sin\delta}$$

이다. 변끼리 곱하면 $\frac{a_1 b_1 c_1 d_1 e_1}{a_2 b_2 c_2 d_2 e_2} = 1$이므로 $a_1 b_1 c_1 d_1 e_1 = a_2 b_2 c_2 d_2 e_2$이다[Lee, 1998]. 도전문제 16.1을 통해 등식(16.2)도 같은 방법으로 증명할 수 있다. 등식(16.1)은 일반적인 별다각형 $[p/2]$에서도 각 변에 p개의 항을 곱한 꼴로 성립한다.

가우디(Gaudi's)의 기둥에서 찾은 별다각형

건축가인 안토니 가우디(Antoni Gaudi, 1852~1926)는 기하학을 공부한 후에 스페인 바르셀로나에 있는 사그라다 파밀리아(Sagrada Familia) 교회의 기둥에 별다각형을 디자인하였다. 고전적인 그리스와 솔로몬적인 기둥의 양식을 피하고 살아있는 나무의 나선형 모양에서 영감을 얻어 가우디는 변이 6, 8, 10, 12개인 별다각형을 이용하여 기둥의 양식을 만들었다. 가우디는 기둥이 오른쪽은 한 방향으로 꼬인 별다각형의 면을 가질 수 있고, 왼쪽은 두 번째 기둥과 비틀어 만날 수 있는 것을 발견했다[Bonet, 2000].

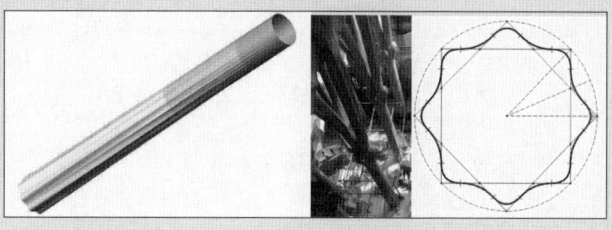

그림16.7

두 기둥이 만나서 생기는 밑면은 별다각형이고 높이가 다른 별다각형의 단면은 변의 개수가 많아질수록 원에 가까워진다. 가우디는 별다각형의 꼭짓점의 뾰족한 부분을 피하려고 포물선을 이용하여 단면을 부드러운 곡선으로 만들었다.

16.2 오각별

정오각별 또는 별정오각형은 이차방정식 $x^2 - x - 1 = 0$의 양의 근 $\frac{1+\sqrt{5}}{2}$인 황금비 φ와 관계있다. 변의 길이가 1인 정오각형의 대각선의 길이가 φ인 것은 그림16.8에서 알 수 있다.

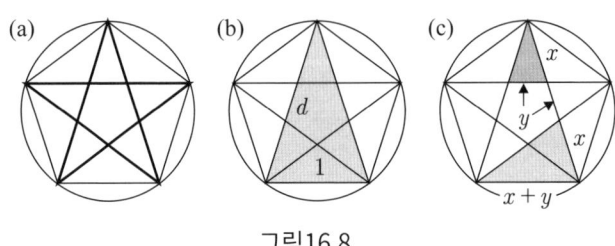

그림16.8

그림16.8ab에서 원 안에 내접하는 별정오각형과 변의 길이가 1이고 대각선이 d인 정오각형을 그릴 수 있다. 정오각형의 각 꼭짓점에 있는 세 각의 크기는 같고, 호에 대응하는 각은 원의 $\frac{1}{5}$이다. 그림16.8bc의 회색 부분의 이등변삼각형은 닮음이다. 따라서

$$d = \frac{d}{1} = \frac{x}{y} = \frac{x+y}{x} = 1 + \frac{y}{x} = 1 + \frac{1}{d}$$

이므로 $d^2 = d + 1$이다. 결과적으로 $d = \varphi$이다.

정오각별의 각 꼭짓점의 각의 크기는 36°(각 5개의 합이 180°)이고 정오각별을 이용하여 18°의 배수의 삼각함수를 구할 수 있다[Bradie, 2002]. 그림16.9와 같이 2개의 평행선을 그어 빗변의 길이가 1인 2개의 회색 직각삼각형을 만들 수 있다.

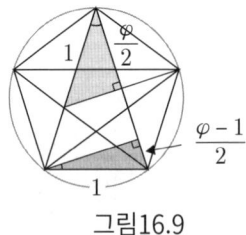

그림16.9

위쪽의 밝은 회색 직각삼각형에서

$$\cos 36° = \sin 54° = \frac{\varphi}{2} = \frac{\sqrt{5}+1}{4}$$

그리고 아래쪽의 진한 회색 직각삼각형에서

$$\sin 18° = \cos 72° = \frac{\varphi - 1}{2} = \frac{\sqrt{5} - 1}{4}$$

이다.

정오각별이 있는 정오각형에서 황금비 φ가 무리수라는 증명은 쉽게 할 수 있다. φ가 유리수라고 가정하면 $\varphi = \frac{m}{n}$(단, m, n은 양의 정수이고 서로소)으로 나타낼 수 있다. 그림16.10a처럼 한 변의 길이가 n, 대각선이 길이가 m인 오각별을 정오각형 안에 그릴 수 있다. 그림16.8c와 같이 그림16.10a, 16.10b의 두 회색 삼각형은 닮음으로 $\varphi = \frac{n}{m-n}$이므로 가정에 모순($1 < \varphi < 2$이면 $n < m$, $m - n < n$이다.)이다. 따라서 φ는 무리수이다.

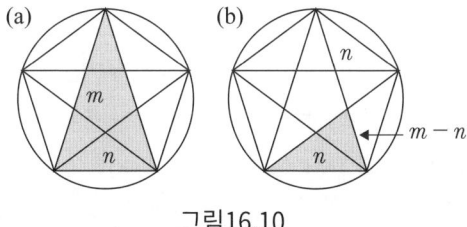

그림16.10

정십이면체(그림16.11의 왼쪽에 있는 12개의 오각형 면을 가진 입체도형)를 만들 때, 그림16.11의 중앙에 있는 전개도를 사용한다. 이 전개도의 절반은 그림16.11의 오른쪽 그림과 같이 원 안에 그려진 오각별에 의한 정오각형으로 그릴 수 있고, 점선으로 그려진 두 번째 오각별은 회색 삼각형에서 선을 확장하여 그릴 수 있다[Bishop, 1962].

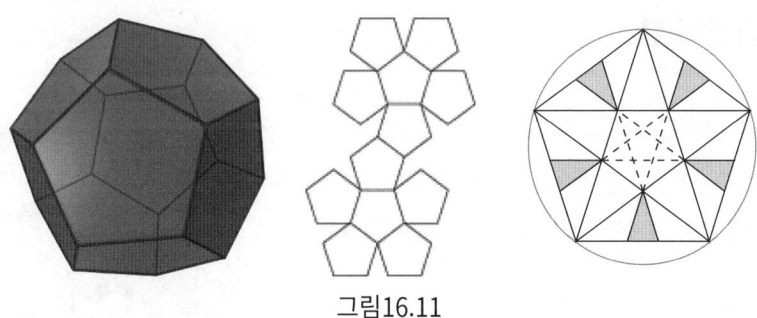

그림16.11

정십이면체와 오각별을 이용하면 12개의 오각별 면을 갖는 작은 별모양 십이면체를 만들 수 있다. 그림16.12a의 작은 별모양 십이면체는 파올로 우첼로(Paolo Uccello, 1397~1475)에 의해 1430년에 만들어진 베네치아의 산 마르코 대성당에 있는 모자이크에서 볼 수 있다. 그림16.12b는 요하네스 케플러(Johannes Kepler, 1571~1630)가 그린 작은 별모양 십이면체이다.

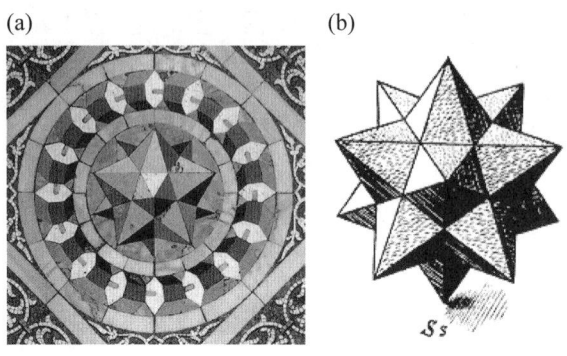

그림16.12

그림16.8a와 같은 정오각별을 가지고 다섯 개의 삼각형을 위쪽으로 향하여 접으면 오각뿔을 만들 수 있고 12개의 오각뿔을 정십이면체의 각 면 위에 붙이면 별모양 십이면체를 만들 수 있다. 이때, 오각뿔의 삼각형 면이 정십이면체의 한 면인 정오각형과 같은 평면 위에 있다는 것을 증명해야 한다.

정십이면체의 이면각(이웃하는 면 사이의 각)의 크기는 $\arccos\left(-\frac{1}{\sqrt{5}}\right) \approx 116.565°$ 이고 오각뿔의 삼각형 면과 밑변 사이의 이면각은 $\arccos\left(\frac{1}{\sqrt{5}}\right) \approx 63.435°$ 이다. $116.565° + 63.435° = 180°$ 이므로 오각뿔의 삼각형 면은 정십이면체의 한 면인 정오각형과 같은 평면 위에 있다.

16.3 다윗의 별

현존하는 가장 오래된 히브리어 구약사본(Tanakh)은 1008년 또는 1009년에 만들어진 레닌그라드 구약사본이다. 그림16.13처럼 표지에 육각별 또는 다윗의 별이 그려져 있다.

다윗의 별은 히브리어로 다윗의 방패를 의미하는 Magen David이다. 다윗의 별은 보편적으로 유대인들의 상징이며 이스라엘의 국기에도 있다. 육각별인 다윗의 별은 하나는 위를, 다른 하나는 아래를 가리키는 2개의 정삼각형의 결합이다. 그림16.14와 같이 삼각형의 각 변을 3등분 하는 점을 연결하면 정육각형이 된다.

그림16.13

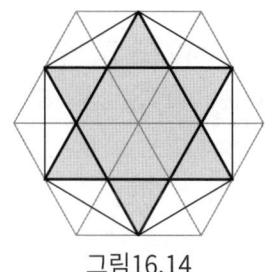

그림16.14

작은 정삼각형을 격자에 갖다 놓아서 넓이를 비교할 수 있다. 예를 들어, 육각별의 넓이는 원래 육각형 넓이의 $\frac{2}{3}$이고, 안쪽의 육각형의 넓이는 육각별 넓이의 $\frac{1}{2}$이다.

그림16.15a처럼 주어진 삼각형의 세 변을 3등분하고 3등분선의 교점을 연결하면 육각별을 작도할 수 있다.

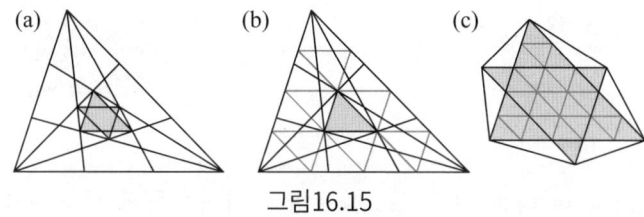

그림16.15

3등분선은 삼각형의 중심에서 육각형을 만들고 이 육각형의 대각선은 육각별을 만든다. 놀라운 것은 육각별의 넓이가 처음 삼각형의 넓이의 $\frac{7}{100}$이라는 것이다.

그림16.15b에서 육각형에 내접하는 삼각형의 넓이를 구해 보자.
주어진 삼각형 위에 작은 삼각형을 놓으면 회색 부분의 넓이는 주어진 삼각형의 넓이의 $\frac{1}{16}$이다. 그림16.15c는 그림16.15a의 육각별을 확대하여 작은 삼각형을 넣은 것이다. 그림16.15c에서 작은 삼각형을 세어 보면 육각별 넓이는 그림16.15b의 회색 부분의 삼각형 넓이의 $\frac{28}{25}$배이다. 따라서 비정규 육각별의 넓이는 처음 삼각형의 넓이의 $\frac{28}{25} \cdot \frac{1}{16} = \frac{7}{100}$이다.

다이아몬드 게임(Chinese checker)과 별 숫자

다이아몬드 게임(Chinese checker)은 그림16.16a처럼 육각별 형태의 구멍을 배열한 나무판 위에서 구슬을 가지고 노는 보드게임이다. 표준판은 $S_5 = 121$(S_n은 n번째 별의 수)개의 구멍을 가지고 있다.

그림16.16b는 $n \geq 2$에 대하여 $S_n = 12T_{n-1} + 1 = 6n(n-1) + 1$($T_n$은 n번째 삼각수 14.2절 참조)이다.

그림16.16c는 1달러 지폐에 그려져 있는 것으로, 미국의 국새에서 볼 수 있는 두 번째 별의 수 $S_2 = 13$이다.

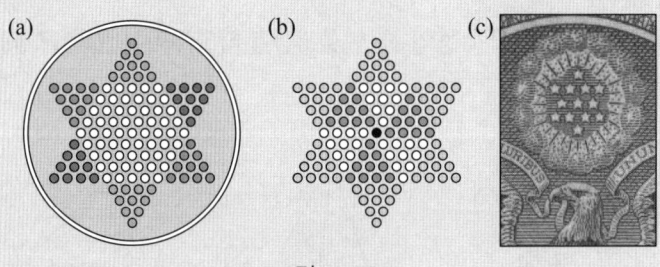

그림16.16

Chinese checker라는 이름에도 불구하고 다이아몬드 게임은 중국에서 유래하지도 않고 보통의 체커 게임과도 아무런 관계가 없다. 이 게임은 1890년대에 독일에서 발명되었고, 1928년에 미국에서 생산되었다. 'Chinese checker'라는 이름은 판매할 목적으로 선택되었다.

그림16.17의 육각별은 '한붓그리기 육각별'이라 부른다. 이 육각형은 변의 길이가 같지 않으므로 정육각형이 아니며, 꼭짓각의 합은 240°이다.

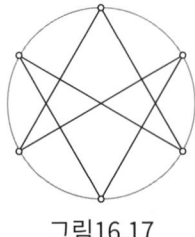

그림16.17

16.4 락슈미(Lakshmi)의 별과 팔각별

그림16.18처럼 2개의 별정다각형인 락슈미(Lakshmi)의 별({8/2})과 팔각별({8/3})은 팔각형에서 만들 수 있다.

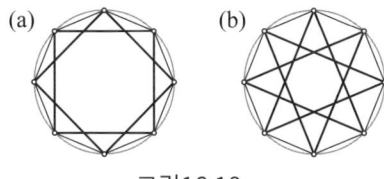

그림16.18

인도 철학에서 락슈미의 별은 힌두교의 행운과 번영의 락슈미 여신의 8가지 부의 형태인 아슈탈락슈미(Ashtalakshmi)를 상징하며 힌두교와 이슬람 디자인에서 상징적인 역할을 한다.

팔각별은 수 세기 동안 전 세계에서 예술과 공예품에 나타났다. 그림16.19의 첫 번째 그림은 14세기에 지어진 알함브라 궁전의 황금의 테라스에서 볼 수 있는데 {8/2}인 별다각형을 갖고 있다. 두 번째 그림은 14세기에 지어진 세비야 알카사르 궁전의 천장에 있는 무늬로 {8/2}의 별다각형 안에 8개의 {8/2}의 별다각형으로 둘러싸여 있는 {8/3}의 별다각형을 볼 수 있다. 세 번째 그림은 19세기 중반의 동부 펜실베이니아 아미시 공동체에서 볼 수 있는 풍요와 선의를 나타내는 부적이다. 가장 오른쪽에 있는 그림은 Lone Star라는 이름의 전통적인 퀼트 패턴 블록이다.

그림16.19

팔각별에서 2개의 흥미로운 상수인 코르도바 비율(Cordoba proportion)과 백은 비율(silver ratio)을 발견할 수 있다. 설명하자면 {8/2}와 {8/3}의 별다각형의 변의 길이에 대한 표현이 필요하다. 즉, 정팔각형의 대각선의 길이이다. 그림16.20처럼 직각삼각형을 이용하면 쉽게 구할 수 있다. 정팔각형의 한 변의 길이가 1, 대각선의 길이를 각각 d_1, d_2, d_3라 할 때, $d_1 = \sqrt{2+\sqrt{2}}$, $d_2 = 1+\sqrt{2}$, $d_3 = \sqrt{4+2\sqrt{2}}$이다.

결과적으로 락슈미(Lakshmi)의 별(팔각별)의 외접원의 반지름은 $R = \dfrac{d_3}{2} = \dfrac{\sqrt{4+2\sqrt{2}}}{2} = \dfrac{1}{\sqrt{2-\sqrt{2}}} \approx 1.3065 \cdots$ 이다. 이 외접원의 반지름 R는 스페인 건축가인 라파엘 데 라 오스(Rafael de la Hoz)에 의해 코르도바 비율(Cordoba proportion)로 불리게 되었다. 데 라 오스(de la Hoz)는 이 비가 코르도바에 있는 메스키타(Mezquita) 사원과 같은 많은 아랍과 무어인의 건물에서 나타남을 발견하였다[de la Hoz, 1995].

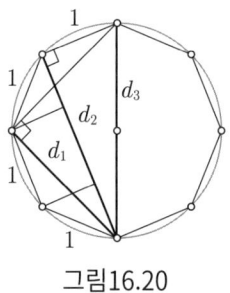

그림16.20

팔각별의 길이 $d_2 = 1 + \sqrt{2}$ 는 황금비 φ(16.2장 참조)와 같이 연분수로 표현되는 성질 때문에 백은비율(silver ratio)이라고 부르게 되었다. 백은비율(silver ratio)에 대한 일반적인 기호는 δ_S이다. φ, δ_S는 별다각형의 변의 길이를 나타내고, 연분수로 다음과 같이 간단하게 표현할 수 있다.

$$\varphi = 1 + \cfrac{1}{1+\cfrac{1}{1+\cfrac{1}{1+\cdots}}}, \quad \delta_S = 2 + \cfrac{1}{2+\cfrac{1}{2+\cfrac{1}{2+\cdots}}}$$

그림16.21a처럼 황금직사각형(넓이가 $\varphi \times 1$이다.)에서 정사각형을 없애면 $\varphi - 1 = \dfrac{1}{\varphi}$인 닮은 직사각형이 남는다. 똑같은 방법으로 그림16.21b는 백은직사각형(넓이가 $\delta_S \times 1$이다.)에서 2개의 정사각형을 없애면 $\delta_S - 2 = \dfrac{1}{\delta_S}$인 닮은 직사각형이 남는다.

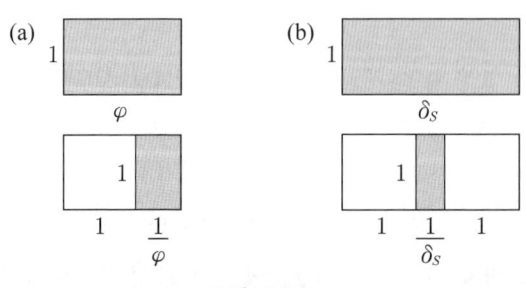

그림16.21

팔각별은 사각형 무게중심의 연구에 나타난다. 그림16.22a의 볼록사각형 ABCD의 꼭짓점에 4개의 같은 질량을 놓고 사각형 ABCD의 변의 중점을 연결한 바르뇽(Varignon) 평행사변형 PQRS의 무게중심은 O이다.

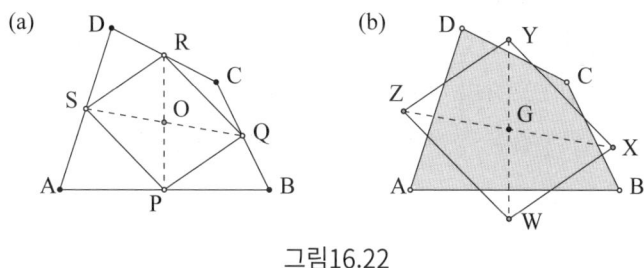

그림16.22

그러나 같은 볼록사각형 ABCD라 하더라도 그림16.22b처럼 사각형 ABCD의 3등분점을 연결하여 만든 위텐바우어 평행사변형(Wittenbauer parallelogram) XYZW의 무게중심은 G이다. 증명은 [Foss, 1959]를 살펴보자. 세 사각형 ABCD, PQRS, XYZW는 대각선과 변들이 평행하기 때문에 모두 평행사변형이다.

나침도(compass rose) 팔각별

그림16.23a의 색칠된 팔각별은 나침도(compass rose)라 부르고 지도, 해상도표, 방향을 나타내는 나침반 등에 이용되고 있다. 그림16.23b에서 나침도인 팔각별은 프랑스에서 모든 고속도로의 거리가 측정되는 노트르담 대성당 근처인 영점 표시에서 찾을 수 있다.

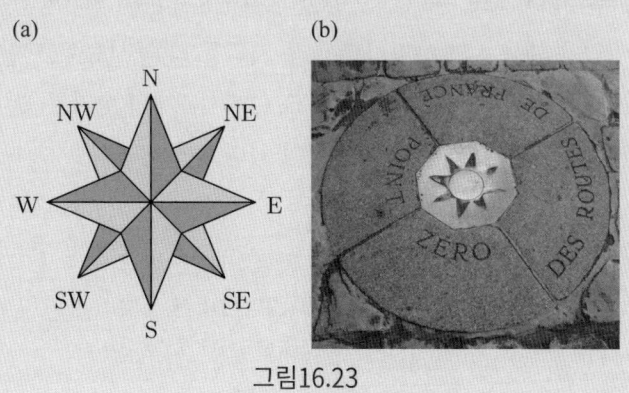

그림16.23

16.5 놀이 수학의 별다각형

별다각형이 나타나는 다양한 놀이 수학 문제가 있다. 별다각형 문제는 마틴 가드너(Gardner, 1975)에 의해 많은 사람에게 알려졌다. 별마방진은 잘 알려진 마방진과 비슷하다. 주어진 별 마방진은 빈칸에 숫자를 넣고 모든 방향에서 합이 같게 하는 것이다. 예를 들어, 그림16.24a의 오각별 마방진은 원 안에 1에서 10까지 숫자를 넣고 5개의 선에 있는 4개의 숫자 합이 같은 경우이다. 이 수들의 합을 오각별 마방진에 대한 마법수라 한다.

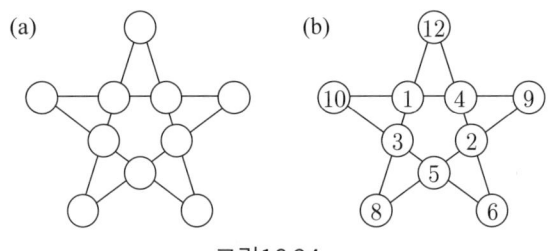

그림16.24

마법수는 쉽게 구할 수 있다. 1에서 10까지의 수의 합은 55이고 각 숫자는 2개의 선에서 나타나므로 5개의 선의 숫자의 합은 $2 \times 55 = 110$이다. 각 선의 합은 같으므로 마법수(오각별 마방진이 존재한다면)는 $\frac{110}{5} = 22$이다.

그렇지만 이러한 오각별 마방진은 존재하지 않는다. 이 간단한 논쟁은 이안 리차드(Ian Richards)에 의해 시작되었다[Gardner, 1975]. 숫자 1을 포함하는 두 선은 나머지 수의 합이 $21 \times 2 = 42$인 6개의 숫자를 포함한다. $9+8+7+6+5+4 = 39$이므로 1, 10이 같은 선 위에 있을 때를 A라 하자. B는 1을 지나는 다른 선으로, C는 10을 지나는 다른 선으로 하자. 만약 A = {1, 10, 4, 7}이면 B, C에서 4개의 숫자를 찾아내는 것은 불가능하다. 다음과 같은 세 가지 경우의 가능성이 있다.

A	B	C
1, 10, 2, 9	1, 6, 7, 8	10, 5, 4, 3
1, 10, 3, 8	1, 5, 7, 9	10, 6, 4, 2
1, 10, 5, 6	1, 4, 8, 9	10, 7, 3, 2

이들 중 B, C에서 공통적인 숫자를 갖지 못하기 때문에 오각별 마방진은 없다.

오각별 마방진에서 조건을 1에서 10까지의 수가 아니라 모든 양의 수로 할 수 있다면 오각별 마방진은 존재한다. 그림16.24b는 7과 11를 제외하고 1부터 12까지의 마법수

24를 갖는 {1, 2, 3, 4, 5, 6, 8, 9, 10, 12}의 한 예를 보여주고 있다.

그림16.25는 마법수를 각각 26, 30, 34로 갖는 육각별, 칠각별, 팔각별의 마방진이 존재함을 보여준다.

육각별, 칠각별, 팔각별의 마방진은 모두 각각 80, 72, 112개가 있다.

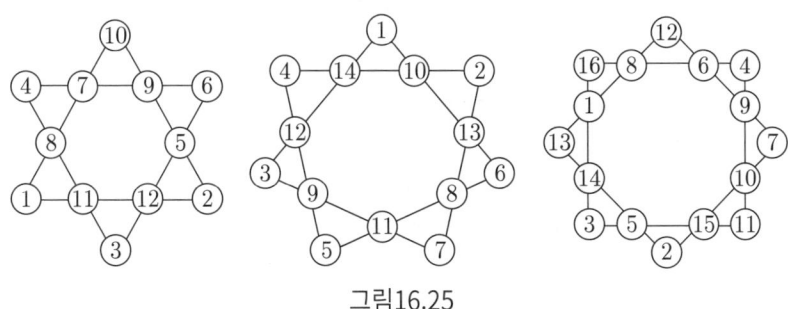

그림16.25

육각별 마방진의 다른 형태는 그림16.26a의 육각별의 12개의 삼각형 안에 6개의 화살표가 가리키는 5개의 숫자의 합이 같도록 1부터 12까지의 숫자를 넣어 완성하였다. 풀이 방법은 [Bolt et al., 1991; Gardner, 2000]에 설명되어 있고 컴퓨터를 이용하여 그림16.26b와 16.26c처럼 마법수가 33, 32인 2가지 형태로 구성되어 있음을 알아내었다.

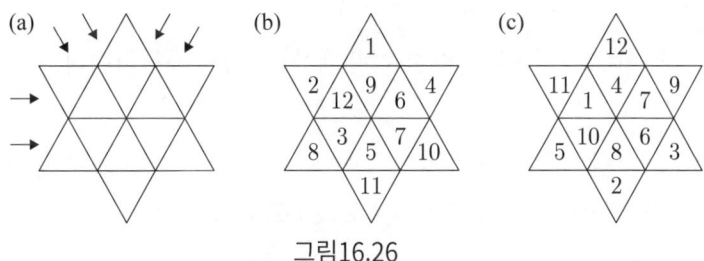

그림16.26

다른 놀이 수학 문제로는 각 줄에 심을 나무의 수와 줄의 수, 나무의 수를 지정하는 나무심기문제 또는 과수원 심기 문제가 있다. 예를 들어, 그림16.27처럼 오각별 뿐만 아니라 다른 모양에서도 10개의 나무를 한 줄에 4개씩 심고 5개의 줄에서 보았을 때 모두 4개씩 같다는 것을 해결하는 문제이다.

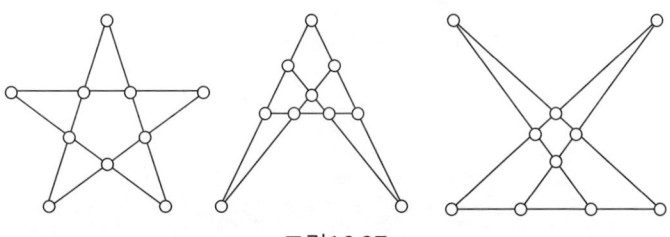

그림16.27

n개의 나무가 주어지고 한 줄마다 k개의 나무가 주어진 줄의 수를 $r(n, k)$라 하자. $r(n, k)$의 가능한 가장 큰 값을 구하는 문제는 아직 해결되지 않았다. 그림16.27의 모양은 $r(10, 4) = 5$를 나타내고 있다. 그림16.25의 육각별은 12개의 나무를 하나의 줄에 4개씩 심은 것이 6개의 줄에서 보았을 때 4개씩 같다는 것을 보여주지만, 그림16.28a에서 보여주는 모양은 $r(12, 4) = 7$이므로 그 값($r(12, 4) = 6$)은 최댓값이 아니다. 줄들의 최댓값을 나타내는 모양은 종종 별다각형들이다. 예를 들어, 그림16.28b[Dudeney, 1907]가 나타내는 것은 $r(16, 4) = 15$이다.

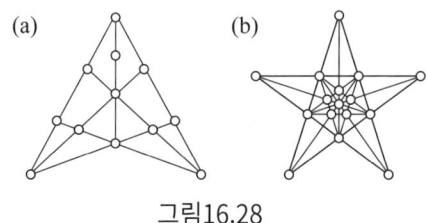

그림16.28

16.6 도전문제

16.1 그림16.6a의 오각별 ABCDE를 이용하여 (16.2)를 증명하여라.

16.2 그림16.29처럼 내부에 오각별이 있는 오각형 ABCDE(정오각형이 아니어도 된다.)의 5개의 삼각형 ABC, BCD, CDE, DEA, EAB의 넓이가 각각 1일 때, 오각형의 넓이가 $\varphi + 2$임을 보여라.(단, φ는 황금비이다.)

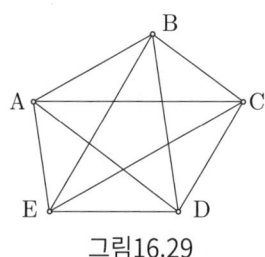

그림16.29

16.3 그림16.30a는 인접하지 않은 변의 중점에서 정사각형의 꼭짓점을 연결하여 만든 별모양 팔각형은 별정팔각형이 아니다. 이때, 다음을 증명하여라.

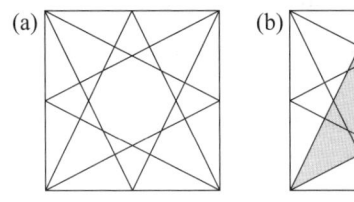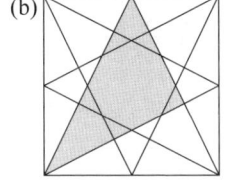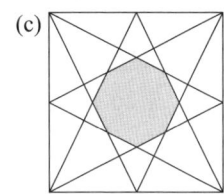

그림16.30

(a) 그림16.30b의 회색 삼각형은 세 변의 길이의 비가 3 : 4 : 5인 직각삼각형이다.
(b) 그림16.30c의 회색 팔각형의 넓이는 처음 정사각형 넓이의 $\frac{1}{6}$이다.

16.4 그림16.24b의 7, 11이 빠진 오각별 마방진과 비슷한 마방진은 가운데 작은 오각형에서 1, 2, 3, 4, 5의 수를 갖는다. 같은 10개의 숫자(1, 2, 3, 4, 5, 6, 8, 9, 10, 12)를 가지고 오각별의 꼭짓점에 1, 2, 3, 4, 5를 갖는 오각별 마방진을 만들어라.

16.5 육각별 마방진에서 2개의 큰 삼각형의 꼭짓점 3개의 수의 합이 서로 같음을 증명하여라.

16.6 1821년 존 잭슨(John Jackson)이 발표한 시에는 다음과 같은 문제가 있다[Burr, 1981].

내가 원하는 것이 있다면, 9개의 나무를 심고 싶소.
10개의 줄로,
각 줄에는 똑같이 3개씩 나무를 심고 싶소.
이 문제를 풀어보시오. 나는 더 이상 할 말이 없소.

16.7 그림16.31처럼 7×7 격자의 점에 49개의 나무가 자라고 있다고 하자.
   (a) 29개의 나무를 수확하고 남은 20개의 나무를 각 줄에서 4개씩 보이고, 모두 18줄에서 나타나도록 보여라. [R. Bracho Lopez, 2000] (그림16.30a 참조)
   (b) 39개의 나무를 수확하고 남은 10개의 나무를 5줄로 4개씩 나타나도록 보여라. (그림16.28 참조)

그림16.31

16.8 그림16.32와 같이 원에 내접하는 정십각형과 {10/3}인 별다각형이 있다. {10/3}인 별다각형의 한 변의 길이는 원의 반지름과 정십각형의 한 변의 길이의 합과 같음을 증명하여라.

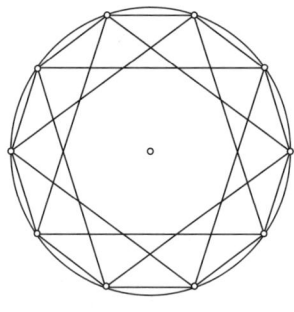

그림16.32

16.9 여기에 샘 로이드(Sam Loyd)의 백과사전에서 가져온 재미있는 문제 2개가 있다[Loyd, 1914].

(a) 퍼즐 "잃어버린 별"에서 로이드는 그림16.33a에서 완벽하게 5개의 점이 있는 별(☆)을 찾아보라고 하였다. 별(☆)을 찾아라.

(b) 퍼즐 "새로운 별"에서 로이드는 그림16.33b에서 다른 별들과 만나지 않고 모든 별보다 큰 새로운 별을 그리라고 하였다. 새로운 별을 그려라.

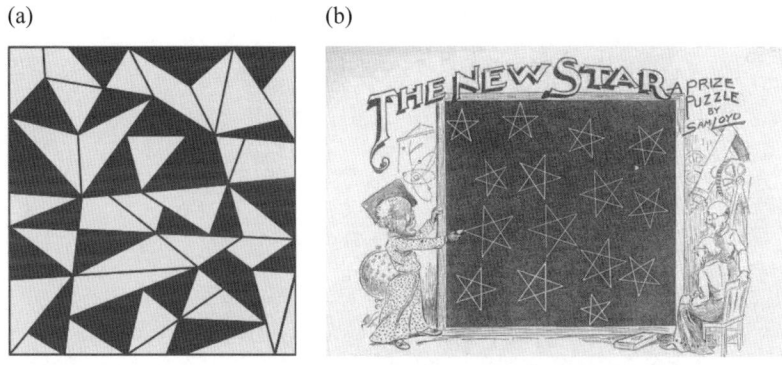

그림16.33

16.10 그림16.17과 같이 한붓그리기가 가능한 육각별을 그림16.34의 직사각형 안에 그릴 수 있다. 그림16.34에서 진하게 표시된 두 선분이 서로 수직일 때, 직사각형의 길이의 비를 구하여라.

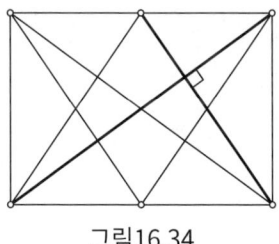

그림16.34

CHAPTER 17
자기닮음 도형

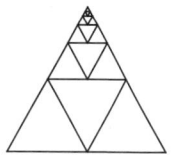

> 큰 벼룩은 자기 등을 무는 작은 벼룩을 가지고 있고, 작은 벼룩의 등에는 더 작은 벼룩이 있고 이 사실은 무한히 반복된다. 그리고 큰 벼룩 자신은 차례로 더 큰 벼룩을 올라타고 있고, 그 벼룩은 다시 더 큰 벼룩을 올라타고 있다. 무한히 무한히.
>
> **오거스터스 드 모르간(Augustus De Morgan)**
> 역설 한 꾸러미(A Budget od Paradoxes, 1872)

어떤 대상이 자신의 진부분집합과 닮았을 때 우리는 그 대상을 '자기닮음'이라 부른다. 예를 들어, 이번 장의 아이콘인 분할된 정삼각형처럼 자기닮음 대상들은 크기를 크게 또는 작게 해도 자기 모습과 똑같이 보인다. 자연 속에서 자기닮음인 예로는 그림 17.1에서 보듯이 로마네스코 브로콜리, 방으로 분할된 앵무조개 그리고 트롬쇠 지방[*]의 골파르 등이 있다.

그림17.1

수학에서는 반복을 통해서 자기닮음 모양을 만들 수 있다. 주어진 대상을 닮은 부분들로 나누는 과정을 반복하거나 인접한 영역에 닮은 부분을 반복적으로 성장시킴으로써 본래의 모습에서 확장된 모습으로 기하학적인 모습들의 다양성을 보게 될 것이다.

---

[*] 노르웨이 북부 항구 도시

반복하는 신부의 의자

1장에서 세 개의 정사각형으로 하나의 직각삼각형을 이루는 신부의 의자 아이콘을 만났다. 빗변에 놓인 정사각형을 다리로 하여 유사한 신부의 의자를 반복한다. 그림17.2의 왼쪽은 4번 반복한 결과이다.

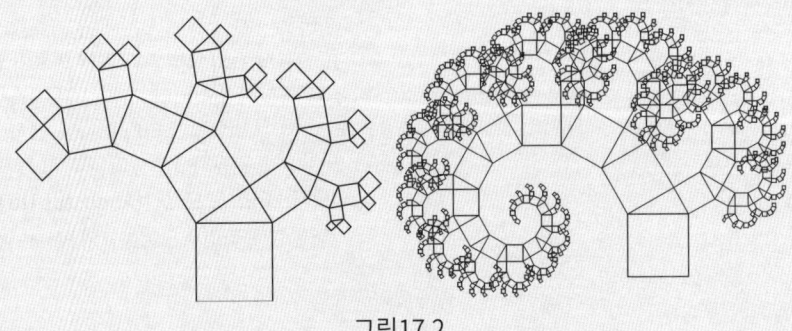

그림17.2

그림17.2의 오른쪽은 이와 같이 계속 반복했을 때 나타나는 모양으로 '피타고라스 나무'라 부르는 아름다운 프랙탈 구조가 있다. 프랙탈의 수학에 대해 더 알고 싶다면 1977년 만델브로의 논문을 보라.

17.1 등비급수

5.1절에서 양수인 첫째항 a와 공비 $r<1$인 등비급수의 합에 대한 익숙한 공식 $a + ar + ar^2 + \cdots = \dfrac{a}{1-r}$을 설명하기 위해서 닮은 직각삼각형들을 이용했다. 자기닮음 도형을 이용하여 $a = r = \dfrac{1}{n}$이고 $n \geq 2$일 때,

$$\frac{1}{n} + \left(\frac{1}{n}\right)^2 + \left(\frac{1}{n}\right)^3 + \cdots = \frac{\dfrac{1}{n}}{1 - \dfrac{1}{n}} = \frac{1}{n-1} \tag{17.1}$$

임을 설명할 수 있다.

$n = 2$일 때, 등식 $\dfrac{1}{2} + \dfrac{1}{4} + \dfrac{1}{8} + \cdots = 1$임을 그림17.3과 같이 한 변의 길이가 1인 정사각형을 나누어 설명할 수 있다.

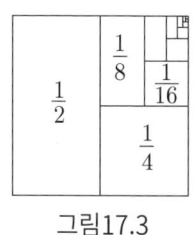

그림17.3

$n = 3$일 때, 등식 $\frac{1}{3} + \frac{1}{9} + \frac{1}{27} + \cdots = \frac{1}{2}$은 가로 : 세로 = $\sqrt{3}$: 1인 넓이가 1인 직사각형으로 설명할 수 있다. 회색 영역은 흰색 영역과 합동이다. 따라서 넓이는 $\frac{1}{2}$이다 [Mabry, 2001].

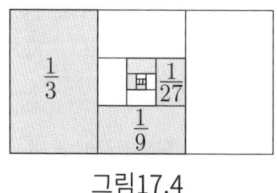

그림17.4

$n = 4$일 때, 등식 $\frac{1}{4} + \frac{1}{16} + \frac{1}{64} + \cdots = \frac{1}{3}$이 성립함을 그림17.5와 같이 두 가지 방법으로 설명할 수 있다[Ajose 1994; Mabry, 1999].

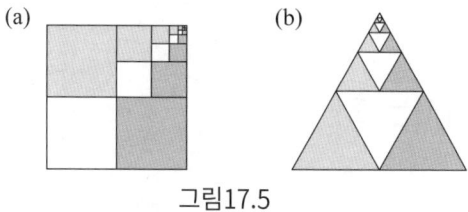

그림17.5

$n = 5$일 때, 직각을 낀 두 변이 $\frac{1}{\sqrt{5}}, \frac{2}{\sqrt{5}}$인 직각삼각형을 생각해 보면 직각삼각형의 빗변이 1이고 넓이는 $\frac{1}{5}$이다. 이러한 직각삼각형 네 개와 넓이가 $\frac{1}{5}$인 정사각형 한 개를 모으면 그림17.6a와 같이 한 변의 길이가 1인 단위 정사각형을 만들 수 있다.

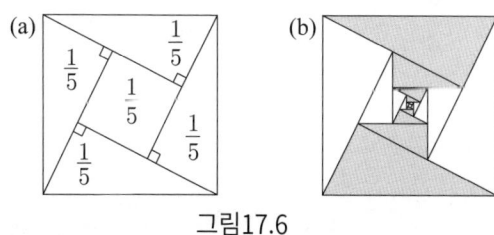

그림17.6

만약 넓이가 $\frac{1}{5}$인 정사각형을 4개의 직각삼각형과 넓이가 $\frac{1}{25}$인 하나의 정사각형으로 분할하고 계속해서 이런 식으로 반복하여 분할하면 그림17.6b와 같이 $\frac{1}{5} + \frac{1}{25} + \frac{1}{125} + \cdots = \frac{1}{4}$을 얻게 된다.

일반적으로 (17.1)은 $(n-1)$개의 합동인 사다리꼴과 1개의 닮은 정$(n-1)$각형으로 분할된 정$(n-1)$각형으로 설명할 수 있고, 닮은 정$(n-1)$각형의 한 변의 길이는 이전 단계 변의 길이의 $\frac{1}{\sqrt{n}}$이 된다[Tanton, 2008]. 그림17.7a에서 작은 정팔각형의 한 변의 길이가 처음 정팔각형의 한 변의 길이에서 $\frac{1}{3}$로 줄어듦을 확인할 수 있다.

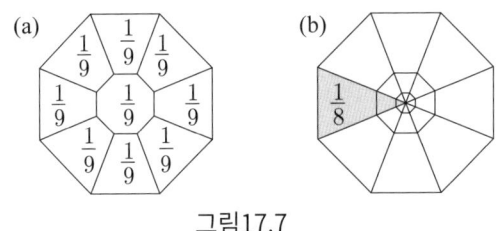

그림17.7

우리가 이러한 과정을 반복할 때, 그림17.7b의 회색 영역에 있는 사다리꼴 급수는 $\frac{1}{9} + \frac{1}{81} + \frac{1}{729} + \cdots = \frac{1}{8}$임을 알 수 있다. 직각삼각형들을 사용한 등비급수의 그림 설명은 도전문제17.5를 살펴보자.

17.2 반복해서 자라는 도형

유한개의 합은 반복적으로 도형을 성장시킴으로써 설명할 수 있으며, 그 결과는 근사적으로 자기닮음이기 때문에 그 합을 구할 수 있다. 예를 들어, 그림17.8에서 1, 3, 9, 27, 81개 점의 배열은 k번째 줄에 있는 각각의 점들을 $(k+1)$번째 점들의 배열을 얻기 위해서 세 점의 삼각형으로 반복해서 바꿔 만들 수 있다[Sher, 1997].

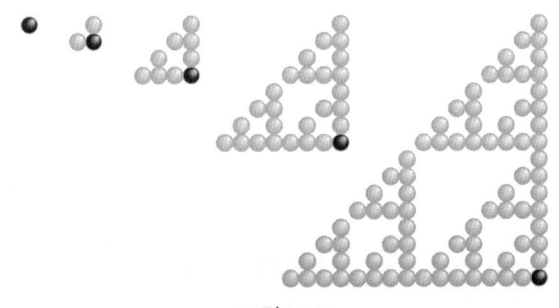

그림17.8

만약 다른 방식으로 81개의 점을 세어본다면 그림17.9에서 대각선의 위와 아래를 다음과 같이 나타낼 수 있다. $n=3$일 때, $1+2(1+3+3^2+\cdots+3^n)=3^{n+1}$이다.

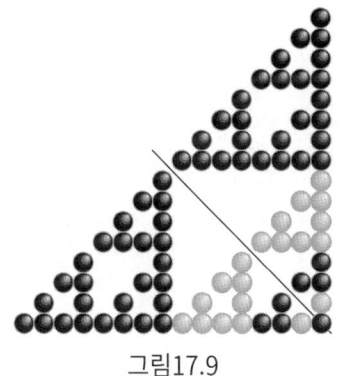

그림17.9

따라서 다음과 같은 식을 얻을 수 있다.

$$1+3+3^2+\cdots+3^n = \frac{3^{n+1}-1}{2}$$

2의 거듭제곱에 대응하는 공식을 설명하기 위해 하나의 끈을 반으로 n번 접는다. (그림17.10에서 $n=4$이다.) 그림17.10의 오른쪽 끝은 왼쪽 위의 절반이 확대된 형태로 있다.

그림17.10

오른쪽에는 2^n의 끈들이 있고 왼쪽에도 $1+1+2+2^2+\cdots+2^{n-1}$의 끈들이 접혀 있다. 따라서 $1+1+2+2^2+\cdots+2^{n-1}=2^n$ 또는 $1+2+\cdots+2^{n-1}=2^n-1$이다[Tanton, 2009].

그림17.11에는 1, 4, 16, 64, 256개의 공들이 배열되어 있다. 각각은 이전 단계 자기 자신의 복사본 세 개를 더 붙임으로써 만들어진다[Sher, 1997].

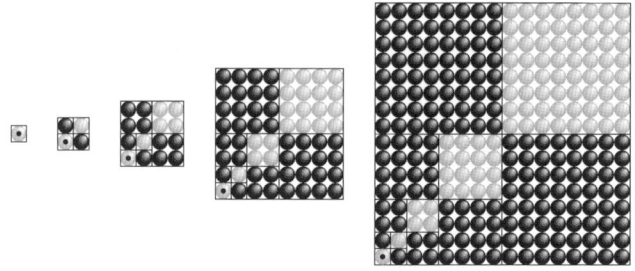

그림17.11

마지막 정사각형 그림의 제일 오른쪽 열은 $n=3$에 대해 $1+1+2+2^2+\cdots+2^n=2^{n+1}$의 공이 나열되어 있다. 회색의 영역을 따라서 공의 개수를 세어보면 다음과 같다.

$$1+3(1+4+4^2+\cdots+4^n)=(2^{n+1})^2=4^{n+1}$$

따라서 $1+4+4^2+\cdots+4^n=\dfrac{4^{n+1}-1}{3}$이다.

비슷하게 우리는 삼각수 $T_k=1+2+\cdots+k$ (단, $k=2$의 거듭제곱)에 대해 자기닮음을 나타내는 삼각형들의 배열을 만들 수 있다.

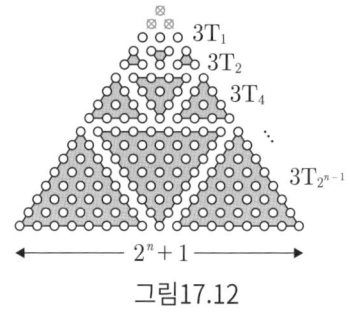

그림17.12

그림17.12에서 T_{2^n+1}의 삼각형 모양 배열을 보면

$$3(T_1+T_2+T_4+\cdots+T_{2^{n-1}})+3=T_{2^n+1}$$

또는

$$T_1+T_2+T_4+\cdots+T_{2^{n-1}}=\frac{1}{3}T_{2^n+1}-1 \qquad (17.2)$$

임을 설명하고 있다[Nelson, 2005].

17.3 12번 종이접기

한 장의 종이를 7번 이상 반으로 접는 것은 종이의 두께와 관계없이 불가능하다는 말이 있다. 일반적인 복사 종이 A4 한 장(297×210 mm)의 두께는 약 0.1 mm이다. 만약 종이를 7번씩 반으로 접으면 그 넓이는 약 488 mm^{2}보다 작게 되며 그 두께는 약 1.28 cm가 된다. 다시 이것을 반으로 접는 것은 불가능하다.

만약 직사각형의 종이를 매번 다른 방향으로 접는 대신 리본이나 화장지처럼 매우 길고 얇게 같은 방향으로 접는다면, 옆에서 본 모습이 그림17.10처럼 보일 것이다. 이것이 바로 2002년에 캘리포니아의 고등학생 브리티니 갤리번(Britney Gallivan)이 12번 접기에 도전하여 성공한 방법이다. 처음에 브리트니는 얼마나 긴 종이가 필요한지를 계산했다[Gallivan, 2002]. 그리고 종이를 접기 위해서 그림17.10처럼 반원 모양으로 생기는 손실된 종이의 길이를 고민했다. t는 종이의 두께, n은 종이를 반으로 접는 횟수 그리고 L_n은 접을 때 손실되는 종이의 길이라 하자. 전체 종이의 길이 L은 $L \geq L_{12}$이고 $n = 4$일 때, 그림17.10은

$$L_4 = \pi t + (\pi t + 2\pi t) + (\pi t + 2\pi t + 3\pi t + 4\pi t) + (\pi t + 2\pi t + \cdots + 8\pi t)$$

를 나타낸다. 일반적으로

$$L_n = \pi t (T_1 + T_2 + \cdots + T_{2^{n-1}})$$

이고 (17.2)로부터

$$L_n = \frac{\pi t}{3}(T_{2^n + 1} - 3) = \frac{\pi t}{6}[(2^n + 1)(2^n + 2) - 6] = \frac{\pi t}{6}(2^n + 4)(2^n - 1)$$

임을 알 수 있다. 예를 들어, 두께가 2mil($t = 0.002$인치)인 낱장의 두루마리 화장지는 $L_{12} \approx 1,465$ 피트이다. 만약 종이를 12번 접어서 생기는 2^{12}개의 층마다 6인치가 남게 하면 약 2,048피트의 길이(왜냐하면 2^{12}개 $\times$ 6인치 = $2^{11} \times 12$ 인치 = 2^{11} 피트이므로)를 더하여 종이의 전체 길이가 약 3,513피트에 이른다. 브리트니는 4,000피트 길이의 두루마리 종이를 사용하여 종이를 12번을 접었다. 그림17.13은 브리트니가 11번째 절반 접기를 한 후의 모습이다.

그림17.13

17.4 기적의 나선

로그나선(등각나선 또는 성장나선)은 자연 속에 나타나는 나선 중 하나이다. 이 나선은 데카르트(1596~1650)가 연구하였고 나중에 야콥 베르누이(1655~1705)도 연구하였다. 베르누이는 이 나선을 기적의 나선(miraculous spiral)이라 불렀다. 이 나선의 극좌표 방정식은 a와 b가 0이 아닌 상수일 때 $r = ae^{b\theta}$이다. 여기서 $b > 0$일 때 그림17.14a처럼 반시계 방향으로 나아가고, $b < 0$일 때 시계방향으로 뻗어나간다.

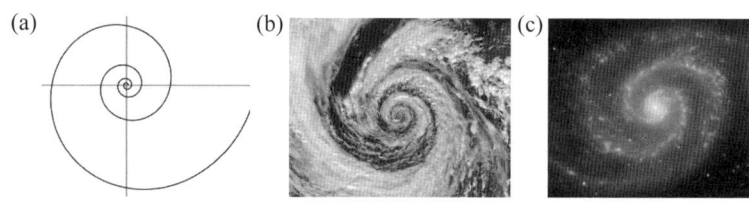

그림17.14

로그나선과 유사한 것들이 자연 속에 있는데, 그림17.1의 앵무조개, 17.14b의 저기압에서 구름의 패턴들 그리고 17.14c의 사냥개자리에 위치한 소용돌이 은하와 같은 나선 은하의 팔이 있다.

로그나선은 자기닮음을 갖고 있다. 만약 $r_1 = ae^{b\theta}$의 그래프를 $e^{2\pi b}$만큼 확대하여 $r_2 = e^{2\pi b} \cdot r_1 = ae^{b(\theta + 2\pi)}$를 얻으면, 그림17.15와 같이 그래프는 처음과 똑같다.

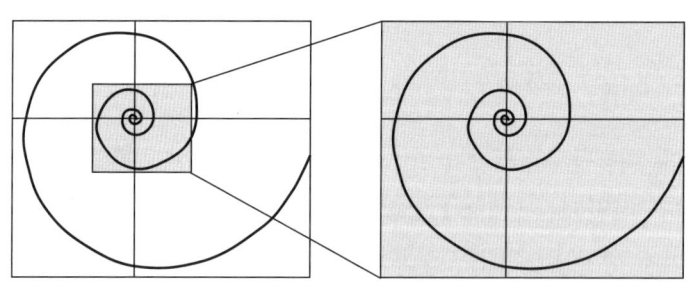

그림17.15

만일 (s, φ)가 $r_1 = ae^{b\theta}$ 그래프 위의 한 점일 때, $(s, \varphi + 2\pi)$도 그래프 위의 같은 점이다. 왜냐하면 (s, φ)와 $(s, \varphi + 2\pi)$는 극좌표계에서 같은 위치의 좌표를 갖기 때문이다. 그러므로 (s, φ) 역시 $r_2 = ae^{b(\theta + 2\pi)}$ 그래프 위의 한 점이다. 같은 방법으로 $r_2 = e^{2\pi b} \cdot r_1$ 위의 모든 점도 $r_1 = ae^{b\theta}$ 그래프 위의 점이다.

로그나선의 이러한 자기 닮음 성질은 여러 가지 흥미로운 결과를 낳는다. 반직선

$\theta = \theta_0$와 나선의 교점들은 그 반직선을 등비수열 길이의 선분들로 분할하며, 교점에서의 접선들이 나선과 이루는 각이 모두 같기 때문에 등각나선이라고도 부른다.

각 θ가 $\frac{\pi}{2}$만큼 증가할 때, 극점(원점)에서 로그나선 위의 한 점까지의 거리는 $e^{\frac{b\pi}{2}}$를 곱해서 구한다. 만약 곱한 값이 황금비이면 로그나선의 극좌표 방정식은 $r = a\varphi^{\frac{2\theta}{\pi}}$가 되고 황금직사각형(두 변의 비가 황금비)으로 설명할 수 있으며, 이러한 나선을 황금나선이라 부른다. 황금나선은 피보나치 나선과 혼동될 수 있는데, 피보나치 나선은 정사각형에 내접하는 사분원들로 구성된 나선이다. 그림17.16a는 21 : 34 비율인 직사각형에 내접된 피보나치 나선의 일부로 근사적으로 황금나선이다. 또한 피보나치 나선은 1987년 스위스 우표(그림17.16b 참조)와 2007년에 발행된 리투아니아의 10리타스 금화(그림17.16c 참조)에도 나온다.

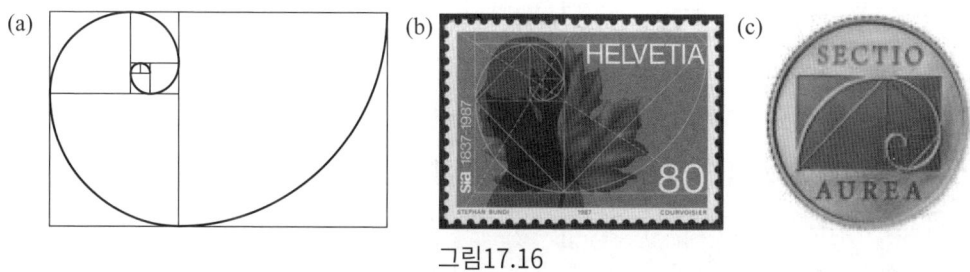

그림17.16

로그나선과 피보나치 나선 외에도 다양한 나선들이 있는데, 그중에 아르키메데스의 나선($r = a\theta$)이 있다. 이것은 반직선 $\theta = \theta_0$와 나선이 이루는 교점들이 만드는 선분의 길이가 등차수열을 이룬다. 더 자세한 내용은 [Alsina and Nelsen, 2010]을 살펴보자.

17.5 멩거 스펀지와 시에르핀스키 카펫

멩거 스펀지는 1926년에 수학자 칼 멩거(Karl Menger, 1902~1985)가 처음으로 소개한 흥미로운 대상으로 모서리의 길이가 1인 정육면체로부터 반복적으로 만들어졌다. 먼저 큐브를 27개의 더 작은 큐브들로 나누고 각 면의 가운데 있는 큐브들과 내부의 중심에 있는 큐브를 제거한다. 이제 남아 있는 20개의 큐브에 대해 이전 과정을 반복한다. 멩거 스펀지는 이 과정을 무한히 반복한 극한이다. 그림17.17의 왼쪽은 멩거이고, 오른쪽은 네 번 반복 후 남아 있는 큐브의 모습이다.

그림17.17

매회 반복을 통해서 남아 있는 큐브의 부피가 줄어듦을 알 수 있으며, 한편으론 입체의 겉넓이가 증가함을 알 수 있다. n회 반복 시행 후 남아 있는 큐브의 부피는 $V_n = \left(\frac{20}{27}\right)^n$이고, 겉넓이는 $A_n = 2\left(\frac{20}{9}\right)^n + 4\left(\frac{8}{9}\right)^n$이다. 따라서 멩거 스펀지의 놀라운 성질 중 하나는 부피가 0임에도 불구하고 겉넓이가 무한이라는 것이다.

멩거 스펀지의 각 면을 시에르핀스키 카펫이라고도 부르는데 이는 폴란드 수학자 바츠와프 시에르핀스키(Wacław Sierpiński, 1882~1969)가 1916년에 처음 소개했다. 그림17.18의 왼쪽은 시에르핀스키이고, 오른쪽은 네 번 반복된 후 남아 있는 시에르핀스키 카펫의 모습이다. 멩거 스펀지와 마찬가지로 시에르핀스키 카펫에도 놀라운 성질이 있는데, 시에르핀스키 카펫의 넓이가 0임에도 불구하고 카펫의 구멍난 내부의 둘레의 길이는 무한이라는 것이다.(도전문제17.4 참조) 멩거 스펀지와 시에르핀스키 카펫에 대한 더 많은 성질에 대해서는 [Mandelbrot, 1977]을 살펴보자.

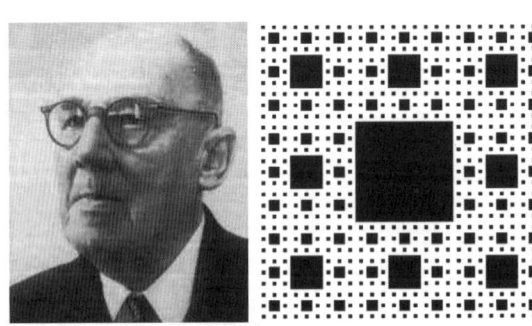

그림17.18

17.6 도전 과제

17.1 그림17.19에서 정사각형과 정삼각형이 나타내는 급수와 그 합을 구하여라.
(단, 그림17.19ab의 전체 넓이는 각각 1이다.)

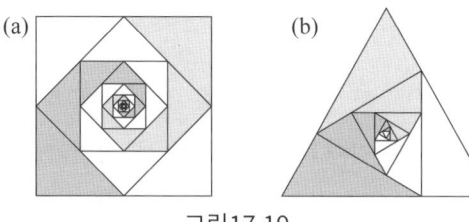

그림17.19

17.2 그림17.20과 같이 5×5 체스판 위에 5개의 퀸이 서로 공격하지 못하게 놓여 있다. 무한 체스판에서 서로 공격받지 않는 퀸들의 최대 배열을 찾아보아라.

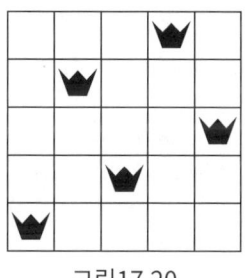

그림17.20

17.3 아름다운 프랙탈 중 하나로 1915년에 시에르핀스키가 처음 소개한 시에르핀스키 삼각형(시에르핀스키 체 또는 개스킷)이 있다. 우선, 정삼각형 내부를 네 개의 작은 정삼각형으로 나눈 후 가운데 것을 제거한다. 그리고 남아 있는 삼각형들을 같은 방법으로 4등분한 후 가운데 것을 제거한다. 처음 네 단계가 아래 그림17.21에 나타나 있다. 시에르핀스키 삼각형은 무한히 많은 반복 후의 '극한'이며 길이가 $\frac{1}{2}$ 배로 줄어든 자기닮음 모습을 하고 있다. 시에르핀스키 삼각형의 넓이는 0이고, 경계선의 길이는 무한임을 보여라.

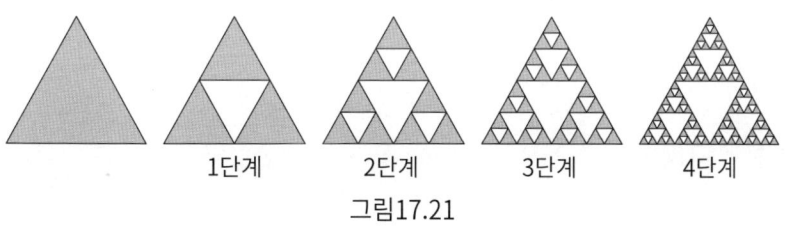

그림17.21

17.4 시에르핀스키 카펫의 넓이는 0이고, 카펫의 구멍난 내부의 둘레의 길이는 무한임을 보여라.

17.5 그림5.14와 그림5.15의 닮은 직각삼각형을 $n = 1, 2, 3, 4, 5$에 대하여 도전문제 17.1과 비슷한 그림을 그려 나타내어라.

17.6 황금사각형은 아래 그림처럼 정사각형을 잘라내면(그림17.22b 참조) 남은 새로운 직사각형이 처음 직사각형과 닮음이 되는 도형이다. 이 과정을 무한히 반복하면(그림17.22c 참조) 다음과 같은 식이 성립함을 보여라.

$$1 + \frac{1}{\varphi^2} + \frac{1}{\varphi^4} + \frac{1}{\varphi^6} + \cdots = \varphi$$

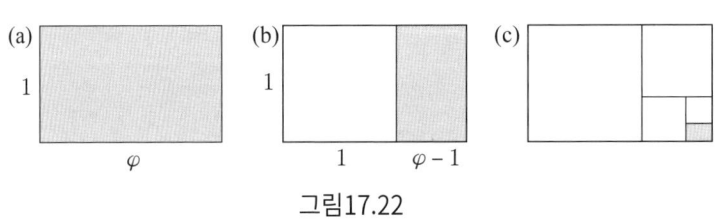

그림17.22

CHAPTER 18
다다미

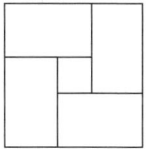

중추 보름달
다다미 위에 비친
솔 그림자여

**다카라이 기카쿠
(Takarai Kikaku, 1661~1707)**

    다다미는 전통적으로 일본 가정에서 사용되던 바닥재의 한 양식이다. 무로마치 시대(1332~1573)에 다다미는 안쪽에 볏짚을 넣고 그 위에 돗자리로 덮어 만들었다(오늘날에는 우드칩이나 스티로폼으로 만든다. 그림18.1a 참조). 다다미 바닥은 여름에 시원하고 겨울에 따뜻하다. 그리고 일본의 습한 기후에 잘 맞는다. 다다미의 크기는 지역에 따라 다양한데 모양이 직사각형이며 한 변의 길이는 다른 변의 2배이다. 보통 약 $1 \times 2\,m$이고 두께는 약 $5.5~6\,cm$ 정도 된다. 방들의 크기는 종종 다다미의 개수로 측정되며 12개($4 \times 6\,m$), 8개($4 \times 4\,m$), $4\frac{1}{2}$개($3 \times 3\,m$)인 방들에 대한 다다미의 배치를 볼 수 있다. 마지막의 경우, 보통 다다미의 절반인 정사각형 모양 다다미가 사용되었고 두 가지 배치가 있음을 알 수 있다. 다다미의 배치는 다양하지만, +− 모양보다는 T자 모양으로 연결되는 것을 길하게 여긴다.

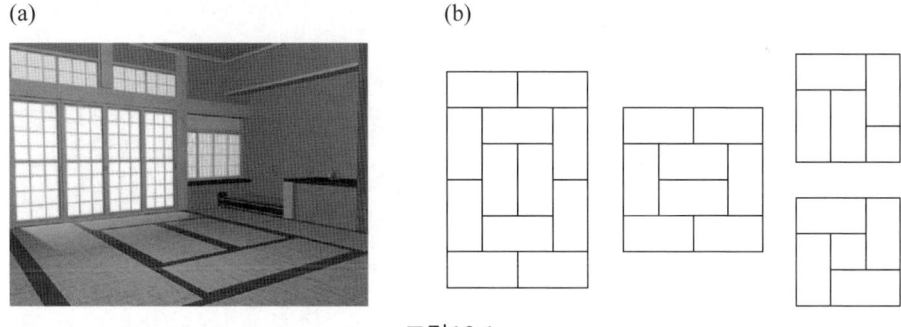

그림18.1

이 장의 아이콘은 그림18.1b의 오른쪽 아래 그림처럼 다다미 4개 반짜리 방에 다다미를 대칭적으로 배치한 모양을 바탕으로 하고 있다. 4개의 $a \times b (0 < a < b)$꼴 직사각형들로 구성되며 각 변이 $a+b$인 정사각형으로 배열되어 있다. 더불어 다다미를 겹치지 않게 방바닥을 완전히 덮을 수 있는 배치를 생각할 수 있다.

16장에서 논의된 카탈루냐의 건축가 안토니 가우디는 이 장의 아이콘과 유사한 디자인을 그의 건축물에 사용했는데 그림18.2는 바르셀로나에 있는 카사 비센스의 문 패널과 창문 스크린이다.

그림18.2

18.1 피타고라스 정리-바스카라(1114~1185)의 증명

직각삼각형의 두 변을 $a, b(b > a > 0)$라 하고 빗변을 c라 하자. 그리고 $a \times b$인 직사각형 네 개로 이루어진 다다미 아이콘을 만들어보자. 그림18.3a에 보인 것처럼 각각의 직사각형들을 두 개의 직각삼각형으로 나누자.

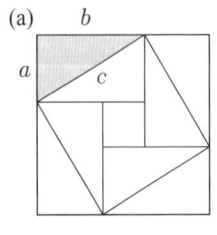 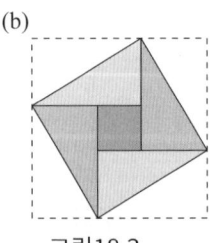 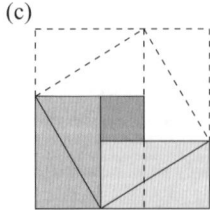

그림18.3

18.3b와 18.3c에서 두 가지 다른 방식으로 네 개의 직각삼각형들을 제거하면 같은 넓이의 회색 영역들이 남는다. 18.3b에서 회색 영역의 넓이는 c^2이고, 18.3c에서 회색 영역은 a^2과 b^2의 넓이를 가진 두 정사각형의 합이다. 따라서 $c^2 = a^2 + b^2$이다.

그림18.3b와 18.3c에서 점선을 제거하면 피타고라스 정리는 아주 우아하게 증명이 되는데, 인도의 수학자이자 천문학자였던 바스카라는 "보라!(Behold!)"라는 말로 증명을 끝냈다.

이제 다다미 아이콘으로 쉽게 설명할 수 있는 직각삼각형들의 다른 성질을 소개하며 이 절을 마친다. 네 개의 직각삼각형들의 빗변이 정사각형이 되도록 배열하자. 그림 18.4a를 보면 직각에 있는 네 꼭짓점이 모두 한 선분 위에 놓인다. 그림18.4b에서 보이는 것처럼, 점선들을 추가하면 다다미 아이콘을 이룬다. 주어진 선분이 다다미 아이콘의 한 대각선이기 때문에 그림18.4a에서 왼쪽 끝과 오른쪽 끝의 직각들과 정사각형을 이등분한다(그림2.3과 비교)[Detemple & Harold, 1996].

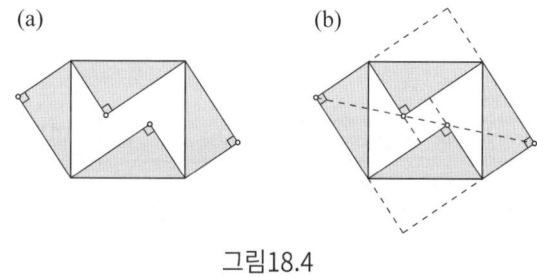

그림18.4

18.2 다다미 매트와 피보나치 수

1×2 다다미들의 모임을 생각하자. 적당한 자연수 $n \geq 1$에 대하여 $2 \times n$ 크기의 복도를 덮는다고 하자. 각 다다미는 긴 변이 복도의 방향에 평행하거나 수직으로 놓일 수 있다. t_n을 $2 \times n$ 복도에 다다미가 놓이는 배치의 개수라 하자. 예를 들어, $t_5 = 8$이다.(그림 18.5를 참조하자. 2×5의 복도와 다다미를 배치하는 8가지 방법이 나와 있다.)

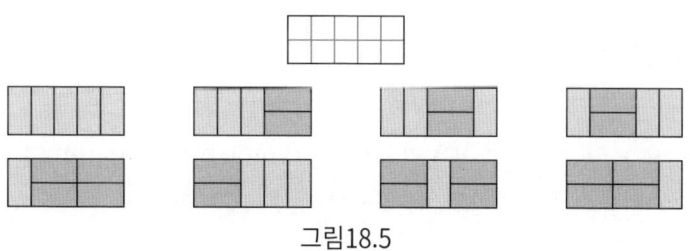

그림18.5

$t_1 = 1$, $t_2 = 2$, $t_3 = 3$, $t_4 = 5$, $t_5 = 8$, $t_6 = 13$, ⋯임을 알 수 있다. $n \geq 3$에 대해서 $t_n = t_{n-1} + t_{n-2}$가 성립하는 것을 쉽게 찾을 수 있다. 다다미 하나를 복도 한쪽 끝에서 복도 방향과 수직으로 놓으면 t_{n-1}개의 방법으로 덮을 수 있고, 다다미 한 쌍을 복도 방향과 평행하게 놓으면 t_{n-2}개의 방법으로 덮을 수 있다.

그래서 만약 $t_0 = 1$(넓이가 0인 복도를 덮는 유일한 방법은 다다미를 사용하지 않는 방법 하나뿐이다.)이라 정의하면 모든 $n \geq 0$에 대하여 $t_n = F_{n+1}$ 즉, $(n+1)$번째 피보나치 수이다. (Proofs That Really Count [Benjamin and Quinn, 2003]에 이와 유사한 방법들을 사용한 피보나치 항등식들에 대한 아름다운 증명들이 있다.)

정사각형 다다미 아이콘은 피보나치 항등식들을 설명하는 데 사용될 수 있다. 만약, 그림18.6a의 다다미 아이콘에서 직사각형의 두 변을 F_{n-1}과 F_n으로 보면, 가운데 작은 정사각형 변은 F_{n-2}가 되고, 둘러싼 큰 정사각형의 변은 F_{n+1}이 된다. 따라서

$$F_{n+1}^2 = 4F_nF_{n-1} + F_{n-2}^2$$

이 된다[Bicknell & Hoggatt, 1972].

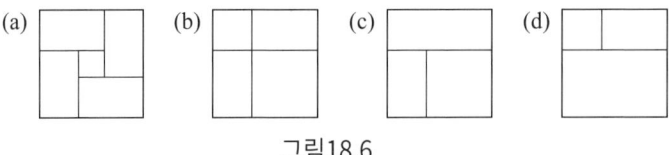

그림18.6

또, 다다미의 변들이 피보나치 수임을 이용하여 매트들로 바닥을 덮을 때 피보나치 항등식들에 대한 다른 설명을 할 수 있다.

그림18.6bcd에서 큰 정사각형의 변이 $F_{n+1} = F_n + F_{n-1}$일 때,

$$\begin{aligned} F_{n+1}^2 &= F_n^2 + 2F_nF_{n-1} + F_{n-1}^2 \\ &= F_n^2 + F_nF_{n-1} + F_{n+1}F_{n-1} \\ &= F_{n-1}^2 + F_nF_{n-1} + F_{n+1}F_n \end{aligned}$$

이다[Ollerton, 2008].

만약, 넓이가 $F_1^2, F_2^2, F_3^2, \cdots, F_n^2$인 n개의 정사각 매트들의 모임이 있다면, 바닥을 빈틈없이 모두 덮을 수 있는 바닥의 크기는 F_nF_{n+1}이 될 것이다.(그림18.7 참조) 이를 나타내는 항등식은 $F_1^2 + F_2^2 + \cdots + F_n^2 = F_nF_{n+1}$이다[Brousseau, 1972].

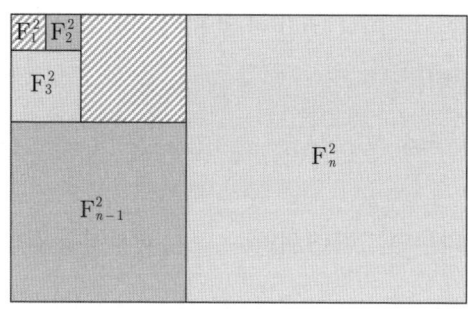

그림18.7

18.3 다다미와 제곱수의 표현들

그림18.8a는 9×9 정사각형의 방을 1×2 다다미 40개와 중앙에 1×1인 다다미 하나로 덮을 수 있음을 나타내고 있다. 만약, 중심에서 같은 거리에 놓인 다다미로 이루어진 고리 모양들로 계산하면

$$9^2 = 1 + 4\cdot 2 + 8\cdot 2 + 12\cdot 2 + 16\cdot 2$$
$$= 1 + 8(1+2+3+4)$$

이다.

일반적으로 임의의 홀수 $2n+1$에 대해서도 다음이 성립한다.

$$(2n+1)^2 = 1 + 8(1+2+3+\cdots+n) = 1 + 8\mathrm{T}_n \tag{18.1}$$

그림18.8b를 참조하자. 각각의 회색 영역의 넓이는 삼각수의 2배이다[Wakin, 1987]. 이 결과를 이용하여 삼각수 T_n의 공식에 대한 또 다른 유도 방법을 얻게 된다.

$$\mathrm{T}_n = 1+2+3+\cdots+n = \frac{(2n+1)^2-1}{8} = \frac{n(n+1)}{2}$$

(a) 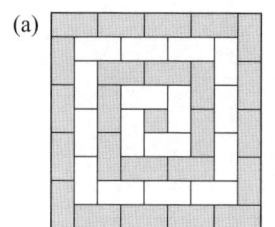 (b)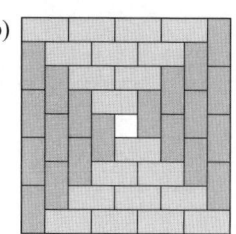

그림18.8

같은 방법으로 그림18.9a는 10×10인 방을 1×2인 다다미 50개로 덮은 것인데 다다미의 넓이를 고리로 계산하면

$$10^2 = 2\cdot 2 + 2\cdot 6 + 2\cdot 10 + 2\cdot 14 + 2\cdot 18$$

이 된다.

그 다음에 양변을 4로 나누면 그림18.9b에서 표시한 부분과 같이 $5^2 = 1+3+5+7+9$ 가 된다.

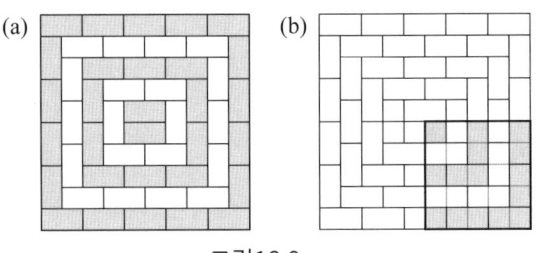

그림18.9

일반적으로 $1+3+\cdots+(2n-1) = n^2$이다.

평면에서 k^3을 나타내는 방법은 $k\times k$ 다다미를 k번 복사한 것이다. 그림18.10의 30×30인 바닥을 다다미로 덮는 경우를 생각해 보자[Lushbaugh, 1965; Cupillari, 1989].

하얀 다다미들의 넓이의 합은 $1^3 + 2^3 + \cdots + 5^3$이고 이것은 방 전체 넓이의 $\frac{1}{4}$이다. 즉, $\frac{30^2}{4} = \left(\frac{5\times 6}{2}\right)^2$이다. 일반적으로 1^3부터 n^3까지 수들의 합은 다음과 같다.

$$1^3 + 2^3 + \cdots + n^3 = \left[\frac{n(n+1)}{2}\right]^2$$

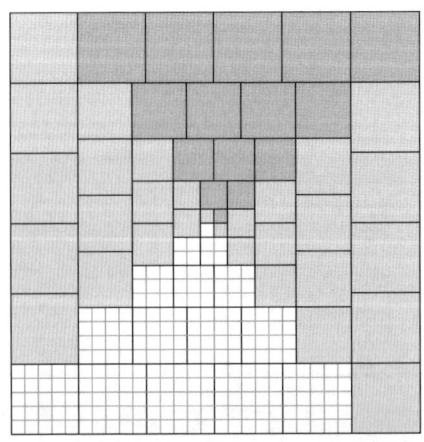

그림18.10

18.4 다다미 부등식

4.5절과 13.4절에서 두 양수 a, b에 대하여 산술평균 $\frac{a+b}{2}$, 기하평균 $\sqrt{ab}$, 조화평균 $\frac{2ab}{a+b}$에 대한 부등식들을 소개했다.

$$\frac{a+b}{2} \geq \sqrt{ab} \geq \frac{2ab}{a+b} \ (a=b \text{일 때, 등식이 성립}) \tag{18.2}$$

이 부등식을 다다미 아이콘으로 설명해 보자.

그림18.11에서 다다미 아이콘의 변 a와 b의 비율을 크기가 다른 정사각형 방들에 맞게 조정할 수 있는데 그림18.11a는 방의 크기가 산술평균 $\frac{a+b}{2}$이고, 각 다다미의 넓이는 $\frac{ab}{4}$이다. 네 개의 다다미가 바닥을 다 덮고 있지 않기 때문에 $\left(\frac{a+b}{2}\right)^2 \geq 4\left(\frac{ab}{4}\right) = ab$이고, 양변에 제곱근을 취하면 (18.2)의 첫 번째 부등식을 얻을 수 있다[Schattschneider, 1986].

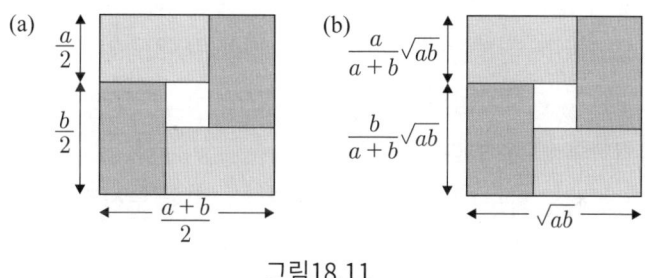

그림18.11

그림18.11b에서 다다미는 방의 한 변의 길이가 기하평균 $\sqrt{ab}$가 되도록 맞춰져 있다. 그리고 각 다다미의 넓이는 $\left(\frac{ab}{a+b}\right)^2$이다. 네 장의 다다미가 바닥을 다 덮지 못할 수도 있으므로 $ab \geq 4\left(\frac{ab}{a+b}\right)^2$이고, 양변에 제곱근을 취하면 (18.2)의 두 번째 부등식을 얻을 수 있다. 두 가지 경우 모두 다다미가 방을 덮는다는 것과 필요충분조건은 다다미가 정사각형일 때, 즉 $a=b$일 때이다.

18.5 일반화된 다다미

2장과 3장에서 sin의 덧셈 공식에 대한 증명을 보았지만, 다다미 매트들을 이용하여 다른 증명을 선보일 수 있다. 이는 피타고라스 정리의 증명과 유사하다. 크기가

$\cos\alpha \times \sin\alpha$인 다다미 매트 한 쌍과 $\cos\beta \times \sin\beta$인 다다미 매트 한 쌍이 있다고 하자 (단, $0 < \alpha, \beta < \frac{\pi}{2}$). 각 매트의 대각선의 길이는 1이고 각 매트의 두 변이 $(\sin\alpha + \sin\beta) \times (\cos\alpha + \cos\beta)$가 되도록 배치할 수 있다. (단, 그림18.12a처럼 가운데를 작은 매트로 채운다.)

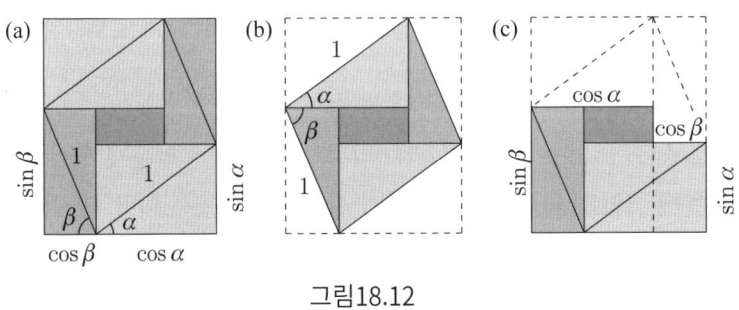

그림18.12

18.12c의 네 개의 큰 매트를 대각선을 따라 잘라내고, 그림18.12b처럼 두 가지 서로 다른 방식으로 남아 있는 네 개의 매트를 배치하면 남아 있는 회색 영역들은 같은 넓이를 갖는데 그림18.12b는 평행사변형으로 넓이가 $\sin(\alpha+\beta)$임을 나타내고 있고, 그림 18.12c는 이웃하는 두 직사각형의 넓이의 합이 $\sin\alpha\cos\beta + \cos\alpha\sin\beta$이므로 사인의 덧셈 공식이 성립함을 알 수 있다.

코사인에 대한 뺄셈 공식도 같은 방법으로 보일 수 있다.(도전문제 18.3 참조)

18.6 도전 과제

18.1 그림18.1b의 $4\frac{1}{2}$ 다다미 아이콘을 반복 시행하면 아래 그림18.13이 된다. 전체 아이콘의 넓이가 1일 때, 어떤 무한급수를 설명할 수 있는가?

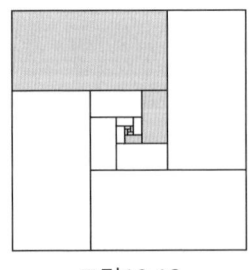

그림18.13

18.2 (a) 그림18.14의 L자 모양 방의 바닥을 두 변의 길이가 피보나치 수들인 다다미로 두 가지 서로 다른 방식으로 덮어서 $F_{n+1}^2 + F_n^2 = F_{n-1}F_{n+1} + F_n F_{n+2}$임을 보여라.

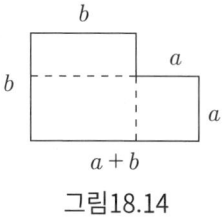

그림18.14

(b) (a)의 결과를 이용하여 카시니의 항등식을 증명하여라.

$$n \geq 2 \text{일 때, } F_{n-1}F_{n+1} - F_n^2 = (-1)^n$$

18.3 일반화한 다다미를 사용하여 $\cos(\alpha - \beta) = \cos\alpha\cos\beta + \sin\alpha\sin\beta$를 18.5절에서 한 것과 같이 그림으로 나타내어라.

18.4 샘 로이드의 『Sam Loyd's Cyclopedia of 5,000 Puzzles, Tricks and Conundrums with Answers』[Loyd, 1914]에 나오는 또 다른 퍼즐은 '저글러'이다. 로이드는 다음과 같이 질문한다. "삼각형 중 하나를 '반'으로 잘라서 모두 여섯 개의 조각이 정사각형이 되게 만들어보아라."
[힌트: 직각삼각형은 모두 합동이며 직각을 낀 두 변 중 하나는 다른 변의 두 배이다. 그리고 로이드의 '반(half)'의 의미는 두 조각으로 나눈다는 의미이다.]

그림18.15

18.5 p, q를 두 양의 정수(단, $p+q=1$)라 할 때, 다음을 증명하여라.

(a) $\dfrac{1}{p} + \dfrac{1}{q} \geq 4$

(b) $\left(p + \dfrac{1}{p}\right)^2 + \left(q + \dfrac{1}{q}\right)^2 \geq \dfrac{25}{2}$

[힌트: (a)는 다다미 아이콘을 사용하고, (b)는 정사각형들을 서로 겹치게 놓으면 된다.]

18.6 $T_8 = 6^2$, $T_{288} = 204^2$임을 보이기는 쉽다. 삼각수이며 제곱수가 되는 수가 무수히 많음을 보여라. [힌트: T_{8T_n}과 (18.1)을 생각해 보자.]

18.7 18.1절의 피타고라스 정리에 대한 바스카라의 증명은 헨리 어니스트 듀드니의 고전적인 책 『수학의 즐거움(Amusements in Mathematics, 1917)』에 실린 다음 문제에 영향을 주었을 것 같다.

"종이끈을 1×5(inch) 크기로 잰 다음 그림18.16a와 같이 다섯 조각으로 자른 뒤 다섯 조각을 정사각형이 되도록 그림18.1b와 같이 모았다. 이제 1×5(inch)의 종이끈을 네 조각으로 자른 뒤 네 조각을 정사각형이 되도록 모아 보아라. 꽤 흥미로운 퍼즐일 것이다."

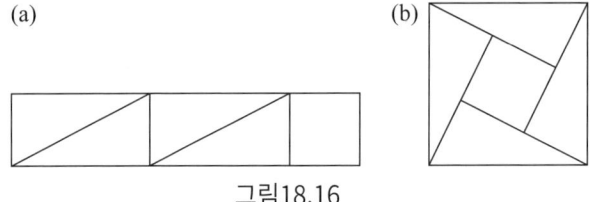

그림18.16

18.8 정사각형들을 겹친 13장의 아이콘은 다다미 아이콘과 유사하다. 그것이 피보나치 항등식을 설명해준다는 것은 그리 놀라운 일이 아니다. 다음을 설명하기 위해 포개진 정사각형들과 직사각형들을 이용하여라.

(a) $F_{n+1}^2 = 2F_{n+1}F_{n-1} + F_n^2 - F_{n-1}^2$

(b) $F_{n+1}^2 = 2F_n^2 + 2F_{n-1}^2 - F_{n-2}^2$

(c) $F_{n+1}^2 = 4F_n^2 - 4F_{n-1}F_{n-2} - 3F_{n-2}^2$

CHAPTER 19

직각쌍곡선

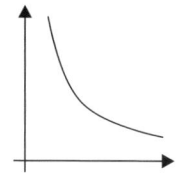

> 어떤 수학자가 쌍곡선에 대한 어떤 속성을 증명하기 위한 노력으로 여기저기 교차선을 그려 불쌍한 곡선을 망가뜨린 적이 있을까요?
>
> **루이스 캐럴(Lewis Carroll)**
> 〈The Dynamics of a Particle〉(1865)

쌍곡선은 원, 타원, 포물선과 함께 원뿔곡선 중의 하나로 알려진 평면상의 곡선 계열(family)에 속한다. 메나이크모스, 유클리드, 아리스테우스가 원뿔 곡선들을 연구했고, 페르게의 아폴로니오스가 『원뿔곡선론(Conics)』을 썼다. 원뿔곡선론은 8권짜리 책으로 평면으로 원뿔을 잘랐을 때 나오는 곡선들의 성질에 대한 현대적인 형식을 제공했다.

쌍곡선은 자연과 인간이 만든 대상들 속에서 나타난다. 그림19.1의 왼쪽부터 오른쪽으로 혜성의 궤적과 뾰족하게 깎은 6각형 연필의 끝에서 여섯 개의 쌍곡선 중 세 개가 보이고, 전등빛이 벽에 평행하게 쏘아질 때 쌍곡선의 모습이 드러난다.

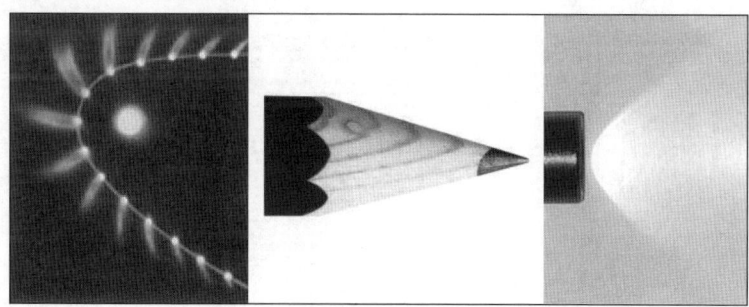

그림19.1

건축에서도 쌍곡선의 사용에 대한 놀라운 예들이 있는데 그림19.2는 브라질의 브라질리아 대성당과 미국의 세인트루이스의 맥도넬 천문관이다.

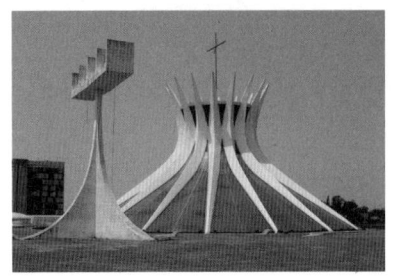 

그림19.2

 직각쌍곡선 또는 등변(equilateral)쌍곡선은 두 점근선이 수직인 쌍곡선을 말한다. 이 직각쌍곡선들이 수학의 로그, 각종 부등식과 쌍곡 함수들에서 어떤 역할을 했는지 탐험해 볼 것이다.

쌍곡선과 종

 종의 이상적인 모양에 대해 언급한 최초의 책은 『Harmonicorum libri XII(1648)』이다. 마랭 메르센의 아름다운 연구 결과로 종의 모양에 대한 함수적인 설명이 나와 있다. 쌍곡선 모양을 가진 종 모양에 대한 메르센의 설명은 여러 세기 동안 종의 디자인에 영향을 미쳤다. 그리고 이는 곡선을 매개변수로 표현한 시작점으로 여겨지고 있다.

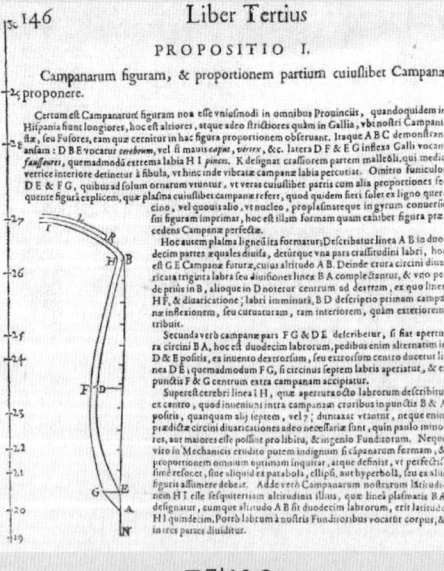

그림19.3

19.1 곡선 하나에 여러 가지 정의

쌍곡선을 정의하는 다양한 방법들이 있다.

    (a) 원뿔 2개와 한 평면의 교차   (b) 초점과 준선의 정의
    (c) 11.2절에서 소개한 두 초점에 의한 정의

[Eves, 1983; Alsina and Nelsen, 2010]에 (a)~(c)가 동치임을 밝혀 두었다. 벨기에 출신 수학자 아돌프 케틀레(Adolphe Quetelet)와 제르미날 피에르 당들랭(Germinal-Pierre Dandelin, 1794~1847)은 원뿔 단면과 초점, 준선 정의가 동치라는 우아한 증명을 했다.

직각쌍곡선은 $xy = k \neq 0$(점근선으로 $xy = 0$을 갖고 있다. 즉, x축, y축을 점근선으로 가진다.)의 방정식으로 종종 정의된다. 또는 $x^2 - y^2 = c \neq 0 (x^2 - y^2 = 0$ 즉, $y = x$, $y = -x$를 점근선으로 가짐) 이 식들이 두 초점에 의한 정의를 만족함을 보이는 것은 단순하지만 계산이 필요하다. 일반적인 쌍곡선과 달리 직각쌍곡선 $xy = k^2$에 대한 다른 좋은 정의가 있다. 이 쌍곡선의 제1사분면 그래프는 넓이가 k^2인 모든 직사각형의 네 번째 꼭짓점들의 자취가 된다. 원점을 첫 번째 꼭짓점으로 보고, 두 번째, 세 번째 꼭짓점을 x축, y축 위의 꼭짓점으로 본다. (그림19.4 참조)

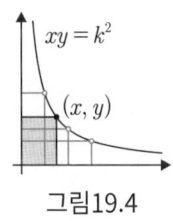

그림19.4

19.2 직각쌍곡선과 접선

간단한 최적화 문제를 생각해 보자. 제1사분면에서 (a, b)를 지나는 직선으로 최소의 넓이를 갖는 삼각형 모양의 제1사분면을 절단하는 직선은 무엇일까? 그 직선을 그림 19.5a의 직선 L: $\frac{x}{a} + \frac{y}{b} = 2$이라 하자.

점 (a, b)는 제1사분면에 놓인 직선 L의 중점임을 주목하자. 직선 L이 삼각형의 넓이를 최소화함을 보이기 위해서 그림19.5b의 점선과 같은 또 다른 직선을 그어보자. 새 직

선에 의한 넓이는 그림에서 작고 진한 회색 삼각형 넓이만큼 더 크다. 왜냐하면 연한 회색의 두 삼각형은 합동이어서 넓이가 같기 때문이다.

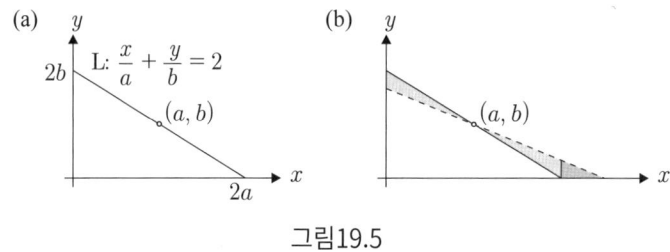

그림19.5

그림19.6a와 같이 (a, b)를 통과하는 직각쌍곡선 $xy = ab$에 대해 그림19.5a의 직선 L이 점 (a, b)의 접선임을 보이려 한다. 이를 증명하기 위해서 점 (a, b)가 쌍곡선과 직선의 유일한 교점임을 보인다.(단, 직선은 제1사분면에서 유한 길이를 갖는 경우로 한정한다.) 이제부터의 증명은 [Lange, 1976]에서 가져온 것이다.

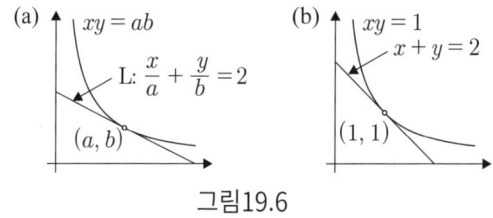

그림19.6

직선 L과 쌍곡선 위에 점 (a, b)와 다른 한 점을 점 (a', b')이라고 하자. 점 (a, b)가 직선 L 위의 점이므로 $\frac{a'}{a} + \frac{b'}{b} = 2$이고 $a'b' = ab$이다. 또는 다음과 동치이다.

$$\frac{\frac{a'}{a} + \frac{b'}{b}}{2} = 1 \text{이고} \sqrt{\frac{a'}{a} \cdot \frac{b'}{b}} = 1$$

즉, $\frac{a'}{a}$과 $\frac{b'}{b}$에 대한 산술평균, 기하평균이 같기 때문에 두 수 $a'b' = ab$이고 $ab' = a'b$이다. 따라서 $a = a', b = b'$이 되어 모순이다.

그림19.6b에서 특별히 $(a, b) = (1, 1)$이라 하면 쌍곡선 $y = \frac{1}{x}$은 접선 $y = 2 - x$ 위에 놓여 있으므로 모든 양수 x에 대하여

$$x + \frac{1}{x} \geq 2 \qquad (19.1)$$

이다. 즉, 어떤 양수와 그것의 역수의 합은 최소 2 이상이다. 이 부등식은 산술평균-기하평균의 부등식으로부터 바로 유도되기도 하지만 (19.1)은 산술평균-기하평균의 부등식

을 유도하기도 한다. 따라서 두 명제는 동치이다. 이를 설명하면 (19.1)에서 임의의 두 양수 a, b에 대해 $x = \dfrac{\sqrt{a}}{\sqrt{b}}$라 하면 $a + b \geq 2\sqrt{ab}$가 된다. 즉, 산술평균-기하평균 부등식과 동치이다. 직각쌍곡선은 두 양수에 대한 기하평균을 설명할 때도 사용할 수 있다. (도전문제 19.1 참조)

19.3 자연로그의 부등식

사실 거의 모든 현대의 미적분학 교재(아마도 대부분의 미적분을 배우는 교실에서)에는 자연로그 $\ln b\,(b>0)$가 다음과 같은 정적분으로 정의되어 있다.

$$\ln b = \int_1^b \frac{1}{x}\, dx$$

넓이로 적분을 해석하면 $0 < a < b$일 때, 구간 $[a, b]$에서 $xy = 1$ 그래프 아래쪽의 넓이가 $\ln\left(\dfrac{b}{a}\right) = \ln b - \ln a = \int_a^b \dfrac{1}{x}\, dx$이다.

> **그레구아르 드 생 뱅상(Grégoire de Saint-Vincent, 1584~1667)**
>
> 벨기에 수학자인 그레구아르 드 생 뱅상은 1647년에 그의 저서(*)에서 쌍곡선들로 둘러싸인 영역들의 넓이를 포물선의 활꼴에 대한 넓이를 찾는 아르키메데스의 방법을 적용하여 구했다. 그는 $\dfrac{a}{b} = \dfrac{c}{d}\,(a, b, c, d > 0)$를 만족하는 구간 $[a, b]$와 $[c, d]$에 대해 $xy = k$의 그래프 아래쪽의 넓이가 서로 같다는 사실을 보였다. 즉, 직각쌍곡선 아래쪽의 넓이들은 마치 로그처럼 움직인다. 그리고 원뿔 곡선들의 성질을 사용하여 좌표를 이용한 기하학이나 미적분학의 도움 없이 이를 설명하였다[Burn, 2000].

$xy = 1$의 한 호에 의해 둘러싸인 영역들의 넓이에 대한 근삿값은 자연로그에 대한 흥미로운 부등식들을 끌어낸다. 예를 들어, 구간 $[a, b]$에서 $xy = 1$의 그래프를 내접사각형과 외접사각형으로 제한하고 각각의 넓이를 구해 보면 그림19.7과 같이 네이피어의 부등식이라 불리는 다음 부등식이 성립함을 알 수 있다.

$$\text{두 수 } a, b \text{에 대해 } 0 < a < b \text{일 때, } \frac{1}{b} < \frac{\ln b - \ln a}{b - a} < \frac{1}{a} \qquad (19.2)$$

(*)『Opus Geometricum(1647)』

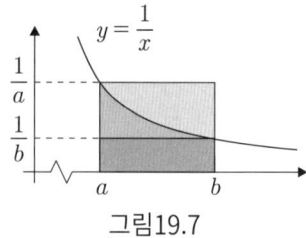
그림19.7

두 사각형과 쌍곡선에 의해 둘러싸인 영역들을 비교하면 다음과 같다.

$$\frac{1}{b}(b-a) < \int_a^b \frac{1}{x}\,dx < \frac{1}{a}(b-a)$$

네이피어의 부등식은 위의 부등식에 의해 유도되는데 자연상수 e에 대한 익숙한 극한 표현을 유도하는 데 사용될 수 있다. $a=n, b=n+1$이라 하자. 기초적인 대수적 조작으로 조임정리를 사용하고 $n \to \infty$에 따라 부등식의 양변에 극한값을 취하면 다음과 같다[Schaumberger, 1972].

$$\frac{1}{n+1} < \ln\frac{n+1}{n} < \frac{1}{n}$$
$$\ln e^{\frac{n}{n+1}} = \frac{n}{n+1} < \ln\left(\frac{n+1}{n}\right)^n < 1 = \ln e$$
$$e^{\frac{n}{n+1}} < \left(1+\frac{1}{n}\right)^n < e$$
$$\lim_{n\to\infty}\left(1+\frac{1}{n}\right)^n = e$$

(19.2)에서 역수를 취하면

$$0 < a < b \text{일 때, } a < \frac{b-a}{\ln b - \ln a} < b$$

이다. 즉, $\frac{b-a}{\ln b - \ln a}$는 a와 b의 평균이 되며, 이를 a와 b의 로그평균이라 한다. 로그평균을 산술평균, 기하평균과 비교하기 위해서 폐구간 $[a, b]$에서 $xy=1$ 그래프 아래의 넓이에 대한 더 나은 근삿값들을 사용하자. (그림19.8 참조)

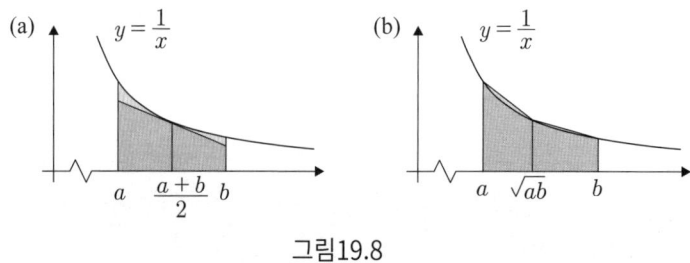
그림19.8

그림19.8a에서 내접사다리꼴의 넓이는 $\dfrac{2(b-a)}{a+b}$ 이다. 따라서

$$\dfrac{2(b-a)}{a+b} < \ln b - \ln a \quad \text{또는} \quad \dfrac{b-a}{\ln b - \ln a} < \dfrac{a+b}{2}$$

이다.

그림19.8b의 닫힌 구간 $[a, \sqrt{ab}]$와 $[\sqrt{ab}, b]$에서 외접한 두 사다리꼴의 넓이는 각각 $\dfrac{b-a}{2\sqrt{ab}}$가 된다. 따라서

$$\dfrac{b-a}{\sqrt{ab}} > \ln b - \ln a \quad \text{또는} \quad \sqrt{ab} < \dfrac{b-a}{\ln b - \ln a}$$

이다.

$0 < b < a$일 때도 같은 부등식을 얻을 수 있으므로 결국 로그평균은 기하평균과 산술평균 사이에 놓이게 된다. 즉, 두 양수 a, b에 대해

$$\sqrt{ab} \leq \dfrac{b-a}{\ln b - \ln a} \leq \dfrac{a+b}{2} \tag{19.3}$$

이고 $a = b$일 때 등식이 성립한다.

(19.3)을 응용하여 $\{a, b\} = \{1, x\}^{(**)}$(단, $x \neq 1$인 양수)일 때, $\sqrt{x} < \dfrac{x-1}{\ln x} < \dfrac{1+x}{2}$ 이므로 $\lim\limits_{x \to 1} \dfrac{\ln x}{x-1} = 1$이다.

다른 응용에 관한 내용은 도전문제19.3을 살펴보자.

19.4 쌍곡사인과 쌍곡코사인

대부분의 미적분학 교재에서 쌍곡사인과 쌍곡코사인을 지수함수를 이용하여 정의한다. 쌍곡사인은 $\sinh \theta = \dfrac{e^\theta - e^{-\theta}}{2}$ 이고, 쌍곡코사인은 $\cosh \theta = \dfrac{e^\theta + e^{-\theta}}{2}$ 이다. 어떤 항등식들은 '쌍곡선'을 배경으로 다음과 같이 나타내기도 한다. 점 $(\cosh \theta, \sinh \theta)$는 직각쌍곡선 $x^2 - y^2 = 1$의 제1사분면에 있는 한 점이다.

그런데 왜 e^θ과 $e^{-\theta}$이 사용되는 것일까?

$^{(**)}$ 역자주 : $\{a, b\}$는 주어진 구간의 양 끝값을 원소로 하는 집합을 나타낸 것으로 $\{a, b\} = \{1, x\}$는 주어진 구간의 양 끝값이 $1, x$라는 뜻이며 $x > 1$인 경우 또는 $x < 1$인 경우에도 $\sqrt{x} < \dfrac{x-1}{\ln x} < \dfrac{1+x}{2}$가 성립한다.

반지름이 1인 단위원에서 원주상의 점은 보통 코사인과 사인으로 정의된다. 즉, 점 $(\cos\theta, \sin\theta)$는 $x^2 + y^2 = 1$인 원 위의 한 점이다. 그림19.9a에서 회색 부채꼴의 넓이는 $\dfrac{\theta}{2}$이다.

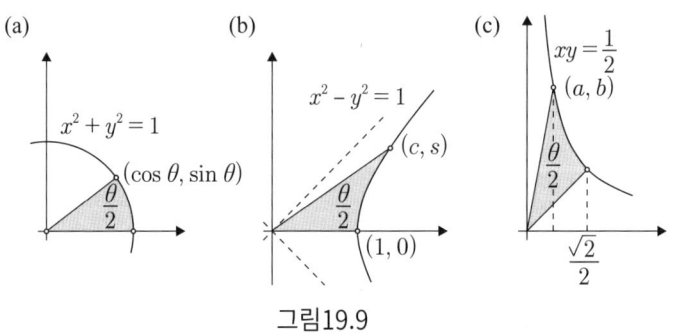

그림19.9

한 점 (c, s)가 제1사분면에서 쌍곡선 $x^2 - y^2 = 1$ 위의 한 점이라 하자. 그림19.9b의 회색 부분의 넓이는 $\dfrac{\theta}{2}$이다.

이제 $s = \dfrac{e^\theta - e^{-\theta}}{2} = \sinh\theta$, $c = \dfrac{e^\theta + e^{-\theta}}{2} = \cosh\theta$임을 보이려 한다. $c^2 - s^2 = 1$이므로 c와 s에 대한 두 번째 방정식을 찾아보자. 그리고 그림19.9b에서 회색의 쌍곡부채꼴의 넓이가 $\dfrac{\theta}{2}$일 때, c와 s로 표현됨을 제시한다.

그렇게 하려면 그림19.9c처럼 쌍곡선을 반시계 방향으로 45° 회전시킨다. 이 회전으로 쌍곡선 $x^2 - y^2 = 1$의 꼭짓점 $(1, 0)$은 $\left(\dfrac{\sqrt{2}}{2}, \dfrac{\sqrt{2}}{2}\right)$가 되고, 점 (c, s)는 $(a, b) = \left(\dfrac{\sqrt{2}(c-s)}{2}, \dfrac{\sqrt{2}(c+s)}{2}\right)$로 옮겨진다. 그리고 쌍곡선의 식은 $xy = \dfrac{1}{2}$이 된다. 그림19.9c의 회색의 쌍곡부채꼴의 넓이는 구간 $\left(a, \dfrac{\sqrt{2}}{2}\right)$에서 쌍곡선 아래쪽의 넓이와 같다. (도전문제19.2 참조) 따라서

$$\frac{\theta}{2} = \int_a^{\frac{\sqrt{2}}{2}} \frac{1}{2x}\, dx = \frac{1}{2}\left(\ln\frac{\sqrt{2}}{2} - \ln a\right) = -\frac{1}{2}\ln(c - s)$$

이므로 $c - s = e^{-\theta}$이고, $c^2 - s^2 = 1$로부터 쌍곡사인과 쌍곡코사인에 대한 익숙한 표현인 $s = \dfrac{e^\theta - e^{-\theta}}{2}$, $c = \dfrac{e^\theta + e^{-\theta}}{2}$가 구해진다.

19.5 삼각수의 역수에 대한 급수

직각쌍곡선의 그래프는 다음 급수를 설명하는 데 사용될 수 있다.

$$\frac{1}{1} + \frac{1}{3} + \frac{1}{6} + \cdots + \frac{1}{T_n} + \cdots = 2 \text{ (단, } T_n = 1 + 2 + 3 + \cdots + n \text{으로 } n \text{번째 삼각수이다.)}$$

그림19.10을 보면 $xy = 2$의 그래프와 $T_n = \frac{n(n+1)}{2}$이라는 사실을 사용했다. 회색의 직사각형들의 넓이가 급수의 항 $\left\{1, \frac{1}{3}, \frac{1}{6}, \cdots\right\}$임을 알 수 있다. 직사각형들은 모두 밑변의 길이가 같으므로 그림19.10의 오른쪽처럼 급수의 합을 넓이가 2인 직사각형으로 나타낼 수 있다.

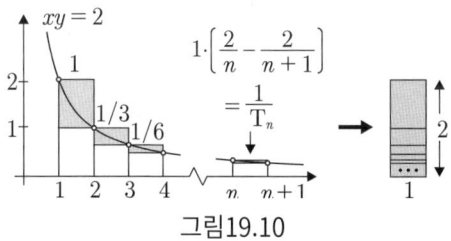

그림19.10

다른 망원 급수(Telescoping series)들도 비슷한 방법으로 설명할 수 있다. 더 많은 예는 [Plaza, 2010]를 살펴보자.

19.6 도전문제

19.1 두 점 A, B가 제1사분면에서 $xy = 1$ 그래프 위에 있다. 선분 AB의 중점을 M이라 하고, 점 P는 선분 OM과 쌍곡선의 교점일 때(그림19.11), 점 P의 좌표가 두 점 A, B의 좌표들의 기하평균점임을 보여라.

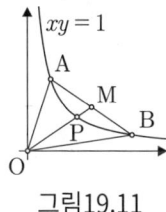

그림19.11

19.2 두 점 A, B는 한 직각쌍곡선 위의 같은 사분면에 있는 점이다. 그림19.12a와 같이 색칠된 쌍곡부채꼴의 넓이는 그림19.12b와 같이 두 점 A, B 사이에 있는 쌍곡선 아래쪽의 넓이와 같음을 보여라.

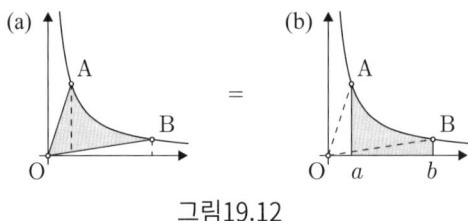

그림19.12

19.3 다음 두 가지 사실을 보여라.

(a) $x > -1$이고 $x \neq 0$인 실수 x에 대하여 다음이 성립한다.
$$\frac{x}{1+x} < \ln(1+x) < x$$

(b) $x > 0$인 실수 x에 대하여 다음이 성립한다.
$$\frac{2x}{2+x} < \ln(1+x) < \frac{x}{\sqrt{1+x}}$$

19.4 $x > 0$인 실수 x에 대하여 다음을 증명하여라.
$$\lim_{n \to \infty} n(x^{\frac{1}{n}} - 1) = \ln x$$

19.5 $-1 < x < 1$, $x \neq 0$인 실수 x에 대하여 다음을 보여라.
$$x < \ln\sqrt{\frac{1+x}{1-x}} < \frac{x}{\sqrt{1-x^2}}$$

19.6 두 양수 a, b에 대하여 (19.3)이 산술평균-기하평균의 부등식을 다음과 같이 부등식을 추가하여 표현할 수 있음을 보여라.
$$\sqrt{ab} \leq \sqrt[4]{ab}\frac{\sqrt{a}+\sqrt{b}}{2} \leq \frac{b-a}{\ln b - \ln a} \leq \left(\frac{\sqrt{a}+\sqrt{b}}{2}\right)^2 \leq \frac{a+b}{2} \quad (19.4)$$

CHAPTER 20
타일링

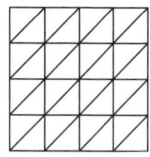

화가나 시인들처럼 수학자들의 패턴들도 아름다워야 한다.

고드프리 해럴드 하디
(Godfrey Harold Hardy)
『어느 수학자의 변명(1940)』

    수학자들의 가장 아름다운 패턴 중에는 타일링이 있다. 평면 타일링 혹은 테셀레이션은 평면을 겹치지 않고 빈틈없이 채우는 닫힌 도형들의 배열을 뜻한다. 아름다운 평면 타일링들은 인간이 만든 대상들 속에 많이 있다. 가령, 퀼트나 마루의 간단한 패턴, 그라나다의 알함브라 궁전과 같은 무어인들의 건축물에서 발견되는 복잡한 모자이크, 네덜란드의 마우리츠 코르넬리스 에스허르(Maurits Cornelis Escher, 1898~1972)의 독창적인 디자인 등이 있다.

    그림20.1은 자연에서 나타나는 세 가지 타일링인데 벌집, 북아일랜드에 있는 자이언트 코즈웨이의 현무암 기둥 그리고 말라붙은 호수 바닥의 진흙 표면이다. 수학자들은 타일링의 위대한 다양성을 연구하여 정규 타일링, 준정규 타일링, 주기적·비주기적인 펜로즈 타일링 등으로 분류했다. 그러나 우리의 목표는 수학적인 연산을 수행하기 위해 타일링을 사용할 것이다. 그리고 수학적 결과들을 발견하기 위해서 대부분은 이번 장의 아이콘에 표시된 것처럼 전체 평면 타일링의 일부만 필요하다.

그림20.1

20.1 격자 곱셈

수학을 하기 위해 타일링을 사용한 가장 초기의 사례 중 하나는 '격자 곱셈'으로 알려진 알고리즘이다. 젤로시아 곱셈이라 불리기도 한다(이 패턴은 창문의 격자를 닮았으며 이탈리아어로 gelosia라 불린다). 격자 곱셈은 바스카라가 쓴 수학책 『릴라바티(Lilāvati)』에 대한 주석에서 볼 수 있으며 12세기 이전에 인도에서 유래된 것으로 보인다. 피보나치로도 알려진 피사의 레오나르도는 약 1202년경 유럽에 그의 계산책 『산반서(Liber Abaci)』에서 격자 곱셈법을 소개하였다.

그 방법은 이 장의 아이콘에 나타낸 것처럼 직사각형 혹은 이등변삼각형들의 격자를 이용한다. 격자 곱셈 알고리즘을 63579 × 523의 예로 설명하겠다. 63579를 격자판의 위쪽에, 523은 오른편에 쓴다. 그리고 각 자릿수의 곱을 각각의 정사각형 칸에 일의 자리와 십의 자리 수를 기록한다. 대각선들을 따라 숫자들을 더하면 33251817이라는 답이 격자의 왼편과 아래편에 기록된다.

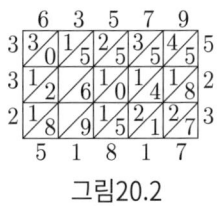

그림20.2

로그를 발명한 것으로 잘 알려진 스코틀랜드의 수학자 존 네이피어(John Napier, 1550~1617)는 격자 곱셈에 기반한 주판 같은 계산 도구를 창안했다. 그림20.3은 '네이피어의 뼈' 또는 '네이피어의 막대'라고 알려진 것이다.

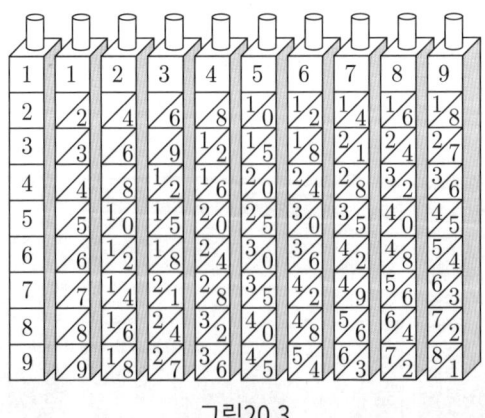

그림20.3

20.2 타일링의 증명 기술

모든 볼록 또는 오목사각형 타일들은 그림20.4에서처럼 평면을 채운다.

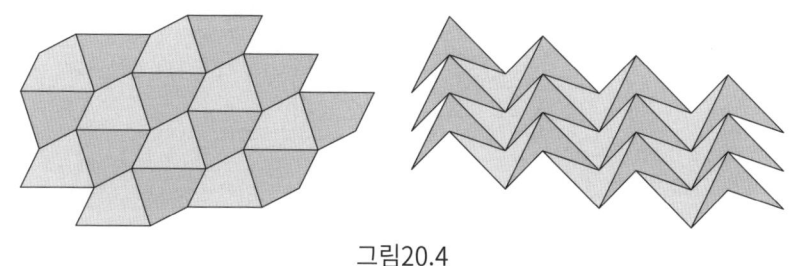

그림20.4

이제 간단한 과정으로 사각형의 넓이를 찾을 수 있다.

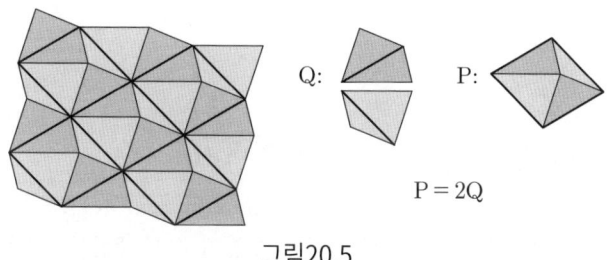

그림20.5

사각형 Q의 넓이는 평행사변형 P의 넓이의 $\frac{1}{2}$이다. 왜냐하면 평행사변형 P의 변들은 사각형 Q의 대각선과 평행하고 길이가 같기 때문이다.

그림20.5는 볼록사각형에 관한 결과를 나타낸다. 도전문제 20.2는 오목사각형에 대한 증명을 묻고 있다.

8장에서 임의의 삼각형의 각 변에서 만들어진 세 정삼각형의 중심이 정삼각형이 되는 나폴레옹 삼각형을 살펴보았다. 그렇다면 사각형에 대해서도 비슷한 것이 성립할까? 답은 평행사변형과 정사각형들에 대해서 '예'인데 다음과 같은 정리로 설명할 수 있다.

'임의의 평행사변형의 네 변에 대해 바깥쪽으로 세워진 정사각형들의 중심점들에 의해 결정된 사각형은 정사각형이 된다.'

그림20.6은 평행사변형에 의해 만들어진 평면 타일의 일부이다. 그리고 각 변에 세워진 정사각형들은 정사각형들의 중심들을 연결함으로써 새로운 타일링을 만들었다 [Flores, 1997].

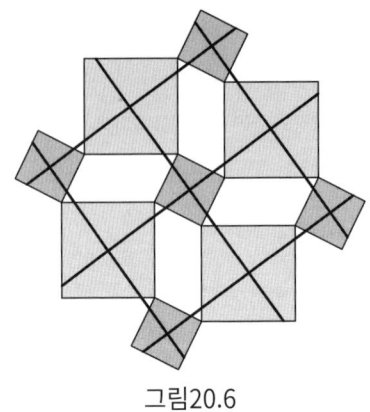

그림20.6

a와 b를 평행사변형의 두 변의 길이라 하고 P는 평행사변형의 넓이, S는 새로운 정사각 타일링의 넓이라 하면 나폴레옹의 정리와 유사한 다음과 같은 등식을 얻는다.

$$2S = 2P + a^2 + b^2$$

20.3 직사각형들로 직사각형을 타일링하기

그림20.7과 같이 한 직사각형을 겹치거나 빈틈없이 직사각형들로 덮을 수 있을 때, 우리는 직사각형들로 '타일링' 되었다고 하자.

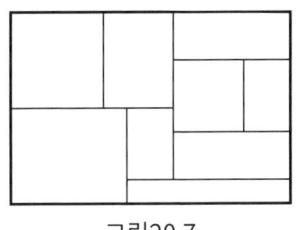

그림20.7

1969년에 니콜라스 드 브루인(N. G. de Bruijin, 1918~2012)은 다음과 같은 매우 놀라운 결과를 증명했다. '어떤 직사각형이 직사각형들로 타일링 되었을 때 그 직사각형들 각각이 적어도 하나 이상의 정수 변을 갖고 있다면, 타일링된 처음 직사각형은 적어도 하나의 정수 변을 갖게 된다.'

스탠 왜건(Stan Wagon)은 그의 조사 논문[Wagon, 1987]에서 이 명제에 대해 일반화를 포함하여 이중적분에서 그래프이론까지 활용하고 다양한 기법들을 동원한 14개의 증명을 제시하였다. 우리는 여기서 왜건이 로치버그(R. Rochberg)와 스타인(S. K.

Stein)에게 도움받은 [Konhauser et al., 1996]에서 기본적인 증명을 소개하겠다.

그림20.8과 같이 회색 칸과 흰색 칸을 가진 제1사분면에 놓인 체스판을 타일링 해보자. 한 칸의 크기는 $\frac{1}{2}$이라 하자. 그림20.8a에서 정수 변을 가진 어떤 직사각형이든 똑같은 개수의 회색 칸과 흰색 칸을 갖고 있고 결국, 타일링된 직사각형은 같은 개수의 회색과 흰색 칸을 갖고 있게 된다.

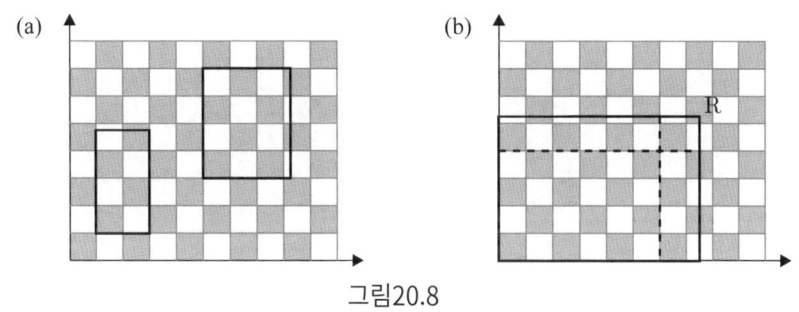

그림20.8

그림20.8b와 같이 직사각형 R를 제1사분면에 놓자. R의 어느 변도 정수가 아니면 R는 네 조각(점선으로 표시된)으로 나눠질 수 있다. 이들 중 세 개는 회색 칸과 흰색 칸의 개수가 같고 하나는 그렇지 않다. 따라서 적어도 R의 한 변은 정수이어야 한다.

20.4 피타고라스 정리-무한히 많은 증명

이 책을 피타고라스 정리에 대한 유클리드의 증명으로 시작했다. 그리고 이어지는 장들에서 여러 개의 추가 증명을 제시했다. 여기선 피타고라스 증명이 무한히 많은 서로 다른 증명들이 있음을 설명함으로써 책을 마무리하려 한다.

1장에선 피타고라스 증명의 여러 분할 증명을 만났다. 그림20.9에 그중 두 가지가 있다.

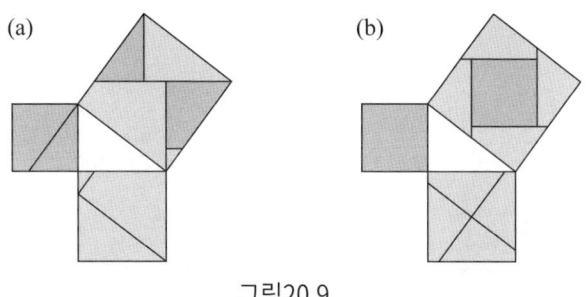

그림20.9

어떻게 이러한 분할 증명법을 생각해 낼 수 있었을까? 그림20.10과 같이 크기가 다른 두 정사각형에 기반한 평면 타일링을 사용하는 것이 한 가지 방법이다. 그런 타일링을 종종 '피타고라스 타일링'이라 부른다.

그림20.10a에 있는 피타고라스 타일링은 짙은 회색 작은 정사각형들의 오른쪽 상단의 꼭짓점들을 지나는 직선을 그린 것이다.

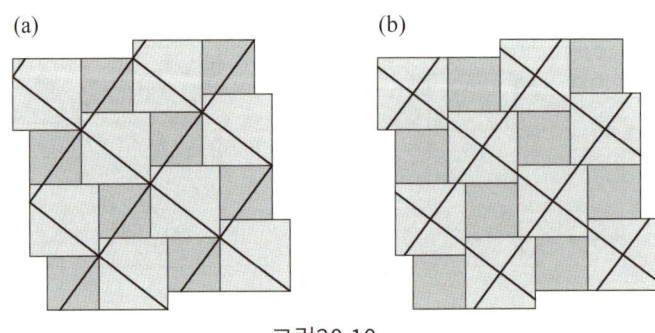

그림20.10

이렇게 하면 합동인 정사각형들의 격자 모양(우리는 '빗변 격자'라 부른다.) 타일링이 이전 타일링 위에 덮인다. 그림에서 더 큰 밝은 회색의 정사각형들의 왼쪽 아래의 꼭짓점에 직각삼각형이 만들어져 있음에 주목하자.

만약 a와 b를 두 변으로, c를 직각삼각형의 빗변으로 보면 짙고 밝은 정사각형들의 넓이는 a^2과 b^2이 되고 빗변 격자로 생긴 투명한 정사각형들은 그림20.9a로부터 $c^2 = a^2 + b^2$이라는 분할 정리를 설명할 수 있게 된다.

그림20.10b와 같이 격자 직선들을 밝은 회색 정사각형들의 중심으로 옮기면 이것도 피타고라스의 분할 정리가 된다. 그러므로 우리는 피타고라스 타일링에서 빗변 격자를 덮는 방식으로 많은 다른 분할 증명을 생각할 수 있다. 따라서 피타고라스 정리의 무한히 많은 서로 다른 증명이 있음을 증명했다. 사실 셀 수 없이 무한히 많은 증명이 있으며 빗변 위의 각 정사각형 속에 9개 혹은 그보다 적은 조각들로 분할된다.

20.5 도전문제

20.1 원호로 둘러쌓은 모양으로 평면을 타일링하는 것이 가능할까?

20.2 오목사각형 Q의 넓이는 Q의 대각선들과 평행하고, 길이가 같은 평행사변형 P의 넓이의 $\frac{1}{2}$임을 증명하여라.

20.3 그림20.11a의 세비야에 있는 카를로스 5세 뜰에 있는 바닥 타일은 피타고라스 정리에 대한 또 다른 타일링 증명을 나타내고 있다. 증명할 때 직사각형과 정사각형들의 타일링과 위쪽에 새로운 정사각형의 타일링을 사용하여라.

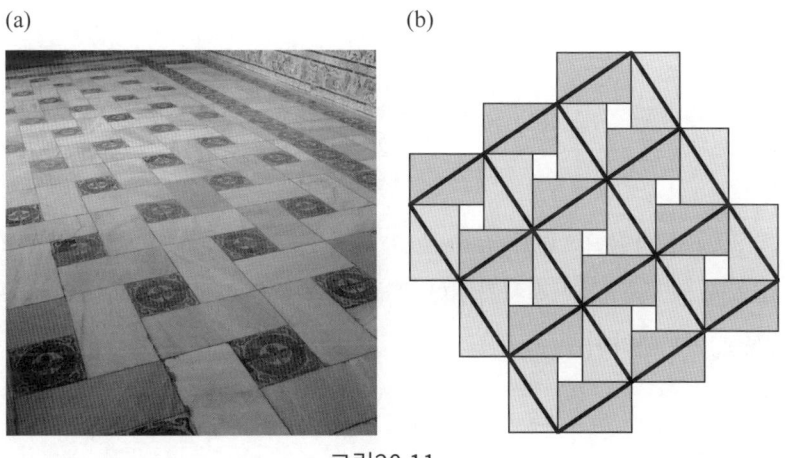

그림20.11

20.4 정사각형을 반원에 내접시키고 또 다른 정사각형을 같은 반지름의 원에 (그림 20.12에서 보인 것처럼) 내접시키면 어떻게 두 영역의 넓이를 비교할 수 있을까? [힌트: 단위 정사각형들로 타일링해 보아라. 그리고 네 개의 정사각형들이 한 점에서 만나고 그 점이 중심인 반지름이 $\sqrt{5}$ 인 원을 그려 보라.]

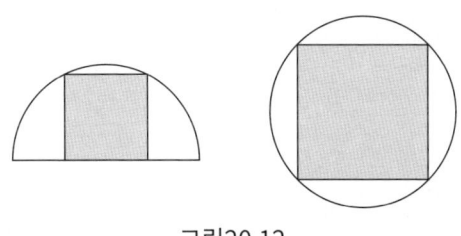

그림20.12

20.5 헨리 어니스트 듀드니의 『Amusements in Mathematics(1917)』에 나오는 또 다른 퍼즐을 소개한다.

농부 부루첼은 그림20.13에 보이는 것과 같이 각각 넓이가 18, 20 그리고 26 에이커인 세 개의 정사각형 땅을 소유했다. 땅 둘레에 울타리를 치기 위해서 네 개의 삼각형 모양의 땅을 사들였다. 이제 농부가 소유한 전체 땅의 넓이가 얼마인지 구하여라.

[힌트: 벤텐 구조-144 에이커 크기의 정사각형에 1에이커의 정사각형으로 타일을 붙여 놓는다.]

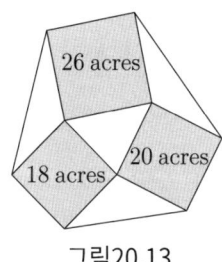

그림20.13

20.6 2차원에서 다음의 코시-슈바르츠 부등식을 증명하기 위해 가로와 세로가 $|a| \times |x|$, $|b| \times |y|$인 직사각형에 의한 평면 타일링을 이용하여라. 임의의 실수 a, b, x, y에 대하여

$$|ax + by| \leq \sqrt{a^2 + b^2}\sqrt{x^2 + y^2}$$

가 성립한다.

도전문제 풀이

도전문제에 대해서는 다양한 풀이가 있다. 여기에서는 각 도전문제에 대해 하나의 풀이만 제시한다. 독자들은 다른 풀이 방법을 찾아보기 바란다.

1장

1.1 (a) 있다. 직각삼각형의 세 변의 길이를 a, b, c라 할 때, 세 변의 길이가 $3:4:5$인 직각삼각형은 모두 세 변의 길이가 등차수열을 이룬다. 만약에 $b = a+d$, $c = a+2d$라 하면 $a^2 + b^2 = c^2$이므로 $a^2 - 2ad - 3d^2 = 0$이다. 따라서 $a = 3d, b = 4d, c = 5d$이다.

   (b) 있다. 세 변의 길이가 $1 : \sqrt{2} : \sqrt{3}$인 직각삼각형은 세 정사각형의 넓이가 등차수열을 이룬다.

   (c) 있다. 만약에 $b^2 = a^2 r$, $c^2 = a^2 r^2$이면 $r^2 = r+1$, $r = \dfrac{1+\sqrt{5}}{2}$이므로 세 정사각형의 넓이가 황금비를 이루면 세 정사각형의 넓이가 등비수열을 이룬다.

1.2 바깥쪽 정사각형의 각 변의 길이를 x, y, z라 하고, 가운데 삼각형의 세 변 a, b, c와 마주 보는 각의 크기를 각각 A, B, C이라 하자.

   (a) 코사인 법칙을 이용하면 $a^2 = b^2 + c^2 - 2bc\cos A$이다.
   $x^2 = b^2 + c^2 - 2bc\cos(180° - A) = b^2 + c^2 + 2bc\cos A$이므로
   $x^2 = 2b^2 + 2c^2 - a^2$이다. 같은 방법으로

$y^2 = 2a^2 + 2c^2 - b^2, z^2 = 2a^2 + 2b^2 - c^2$이다.
$$\therefore x^2 + y^2 + z^2 = (2b^2 + 2c^2 - a^2) + (2a^2 + 2c^2 - b^2) + (2a^2 + 2b^2 - c^2)$$
$$= 3(a^2 + b^2 + c^2)$$

(b) $x^2 + y^2 + z^2 = 3(a^2 + b^2 + c^2)$이므로 $x^2 + y^2 + z^2 = 6c^2, z^2 = c^2$이다.
$$\therefore x^2 + y^2 = 5z^2$$

1.3 선분 $P_b P_c$와 선분 AP_a는 수직이고 길이가 같으며, 선분 $P_b P_c$와 선분 AP_x도 길이가 같은 수직이다. 따라서 점 A는 선분 $P_a P_x$의 중점이다. 다른 2가지 경우도 같은 방법으로 풀면 된다.

1.4 그림S1.1에서 정사각형과 삼각형의 꼭짓점에 이름을 정해주고, 정사각형AEDP의 한 변의 길이를 a, 정사각형 CHIQ의 한 변의 길이를 b라 하자. 삼각형 ABE, BCH는 직각을 낀 두 변의 길이가 각각 a, b인 합동인 삼각형이고, 이전 그림1.7에서 설명하였던 것처럼 △ABE와 △DEK, △BCH, KHI, △KMN와 △DKI의 넓이는 각각 같다. 따라서 △ABE, △DEK, △KHI, △BCH의 넓이는 $\frac{ab}{2}$이고 $|\overline{PQ}| = 2(a+b)$이다.

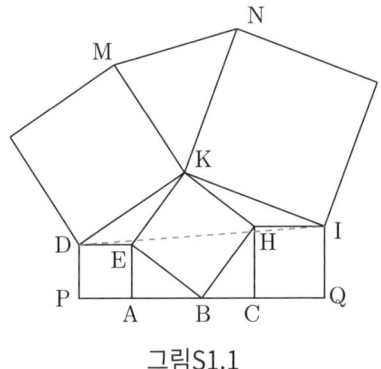

그림S1.1

따라서

(△KMN의 넓이) = (△DKI의 넓이)

$$= (다각형\ PDKIQ의\ 넓이) - (\square PDIQ의\ 넓이)$$
$$= (a^2 + b^2 + 4 \cdot \frac{ab}{2} + (\square BEKH의\ 넓이) - \frac{1}{2} \cdot 2(a+b) \cdot (a+b)$$
$$= (a+b)^2 + (\square BEKH의\ 넓이) - (a+b)^2$$
$$= (\square BEKH의\ 넓이)$$

즉, (□BEKH의 넓이)$= a^2 + b^2$이다.

1.5 △ABH와 □HICJ의 넓이는 같다.

$a = |\overline{BC}|$, $b = |\overline{AC}|$라 하자. △ACI와 △ADE는 닮음이고 $\frac{|\overline{CI}|}{b} = \frac{a}{a+b}$이므로, $|\overline{CI}| = \frac{ab}{a+b}$이다. 그리고 △ACI의 넓이는 $\frac{ab^2}{2(a+b)}$이다. 같은 방법으로 △BJC의 넓이는 $\frac{a^2 b}{2(a+b)}$이므로 △ACI의 넓이와 △BJC의 넓이의 합은 $\frac{ab}{2}$ 즉, △ABC의 넓이이다. 따라서

$$\triangle AJH + 2\square HICJ + \triangle BIH = \triangle ACI + \triangle BJC$$
$$= \triangle ABC$$
$$= \triangle AJH + \square HICJ + \triangle BIH + \triangle ABH$$

∴ □HICJ $= \triangle$ABH [Konhauser et al, 1996]

1.6 그림S1.2와 같이 중심이 각각 Q, S이고 합동인 평행사변형 ABED′, ADFB′을 작도한다. 점 A를 점 R에 대하여 시계방향으로 90° 회전시키면 ABED′는 ADFB′에 대응하고, 선분 RQ는 선분 RS에 대응한다. 따라서 선분 QR와 선분 RS는 서로 길이가 같으며 수직인 선분이다. 같은 방법으로 점 A를 점 T에 대하여 시계 반대 방향으로 90° 회전시키면 선분 QT와 선분 TS는 서로 길이가 같으며 수직이므로 사각형 QRST는 정사각형이다.

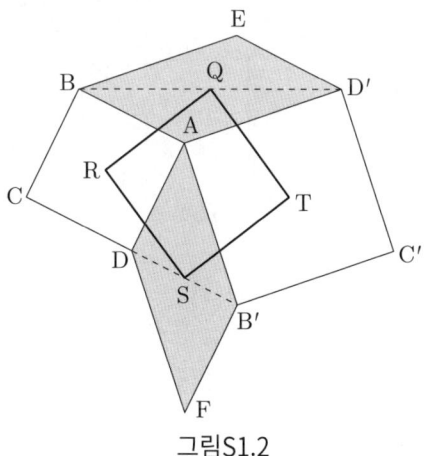

그림S1.2

1.7 △ACF를 시계방향으로 90° 회전시키면 △ECB이므로 △ACF와 △ECB는 합동이다. 따라서 $\overline{AF}$, $\overline{EB}$ 는 점 P에서 수직이다. ∠APE는 직각이고 정사각형 ACED의 외접원 위에 있다. 따라서 사분원에 대하여 ∠DPE = 45°이다. 같은 방법으로 ∠FPG = 45°이다. 그러므로 ∠DPG = 45° + 90° + 45° = 180° 이다.

따라서 세 점 D, P, G는 한 직선 위에 있다[Honsberger, 2001].

2장

2.1 그림2.5에서 방정식(2.1)의 필요충분조건은 $\sin\theta = 1$이다. 즉, $\theta = 90°$이므로 회색 부분의 삼각형은 직각이등변삼각형이다. 따라서 $\sqrt{a} = \sqrt{b}$ 이므로 $a = b$이다. 그림2.6에서 방정식(2.2)의 필요충분조건은 $\theta = 90°$이고 $|ax+by| = |ax| + |by|$ 즉, ax와 by는 같은 부호를 갖는다. 이것은 회색 부분의 삼각형은 닮았다는 것이고 $\frac{|x|}{|y|} = \frac{|a|}{|b|}$ 또는 $|ay| = |bx|$이다. 만약, ax와 by의 부호가 같으면 $ay = bx$이다.

2.2 그림S2.1a에서 흰 부분의 평행사변형의 넓이는 $\sin\left(\frac{\pi}{2} - \alpha + \beta\right)$이다. 즉, $\sin\left(\frac{\pi}{2} - \alpha + \beta\right) = \cos(\alpha - \beta)$이다[Webber and Bode, 2002].

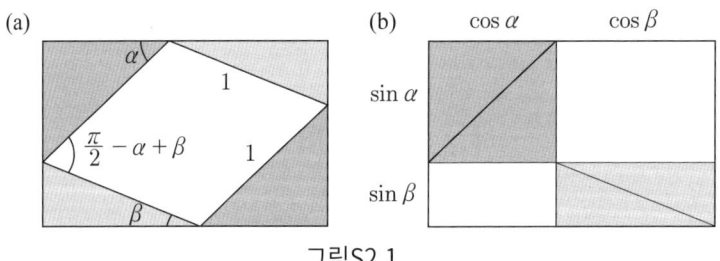

그림S2.1

2.3 그림2.6에서 $x = \sin t, y = \cos t$로 놓는다.

2.4 (2.2)를 이용하면

$$|ax + by + cz| \leq |ax + by| + |cz|$$
$$\leq \sqrt{a^2 + b^2}\sqrt{x^2 + y^2} + |cz|$$
$$\leq \sqrt{(a^2 + b^2) + c^2}\sqrt{(x^2 + y^2) + z^2}$$

같은 방법으로 n개의 변수를 갖는 코시-슈바르츠 부등식을 수학적 귀납법으로 증명하면 다음과 같다.

$$|a_1x_1 + a_2x_2 + \cdots + a_nx_n| \leq \sqrt{a_1^2 + a_2^2 + \cdots + a_n^2}\sqrt{x_1^2 + x_2^2 + \cdots + x_n^2}$$

2.5 (2.2)에서 x, y를 $\frac{1}{2}$이라 하면 다음이 성립함을 알 수 있다.

$$\frac{a+b}{2} = \left|a \cdot \frac{1}{2} + b \cdot \frac{1}{2}\right| \leq \sqrt{a^2 + b^2}\sqrt{\frac{1}{2}} = \sqrt{\frac{a^2 + b^2}{2}}$$

2.6 아니다. ∠A = ∠B, ∠C ≠ 90°인 이등변삼각형을 생각할 수 있다.

3장

3.1 $a = |\sin\theta|, b = |\cos\theta|$일 때, $a + b \leq c\sqrt{2}$ (3.1)를 이용한다.

3.2 그림S3.1을 본다. 직각을 낀 두 변의 길이가 $a, \sqrt{ab}$ 와 $\sqrt{ab}, b$인 2개의 직각삼각형은 닮았다. 따라서 회색 부분의 삼각형은 직각삼각형이다. 회색 부분의 삼각형의 빗변 $a + b$는 사다리꼴의 밑변 $2\sqrt{ab}$ 보다 길거나 같다. 따라서 $\frac{a+b}{2} \geq \sqrt{ab}$ 이다.

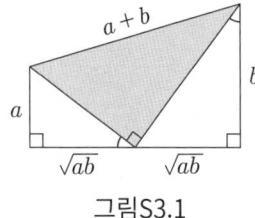

그림S3.1

3.3 그림S3.2을 참조하자.

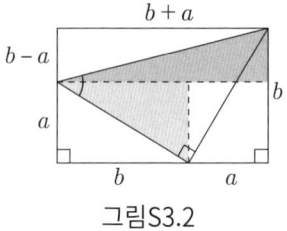

그림S3.2

3.4 (3.4)에서 $p = F_{2n}$, $q = F_{2n-1}$이라 하면
$p + q = F_{2n+1}$, $p^2 + pq + 1 = F_{2n}^2 + F_{2n}F_{2n-1} + 1$이다.
카시니의 항등식(Cassini's identity)은 $k \geq 2$에 대하여 $F_{k-1}F_{k+1} - F_k^2 = (-1)^k$이 므로 $F_{2n}^2 + 1 = F_{2n-1}F_{2n+1}$이다. 따라서 $p^2 + pq + 1 = F_{2n-1}(F_{2n} + F_{2n+1}) = qF_{2n+2}$이다.

$$\therefore \frac{q}{p^2 + pq + 1} = \frac{1}{F_{2n+2}}$$

3.5 그림S3.3을 참조하자.

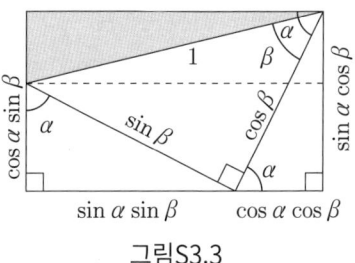

그림S3.3

3.6 그림S3.4을 참조하자.

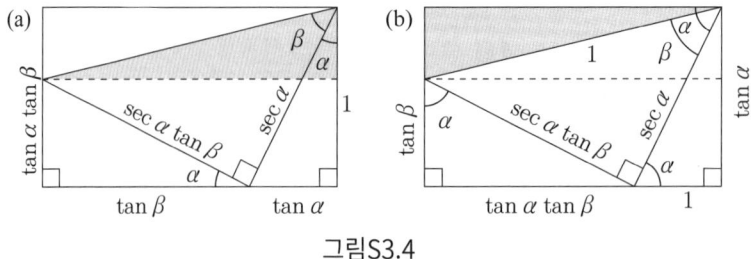

그림S3.4

3.7 그림S3.5을 참조하자[버크(Burk), 1996].

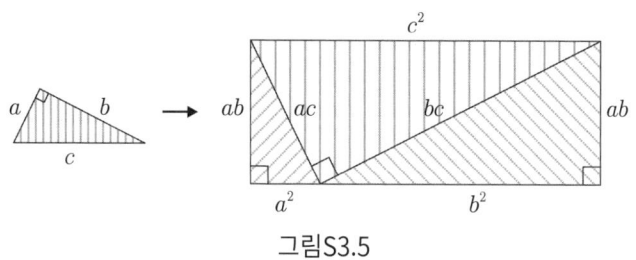

그림S3.5

3.8 그림S3.6에서 각 직각삼각형의 빗변의 길이를 계산한다. 회색 부분의 직각삼각형에서 $\sin\theta = \dfrac{2z}{1+z^2}, \cos\theta = \dfrac{1-z^2}{1+z^2}$ 이다[Kung, 2001].

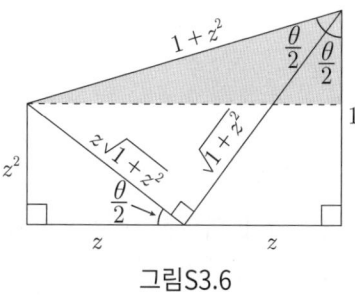

그림S3.6

3.9 그림S3.7처럼 1사분면에 사다리꼴을 놓으면, P_k의 좌표는

$$P_k = \left(\frac{b+ak}{2}, \frac{a+bk}{2}\right) = \left(\frac{b}{2}, \frac{a}{2}\right) + k\left(\frac{a}{2}, \frac{b}{2}\right)$$

이다. 그러므로 P_k는 기울기가 $\dfrac{b}{a}$이고 $\left(\dfrac{b}{2}, \dfrac{a}{2}\right)$로 시작되는 반직선 위에 있다.

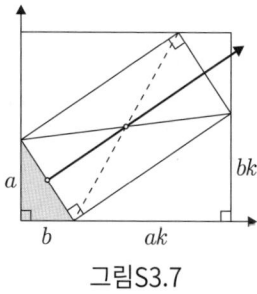

그림S3.7

3.10 그림S3.8의 가필드 사다리꼴(Garfield trapezoid)에서 (3.5)의 첫 번째 부등식으로부터 $\sqrt{2\left(x+\frac{1}{x}\right)} \geq \sqrt{x}+\sqrt{\frac{1}{x}}$ 을 구할 수 있다. 산술평균-기하평균 부등식에서 두 번째 부등식을 구할 수 있다.

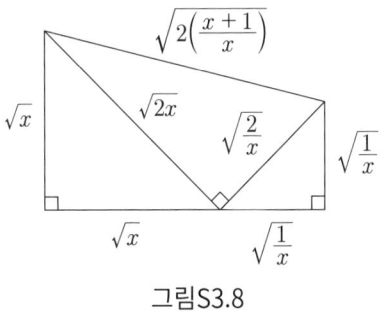

그림S3.8

4장

4.1 $\overline{BC}$, $\overline{AC}$ 에 평행하고 점 D에서 만나도록 $\overline{AD}$, $\overline{BD}$ 를 그리면, 사각형 ACBD 는 각 C가 직각인 직사각형이다. 따라서 대각선 $\overline{AB}$, $\overline{CD}$ 는 길이가 같고 점 O에서 서로 이등분된다. 점 O는 점 A, B, C에서 같은 거리에 있고, 지름이 AB인 삼각형 ABC의 외심이다. (그림S4.1 참조)

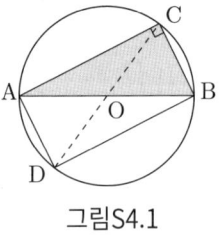

그림S4.1

4.2 $|\overline{PQ}|=a$, $|\overline{QR}|=b$, $|\overline{QS}|=h$ 라 하면 직각삼각형의 높이 정리에 의해 $h^2=ab$ 이다. A를 아벨로스(arbelos, 구두장이의 칼)의 넓이, C를 지름이 $\overline{QS}$ 인 원의 넓이라 하면 다음이 성립한다.

$$A = \frac{\pi}{2}\left(\frac{a+b}{2}\right)^2 - \frac{\pi}{2}\left(\frac{a}{2}\right)^2 - \frac{\pi}{2}\left(\frac{b}{2}\right)^2 = \pi\left(\frac{ab}{4}\right) = \pi\left(\frac{h}{2}\right)^2 = C$$

4.3 (a) 2개의 반각 탄젠트 공식과 그림4.14에서
$\theta = \arcsin x, \sin\theta = x, \cos\theta = \sqrt{1-x^2}$ 이라 놓는다.

(b) 2개의 반각 탄젠트 공식과 그림4.14에서
$\theta = \arccos x, \cos\theta = x, \sin\theta = \sqrt{1-x^2}$ 이라 놓는다.

(c) 2개의 반각 탄젠트 공식과 그림4.14에서
$\theta = \arctan x, \sin\theta = \dfrac{x}{\sqrt{1+x^2}}, \cos\theta = \dfrac{1}{\sqrt{1+x^2}}$ 이라 놓는다.

4.4 실선은 높이이므로 삼각형의 넓이는 $\dfrac{1}{2}\sin 2\theta$이다. 점선도 높이이므로 삼각형의 넓이는 $\dfrac{1}{2}2\sin\theta\cos\theta$이다. 따라서 $\sin 2\theta = 2\sin\theta\cos\theta$이다. 코사인 법칙을 이용하면 현의 길이 $2\sin\theta$는 $(2\sin\theta)^2 = 1^2 + 1^2 - 2\cos 2\theta$이므로 $\cos 2\theta = 1 - 2\sin^2\theta$이다.

4.5 그림S4.2을 참조하자.

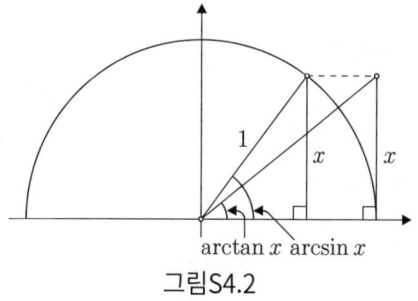

그림S4.2

4.6 회색 부분의 넓이는 $\dfrac{\pi(R^2 - r^2)}{2}$이다. a는 $R+r, R-r$의 기하평균이므로 $a^2 = (R+r)(R-r) = R^2 - r^2$이다.

4.7 그림S4.3에서 직각삼각형의 넓이를 T, 달꼴(회색)의 넓이를 L_1, L_2, 활꼴(흰색)의 넓이를 S_1, S_2라 하자. 아르키메데스 보조 정리의 책에서 성질4의 증명을 이용한 피타고라스 정리의 버전에서 $T + S_1 + S_2 = (S_1 + L_1) + (S_2 + L_2)$이므로 $T = L_1 + L_2$이다.

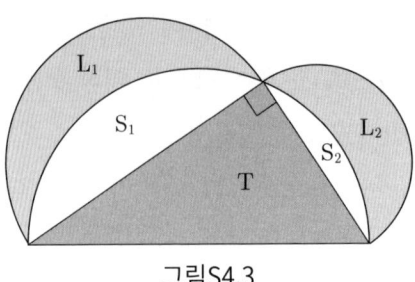

그림S4.3

4.8 그림4.18에서 선분의 길이를 계산하기 위해서는 삼각형 기하학을 이용한다. $|\overline{AB}| = d$라 하면

$$|\overline{AF}| = \frac{d\sqrt{6}}{3}, |\overline{BF}| = \frac{d\sqrt{3}}{3}, |\overline{AE}| = \frac{d\sqrt{2}}{2}, |\overline{BN}| = \frac{d}{\varphi\sqrt{3}}$$ 이다.

(a) 변의 길이가 s인 사면체에서 그림S4.4와 같이 마주 보는 면의 높이와 한 변을 지나는 단면을 생각한다.

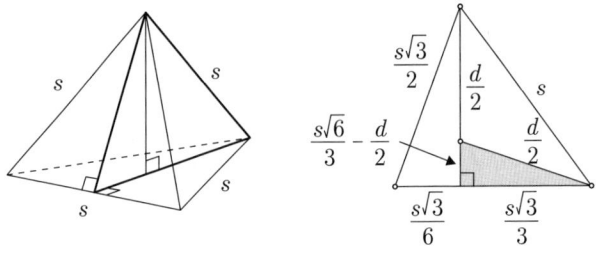

그림S4.4

2개의 높이는 $\frac{s\sqrt{3}}{2}$의 길이를 가지고 있고, 그림에서 회색 부분의 직각삼각형은 s, d와 관련되어 있다. $\left(\frac{s\sqrt{6}}{3} - \frac{d}{2}\right)^2 + \left(\frac{s\sqrt{3}}{3}\right)^2 = \left(\frac{d}{2}\right)^2$이므로 $s = \frac{d\sqrt{6}}{3} = |\overline{AF}|$이다.

(b) 변의 길이가 s인 육면체에서 변의 길이가 $s \times s\sqrt{2}$인 직사각형의 대각선 d는 구의 지름이므로 $d^2 = s^2 + 2s^2$이다. 따라서 $s = \frac{d\sqrt{3}}{3} = |\overline{BF}|$이다.

(c) 변의 길이가 s인 팔면체에서 변의 길이가 s인 정사각형의 대각선의 길이는 d이다. 따라서 $s = \frac{d\sqrt{2}}{2} = |\overline{AE}|$이다.

(d) 변의 길이가 s인 십이면체에서 그림S4.5와 같이 마주 보는 변을 지나는 단면

을 생각한다.

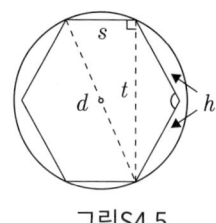

그림S4.5

단면은 육각형이고 남아 있는 4개의 변은 오각형 면의 높이이고 길이는 $h = \dfrac{s\tan 72°}{2}$ 이다. 십이면체의 이면각은 $\arccos\left(-\dfrac{1}{\sqrt{5}}\right)$ 이다. 그림에서 가리키고 있는 선분 t의 길이는 코사인 법칙을 이용하면 $\sec 72° = 2\varphi$, $\varphi + \dfrac{1}{\varphi} = \sqrt{5}$ 이므로 $t^2 = s^2(1+\varphi)^2$ 이다.

따라서 $d^2 = s^2 + s^2(1+\varphi)^2 = 3s^2(1+\varphi) = 3s^2\varphi^2$ 또는 $s = \dfrac{d}{\varphi\sqrt{3}} = |\overline{\text{BN}}|$ 이다.

4.9 작은 반원의 반지름은 1, 큰 반원의 반지름을 2라 하자. 결과적으로 카디오이드의 둘레의 길이는 4π 이다. 그림S4.6처럼 반원의 공통지름을 갖는 $\left[0, \dfrac{\pi}{2}\right]$ 에서 각이 θ 인 뾰족한 부분을 지나는 선을 생각할 수 있다. 선의 오른쪽 둘레 부분의 길이는 $2\theta + 2(\pi - \theta) = 2\pi$ 즉, 전체 둘레의 길이의 $\dfrac{1}{2}$ 이다.

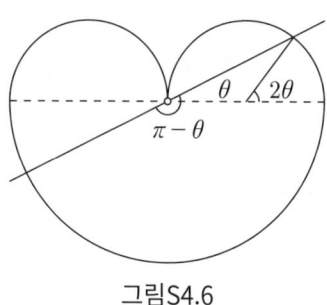

그림S4.6

5장

5.1 (a, b, c), (a', b', c')은 닮음이고, 양수 k에 대하여 $a' = ka$, $b' = kb$, $c' = kc$ 이다. 따라서 $aa' + bb' = ka^2 + kb^2 = kc^2 = cc'$ 이다.

5.2 그림S5.1에서 표시된 선분의 길이를 s, t라 하자. 회색 부분의 삼각형은 삼각형 ABC와 닮았고 $\frac{b'}{b} = \frac{s}{c}, \frac{a'}{a} = \frac{t}{c}$이다. 따라서

$$\frac{a'}{a} + \frac{b'}{b} + \frac{c'}{c} = \frac{t}{c} + \frac{s}{c} + \frac{c'}{c} = \frac{c}{c} = 1$$

이다[Konhauser et al, 1996].

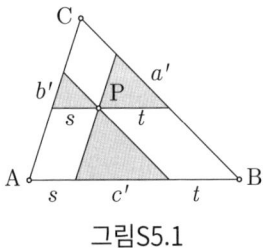

그림S5.1

5.3 그림S5.2와 같이 지름인 선분 PS와 선분 QS을 그리면 ∠QPS = ∠PQR이고 직각삼각형 PQS와 직각삼각형 PQR는 닮음이다. 따라서 $\frac{|\overline{QR}|}{|\overline{PQ}|} = \frac{|\overline{PQ}|}{|\overline{PS}|}$이므로 $|\overline{PQ}|$는 $|\overline{QR}|, |\overline{PS}|$의 기하평균이다.

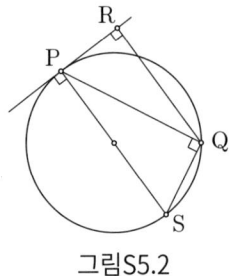

그림S5.2

5.4 그림S5.3에서 $\overline{CD}$에 평행하게 $\overline{KE}$를 그린다. 삼각형 AKE와 삼각형 AFC는 닮음이고 $\frac{|\overline{FC}|}{|\overline{KE}|} = \frac{|\overline{AC}|}{|\overline{AE}|} = 2$이므로 $|\overline{FC}| = 2|\overline{KE}|$이다.

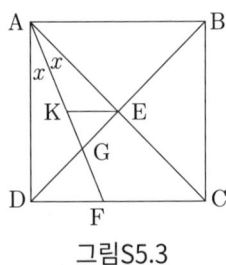

그림S5.3

또, $x = 22.5°$, $\angle EGK = 67.5° = \angle DGF$이므로 이등변삼각형 DGF와 EGK는 닮음이다. 따라서 $|\overline{EG}| = |\overline{KE}|$이므로 $|\overline{FC}| = 2|\overline{EG}|$이다.

5.5 삼각형 ABD와 삼각형 BDE가 점 D에서 공통인 각을 가지고 있으면 x, y의 값이 같다(필요충분조건). 따라서 $|\overline{AD}|$는 각 BAC의 이등분선이다. (그림S5.4 참조)

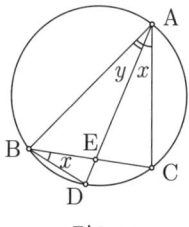

그림S5.4

5.6 그림S5.5ab에서 I, P 펜토미노는 4-복제 타일이다. 따라서 L 펜토미노 타일은 2×5 직사각형(그림S5.5c 참조)이고, Y 펜토미노 타일은 5×10 직사각형(그림S5.5d 참조)이므로 L, Y 펜토미노 타일은 10×10 정사각형이다. 따라서 100-복제 타일이다.

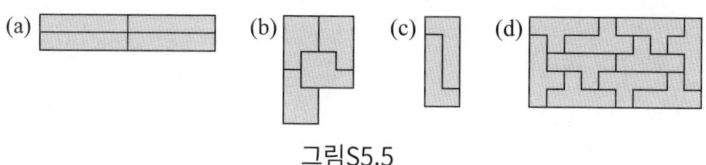

그림S5.5

5.7 불가능하다. (5.3)에 의해 $e^{bx} = ke^{\frac{ax}{k}}$이므로 $x = 0$이면 $k = 1$이다. 즉, $a = b$이다.

6장

6.1 그림S6.1에서 $2m_a \leq b + c$, $2m_b \leq c + a$, $2m_c \leq a + b$이므로 $m_a + m_b + m_c \leq 2s$이다. 회색 부분의 삼각형은 변의 길이가 $2m_a, 2m_b, 2m_c$이고, 중앙값은 $\frac{3a}{2}, \frac{3b}{2}, \frac{3c}{2}$이다. 위의 부등식에 의해 $\frac{3(a+b+c)}{2} \leq 2(m_a + m_b + m_c)$ 또는 $\frac{3s}{2} \leq m_a + m_b + m_c$이다.

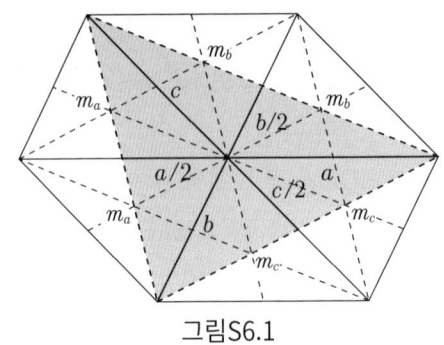

그림S6.1

6.2 그림S6.2a에서 $a > b > c$이다. 세 변의 길이가 등차수열을 이루기 때문에 $a + c = 2b$이고 삼각형의 둘레의 길이의 $\frac{1}{2}$ 인 s는 $s = \frac{3b}{2}$ 이므로 넓이 K는 $K = rs = \frac{3br}{2}$, $K = \frac{bh}{2}$ 이다. 따라서 변 AC에 평행한 점선 위에 있는 내심 I는 변 AC에서 점 B의 방향으로 $\frac{1}{3}$ 지점에 있고 $h = 3r$이다. (그림S6.2b 참조) 무게중심 G는 변 AC에서 점 B의 방향으로 $\frac{1}{3}$ 이 되는 중선 BM_b 위에 있다. 따라서 무게중심 G는 점선 위에 있다[Honsberger, 1978].

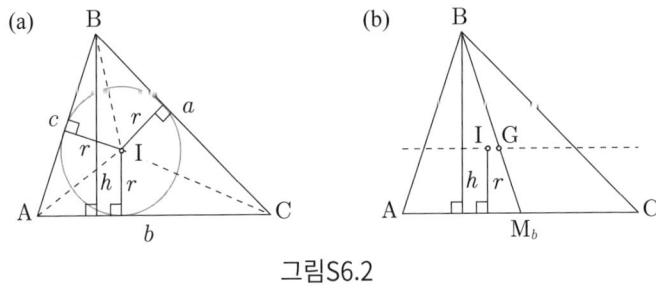

그림S6.2

6.3 만들 수 있다. 그림S6.3과 같이 한 변에 수선을 그리고 수선의 발로부터 2개의 중선을 따라 자르면 작은 삼각형이 만들어진다. 이 삼각형을 회전시켜 붙인 다음 180° 회전시키면 조건을 만족하는 삼각형을 얻을 수 있다[Konhauser et al, 1996].

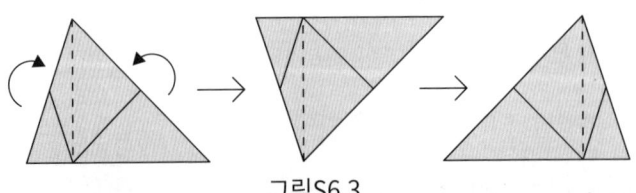

그림S6.3

6.4 풀이는 [Erdös, 1940]가 출처이다. 체비앙은 꼭짓점에서 그려진 인접한 변보다 짧고, 체비앙은 삼각형의 가장 긴 변보다 짧다. 그림S6.4와 같이 $\overline{AC}$, $\overline{BC}$에 평행하게 $\overline{PR}$, $\overline{PS}$를 그리면 △PRS와 △ABC는 닮음이다. 따라서 $\overline{PZ}$는 △PRS의 체비앙이고 $\overline{RS}$는 가장 긴 변이므로 $|\overline{PZ}|<|\overline{RS}|$이다.

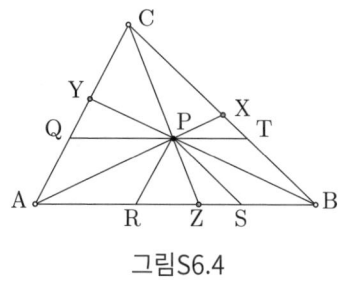

그림S6.4

$\overline{AB}$에 평행하고 점 P를 지나는 $\overline{QT}$를 그린다. △QPY와 △ABY는 닮음이고, $\overline{AB}$는 △ABY의 가장 긴 변이고, $\overline{QP}$는 △QPY의 가장 긴 변이므로 사각형 AQPR는 평행사변형이고 $|\overline{PY}|<|\overline{QP}|=|\overline{AR}|$이다.
같은 방법으로 $|\overline{PX}|<|\overline{PT}|=|\overline{SB}|$이다.
따라서 $|\overline{PX}|+|\overline{PY}|+|\overline{PZ}|<|\overline{SB}|+|\overline{AR}|+|\overline{RS}|=|\overline{AB}|$이다.

6.5 그림6.8에서 삼각형 AHY와 삼각형 BHX는 닮음이므로 $\frac{|\overline{AH}|}{|\overline{HY}|}=\frac{|\overline{BH}|}{|\overline{HX}|}$ 즉, $|\overline{AH}|\cdot|\overline{HX}|=|\overline{BH}|\cdot|\overline{HY}|$이다. 같은 방법으로 $|\overline{BH}|\cdot|\overline{HY}|=|\overline{CH}|\cdot|\overline{HZ}|$이다. 따라서 $|\overline{AH}|\cdot|\overline{HX}|=|\overline{BH}|\cdot|\overline{HY}|=|\overline{CH}|\cdot|\overline{HZ}|$이다.

6.6 △XYZ의 변이 △ABC의 변에 평행하면 △XYZ의 높이는 △ABC의 변에 수직이다. 그림S6.5에서 점 O는 △XYZ의 수심이므로 △AOZ와 △BOZ는 합동이고 $|\overline{AO}|=|\overline{BO}|$이다. 같은 방법으로 $|\overline{BO}|=|\overline{CO}|$이다. 따라서 점 O에서 점 A, B, C까지의 거리가 같으므로 삼각형 XYZ의 수심 O는 삼각형 ABC의 외심이다.

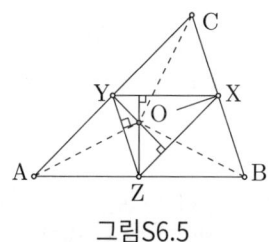

그림S6.5

6.7 그림S6.6에서 점 M이 $\overline{CD}$의 중점일 때, $\overline{ME}$는 $\overline{BC}$와 평행하다. $\overline{BC}$는 $\overline{AC}$에 수직이고, $\overline{ME}$는 △ACE의 $\overline{AC}$에 대한 높이 위에 있다. △ACE에서 $\overline{CD}$는 높이이고, 점 M은 △ACE의 수심이다. 따라서 $\overline{AM}$은 세 번째 높이 위에 있고, $\overline{AM}$과 $\overline{CE}$는 수직이다. 두 점 A, M은 △CDF의 중점이고, $\overline{AM}$과 $\overline{FD}$는 평행하므로 $\overline{FD}$와 $\overline{CE}$는 수직이다[Honsberger, 2001].

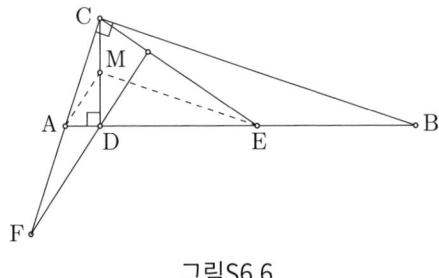

그림S6.6

6.8 (a) 그림S6.7에서 $\overline{AB}$에 수직이 되도록 $\overline{PQ}$, $\overline{CR}$를 그린다.

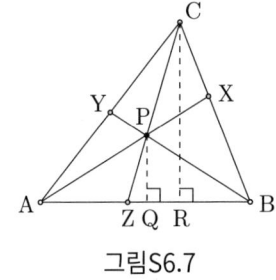

그림S6.7

직각삼각형 PQZ, CRZ는 닮음이고

$$\frac{|\overline{PZ}|}{|\overline{CZ}|} = \frac{|\overline{PQ}|}{|\overline{CR}|} = \frac{\frac{|\overline{PQ}||\overline{AB}|}{2}}{\frac{|\overline{CR}||\overline{AB}|}{2}} = \frac{[ABP]}{[ABC]}$$

이다. 같은 방법으로

$$\frac{|\overline{PX}|}{|\overline{AX}|} = \frac{[BCP]}{[ABC]}, \frac{|\overline{PY}|}{|\overline{BY}|} = \frac{[CAP]}{[ABC]}$$

이다. 따라서

$$\frac{|\overline{PX}|}{|\overline{AX}|} + \frac{|\overline{PY}|}{|\overline{BY}|} + \frac{|\overline{PZ}|}{|\overline{CZ}|} = \frac{[ABP] + [BCP] + [CAP]}{[ABC]} = \frac{[ABC]}{[ABC]} = 1$$

이다.

(b) $\frac{|\overline{PA}|}{|\overline{AX}|} = 1 - \frac{|\overline{PX}|}{|\overline{AX}|}$ 이므로

$$\frac{|\overline{PA}|}{|\overline{AX}|} + \frac{|\overline{PB}|}{|\overline{BY}|} + \frac{|\overline{PC}|}{|\overline{CZ}|} = 3 - \left(\frac{|\overline{PX}|}{|\overline{AX}|} + \frac{|\overline{PY}|}{|\overline{BY}|} + \frac{|\overline{PZ}|}{|\overline{CZ}|}\right) = 3 - 1 = 2$$

이다.

6.9 그림S6.8에서 두 점 X, Y는 $\overline{BC}$, $\overline{AC}$의 중점이고, $\overline{XY}$는 $\overline{AB}$와 평행하며 길이는 $\frac{1}{2}$이다. 즉, $|\overline{AZ}| = |\overline{XY}| = |\overline{BZ}|$이다. $\overline{PQ}$는 $\overline{AB}$, $\overline{XY}$와 평행하므로 $\overline{PR}$, $\overline{RS}$, $\overline{SQ}$는 $\overline{AZ}$, $\overline{XY}$, $\overline{BZ}$ 길이의 $\frac{1}{2}$이다. 따라서 $|\overline{PR}| = |\overline{RS}| = |\overline{SQ}|$이다[Honsberger, 2001].

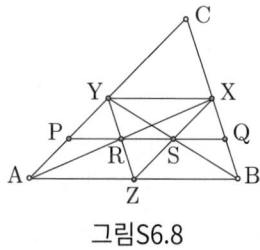

그림S6.8

6.10 넓이가 $\frac{1}{\pi}$인 삼각형의 둘레의 $\frac{1}{2}$인 s가 1보다 크다는 것을 보이면 된다. 삼각형의 내접원의 반지름을 r라 하면 $rs = \frac{1}{\pi}$ 또는 $s = \frac{1}{\pi r}$이다. 내접원의 넓이 πr^2은 삼각형의 넓이보다 작으므로 $\pi r^2 < \frac{1}{\pi}$, $1 < \frac{1}{(\pi r)^2}$ 또는 $1 < \frac{1}{\pi r}$이다. 따라서 $s = \frac{1}{\pi r} > 1$이다[Honsberger, 2001].

7장

7.1 그림S7.1의 (a), (b)에서 등호가 성립할 필요충분조건은 $ay - bx = 0$일 때이다. 즉, $\frac{a}{b} = \frac{x}{y}$이다. (c)에서 등호가 성립할 필요충분조건은 $\frac{a}{b} = \frac{x}{y}$ 또는 $\frac{a}{b} = -\frac{y}{x}$이다.

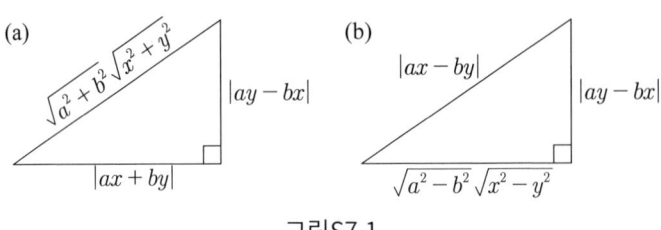

그림S7.1

7.2 그림S7.2를 참조하자.

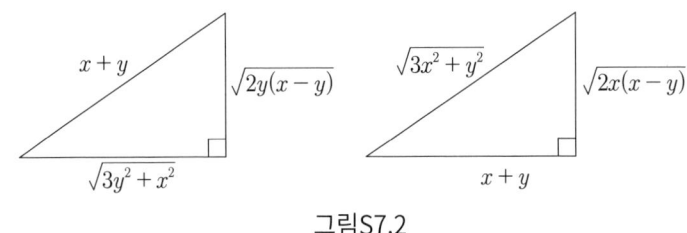

그림S7.2

7.3 (a) 만나지 않는 두 원은 2개의 공통내접선을 갖고 중심선을 지나는 원 위에서 만난다. 따라서 꼭짓점 A는 I_b, I_c를 연결하는 선 위에 있는 변 b, c를 포함하는 선의 교점이다. 꼭짓점 B, C에 대해서도 같은 방법으로 증명할 수 있다.

(b) 만나지 않는 두 원은 2개의 공통외접선을 갖고 중심선 위에 있는 두 개의 원의 한 변과 한 점에서 만난다. 또, 2개의 원의 모양과 4개의 접선은 중심선에 대하여 대칭이다. 만약, 하나의 공통내접선과 하나의 공통외접선이 수직이면, 다른 공통내접선과 공통외접선도 수직이다. 변 a, c 위에 있는 방접원은 공통내접선과 공통외접선이 직각을 낀 두 변이고, 가장 왼쪽의 점선과 빗변의 연장선과 수직이다. 같은 방법으로 a의 방접원과 내접원, b의 방접원과 내접원, b, c의 방접원은 다른 3개의 접선과 빗변 또는 연장선과 수직이다. 따라서 서로 평행하다.

7.4 맞다. z가 유리수이면 $(z+2)^2 + \left[\left(\frac{2}{z}\right)+2\right]^2 = \left[z+2+\left(\frac{2}{z}\right)\right]^2$ 이다.

7.5 (a) 겹치는 길이는 $a+b-c=2r$이다.

(b) 변의 길이가 a, b, c이고 높이가 h인 직각삼각형에서 각각의 3개의 직각삼각형에 (a)를 이용하여 풀면

$$2r + 2r_1 + 2r_2 = (a + b - c) + (|\overline{AD}| + h - b) + (|\overline{BD}| + h - a)$$
$$= 2h + |\overline{AD}| + |\overline{BD}| - c$$
$$= 2h$$

따라서 $r + r_1 + r_2 = h$ [Honsberger, 1978]이다.

7.6 (a) $c = 2R = a + b - 2r$, $R + r = \dfrac{a+b}{2} \geq \sqrt{ab} = \sqrt{2K}$

(b) $rs = K = \dfrac{ch}{2} \leq \dfrac{2R \cdot R}{2} = R^2$ 이므로 $R^2 - rs \geq 0$이다. $s = 2R + r$이므로 $rs = 2rR + r^2$이다. 따라서 $R^2 - 2Rr - r^2 \geq 0$ 또는 $\left(\dfrac{R}{r}\right)^2 - 2\left(\dfrac{R}{r}\right) - 1 \geq 0$ 이다. $\dfrac{R}{r} > 0$이므로 $\dfrac{R}{r}$는 $x^2 - 2x - 1 = 0$의 양의 제곱근 $1 + \sqrt{2}$ 보다 크다. 등호가 성립할 조건의 삼각형은 이등변삼각형이다.

7.7 $c = 1 - \sqrt{xy}$, $b = \sqrt{(1-x)(1-y)}$ 이면 $a = \sqrt{c^2 - b^2} = \sqrt{x + y - 2\sqrt{xy}}$ 이다. 산술평균-기하평균 부등식에 의해 a는 실수, a, b, c는 $b \leq c$인 직각삼각형이다. $a = 0$이기 위한 필요충분조건은 $x = y$이다.

7.8 데카르트 좌표에서 점 C를 원점으로, $\overline{AC}$는 양의 x축 위에, $\overline{BC}$가 양의 y축 위에 있으면, 흥미로운 점의 좌표는 $M\left(\dfrac{b}{2}, 0\right)$, $N(0, r_a)$, $I(r, r)$이다. (7.2)를 이용하여 두 점 M, N을 지나는 직선의 방정식을 풀면 점 I는 $\overline{MN}$ 위에 있다.

7.9 그림S7.3과 같이 삼각형의 세 변을 a, b, c, 정사각형의 변의 길이를 s이라 하자.

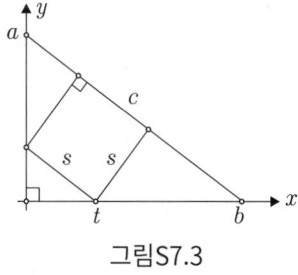

그림S7.3

닮은 삼각형에서 $s = \dfrac{tc}{b}$, $\dfrac{s}{b-t} = \dfrac{a}{c}$ 이므로 $s = \dfrac{abc}{ab + c^2}$ 이다. (a, b, c)를 기본 피타고라스 세 수라고 하면 abc, $ab + c^2$은 서로소이고 s는 정수가 아니다. (a, b, c)

를 (ka, kb, kc)라 하면(단, k는 양의 정수) $s = \frac{kabc}{ab+c^2}$가 정수가 되기 위한 필요충분조건은 k가 $ab+c^2$의 배수일 때이다. 따라서 가장 작은 삼각형은 기본삼각형에서 $k = ab+c^2$일 때 얻을 수 있다. 넓이와 둘레가 가장 작은 삼각형에 대한 기본 피타고라스 세 수는 $(3, 4, 5)$이고, 최솟값은 $ab+c^2$이므로 구하고자 하는 세 수는 $3 \cdot 4 + 5^2 = 37$을 곱하여 $(111, 148, 185)$을 얻을 수 있다[Yocum, 1990].

7.10 그림7.16에서 나비넥타이 끈 매기 (d)가 가장 짧고 지그재그 끈 매기 (c)가 가장 길다. 아일렛 구멍이 꼭짓점인 직각삼각형에서 변의 길이를 비교하여 끈의 길이 순서가 (d) < (a) < (b) < (c)임을 보여야 한다. (d)와 (a)의 끈으로부터 같은 길이의 선분의 끈을 제거하면 그림S7.4와 같다. 직각삼각형의 빗변의 길이와 직각을 낀 두 변의 길이를 비교하면 (d) < (a)이다.

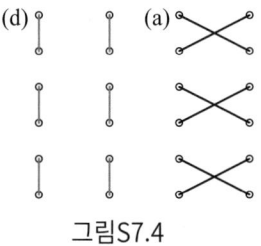

그림S7.4

(a)와 (b)의 끈으로부터 같은 길이의 선분의 끈을 제거하면 그림S7.5의 왼쪽 (a), (b)와 같이 된다. 이것은 가운데에 있는 단순한 패턴의 4개의 복사본이다. 오른쪽은 끈의 선분을 재배열하여 직선이 두 점 사이의 최단 경로임을 이용하면 (a) < (b)이다.

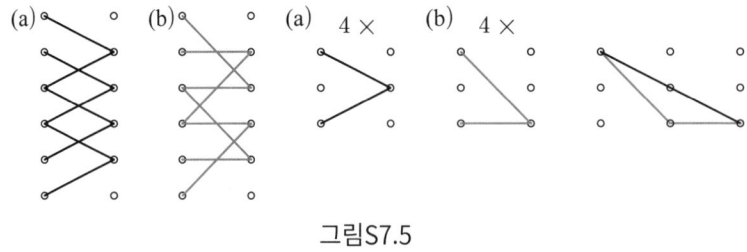

그림S7.5

(b)와 (c)의 끈을 가지고 위의 과정을 반복하면 그림S7.6과 같이 되고 (b) < (c)이다.

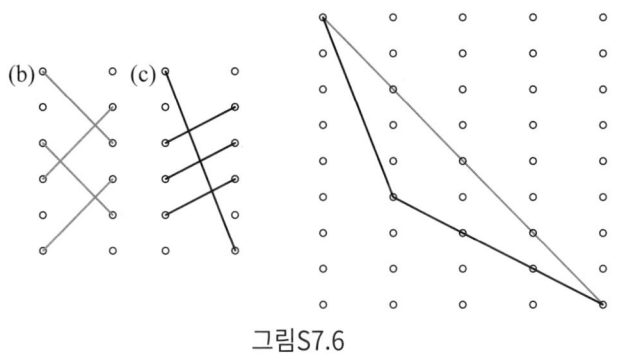

그림S7.6

7.11 회색 삼각형을 이용하여 $\sin\theta, \cos\theta$을 계산한다. (그림S7.7 참조)

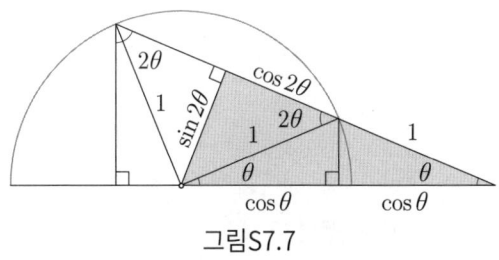

그림S7.7

7.12 그림S7.8을 참조하자.

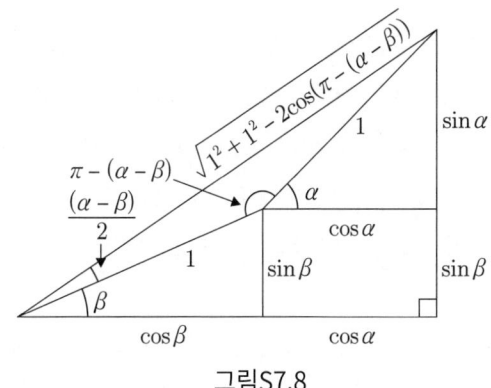

그림S7.8

7.13 평균 $xy\sqrt{\dfrac{x+y}{x^3+y^3}}$은 조화평균(harmonic mean)보다 작고, 평균 $\sqrt{\dfrac{x^3+y^3}{x+y}}$은 반조화평균(contraharmonic mean)보다 크다.

따라서 표 7.1에 2개의 행을 추가할 수 있다.

	c	b	a
0)	$\dfrac{2xy}{x+y}$	$xy\sqrt{\dfrac{x+y}{x^3+y^3}}$	$\dfrac{\sqrt{3}\,xy|x-y|}{\sqrt{(x^3+y^3)(x+y)}}$
5)	$\sqrt{\dfrac{x^3+y^3}{x+y}}$	$\dfrac{x^2+y^2}{x+y}$	$\dfrac{|x-y|\sqrt{xy}}{x+y}$

8장

8.1 $\angle \mathrm{PGR} = 60°$, $|\overline{\mathrm{PG}}| = 2|\overline{\mathrm{GR}}|$임을 보이면 충분하다. 점 T를 $\overline{\mathrm{BC}}$의 중점이라 하자. 첫째, 삼각형 PCG와 삼각형 RTG가 닮음을 보인다. (그림S8.1 참조)

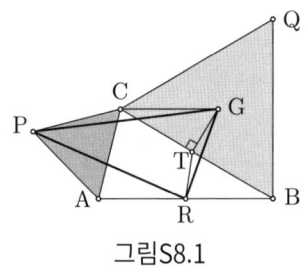

그림S8.1

$\overline{\mathrm{RT}}$와 $\overline{\mathrm{AC}}$는 평행하므로 $|\overline{\mathrm{PC}}| = |\overline{\mathrm{AC}}| = 2|\overline{\mathrm{RT}}|$이다. 따라서 점 G는 정삼각형 BQC의 외심이고 $\overline{\mathrm{GT}}$는 $\overline{\mathrm{BC}}$에 수직, △CGT는 30°, 60°, 90°인 삼각형이므로 $\angle \mathrm{GCT} = 30°$, $|\overline{\mathrm{CG}}| = 2|\overline{\mathrm{GT}}|$이다. 그러나 $\angle \mathrm{RTB} = \angle \mathrm{ACB}$이므로 $\angle \mathrm{RTG} = \angle \mathrm{ACB} + 90°$이다. 또한, $\angle \mathrm{PCG} = 60° + \angle \mathrm{ACG} + 30°$이므로 삼각형 PCG, 삼각형 RTG는 닮았다. 따라서 $|\overline{\mathrm{CG}}| = 2|\overline{\mathrm{GT}}|$이므로 $|\overline{\mathrm{PG}}| = 2|\overline{\mathrm{GR}}|$이다.
마지막으로 $\angle \mathrm{PGR} = \angle \mathrm{PGT} + \angle \mathrm{TGR} = \angle \mathrm{PGT} + \angle \mathrm{PGC} = 60°$이므로 △PGR은 내각이 30°, 60°, 90°인 삼각형이다[Honsberger, 2001].

8.2 (a) 점 X, 점 Z는 $\overline{\mathrm{AC}}$, $\overline{\mathrm{CD}}$의 중점이고, $\overline{\mathrm{XZ}}$와 $\overline{\mathrm{AD}}$는 평행하고 $|\overline{\mathrm{XZ}}| = \dfrac{1}{2}|\overline{\mathrm{AD}}|$이다. 같은 방법으로 $\overline{\mathrm{YZ}}$와 $\overline{\mathrm{BC}}$는 평행하고 $|\overline{\mathrm{YZ}}| = \dfrac{1}{2}|\overline{\mathrm{BC}}|$이다. 따라서 $|\overline{\mathrm{AD}}| = |\overline{\mathrm{BC}}|$이므로 $|\overline{\mathrm{XZ}}| = |\overline{\mathrm{YZ}}|$이고 평행하다. $\angle \mathrm{YXZ} + \angle \mathrm{XYZ} = 120°$이므로 $\angle \mathrm{XZY} = 60°$이다. 따라서 △XYZ는 정삼각형이다.

(b) ∠A + ∠B = 120°이므로 ∠C + ∠D = 240°이다. 따라서

∠PCB = 360° − ∠C − 60° = 300° − (240° − ∠D) = 60° + ∠D = ∠ADP

이다. 그러므로 삼각형 ADP와 삼각형 BCP는 합동이고 $\overline{AP}$와 $\overline{BP}$ 사이의 각은 60°이다. 따라서 △PAB는 정삼각형이다[Honsberger, 1985].

8.3 그림S8.2에서 그린 작은 회색 삼각형의 바깥쪽 꼭짓점은 주어진 삼각형에서 똑바로 세운 정삼각형의 무게중심이기 때문에 그림8.14에서 점선을 변으로 갖는 삼각형은 나폴레옹 삼각형이다.

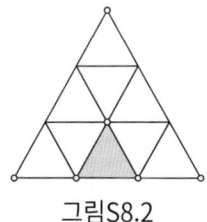

그림S8.2

8.4 존재한다. 측면삼각형의 넓이를 계산하는 두 가지 방법을 생각할 수 있다. 각이 θ, 변의 길이가 x, y인 삼각형의 넓이를 공식 $\frac{xy \sin \theta}{2}$을 이용하여 구할 수 있다. $\alpha > 60°$일 때, 삼각형 ABC와 측면삼각형의 넓이가 같기 위해서는 그림S8.3a와 같이 $\alpha = 120°$ 또는 $\sin \alpha = \sin(240° − \alpha)$이어야 한다.

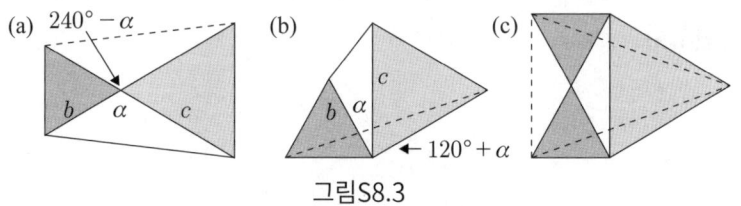

그림S8.3

$\alpha < 60°$일 때, 삼각형 ABC와 측면삼각형의 넓이가 같기 위해서는 그림S8.3a와 같이 $\alpha = 30°$ 또는 $\sin \alpha = \sin(120° + \alpha)$이어야 한다. 30° 또는 120°의 유일한 삼각형은 그림S8.3c에 그린 30°, 30°, 120°인 삼각형이다.

8.5 그림S8.4에서 직사각형 ABCD의 변의 길이를 각각 a, b라 하자. 회색의 △ABE와 △BCF는 합동이므로 $|\overline{BE}| = |\overline{BF}|$이다. 회색 삼각형의 둔각은 150°이고, 꼭

짓점 B에서 두 개의 회색 부분의 각의 합은 30°이므로 ∠EBF = 60°이다. 즉, 삼각형 BEF는 코사인 법칙을 이용하면 변의 길이가
$|\overline{BE}| = |\overline{BF}| = |\overline{EF}| = \sqrt{a^2 + b^2 + ab\sqrt{3}}$ 인 정삼각형이다. 두 점 G, H는 △ADE, △CDF의 무게중심, 점 O를 직사각형 ABCD의 중심이라 하면
$|\overline{GO}| = \dfrac{3a + b\sqrt{3}}{6}, |\overline{HO}| = \dfrac{3b + a\sqrt{3}}{6},$
$|\overline{GH}|^2 = |\overline{GO}|^2 + |\overline{OH}|^2 = \dfrac{a^2 + b^2 + ab\sqrt{3}}{3}$ 이다.

따라서 $|\overline{GH}| = |\overline{EF}|\dfrac{\sqrt{3}}{3}$ 이다.

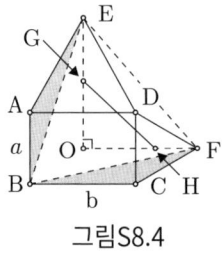

그림S8.4

8.6 그림S8.5에서 세 삼각형 BC'C, BA''C, BB'C는 외접원이 같고, 변 BC에 대하여 같은 각 C', A'', B'을 갖는다. 따라서 삼각형 ABC에서 ∠CA''B' = ∠B이다. 또, 삼각형 ABC에서 ∠BCA'' = ∠B + ∠C, ∠C'CA'' = ∠C이므로 $\overline{A''B'}$와 $\overline{C'C}$는 평행하다. 같은 방법으로 $\overline{A''C'}$과 $\overline{B'B}$도 평행하다. 따라서 사각형 AC'A''B'은 평행사변형이다.

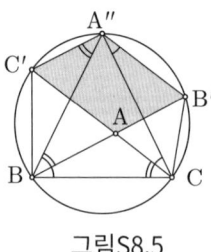

그림S8.5

8.7 그림S8.6[Bradley, 1930]을 참조하자.

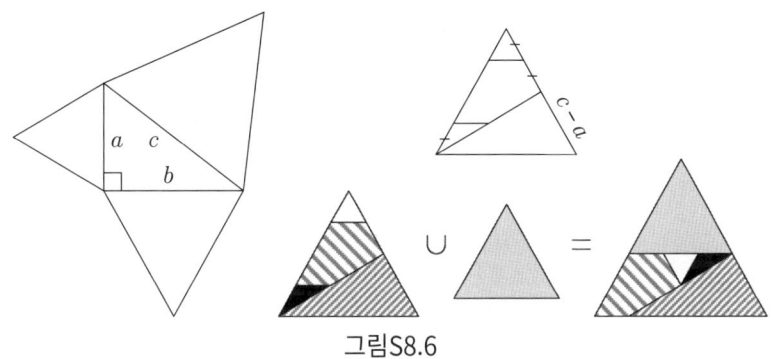

그림S8.6

9장

9.1 $b = |\overline{AC}|, c = |\overline{AB}|$인 원에 대하여 점 A의 멱(power)을 계산하면 $(c-a)(c+a) = b^2$이므로 이를 정리하면 $c^2 = a^2 + b^2$이다.

9.2 $\overline{AB}, \overline{CD}, \overline{EF}$는 3개의 현이고, $a = |\overline{PA}|, b = |\overline{PB}|, c = |\overline{PC}|, d = |\overline{PD}|, e = |\overline{PE}|, f = |\overline{PF}|$라 하자. $a + b = c + d = e + f$이고, 원에 대하여 점 P의 멱(power)을 계산하면 $ab = cd = ef$이다. 합의 공통값을 s, 곱의 공통값을 p라 하면, 각 집합 $\{a, b\}, \{c, d\}, \{e, f\}$는 이차방정식 $x^2 - sx + p = 0$의 해와 같다. 일반성을 잃지 않고 $a = c = e$이다. 따라서 세 점 A, C, E는 점 P를 중심으로 하는 원 위에도 있고 주어진 원 위에도 있다. 따라서 2개의 원은 같고 점 P는 주어진 원의 중심이다[Andreescu and Gelca, 2000].

9.3 삼각형 AXZ_b, 삼각형 AXY_c는 공통 빗변 $\overline{AX}$를 갖는 직각삼각형이고, $\overline{AX}$는 공통외접원의 지름이므로 $\{A, X, Z_b, Y_c\}$는 같은 원 위에 있다. $\{B, Y, X_c, Z_a\}$, $\{C, Z, X_b, Y_a\}$에 대해서도 같은 방법으로 한다. (그림S9.1a 참조)

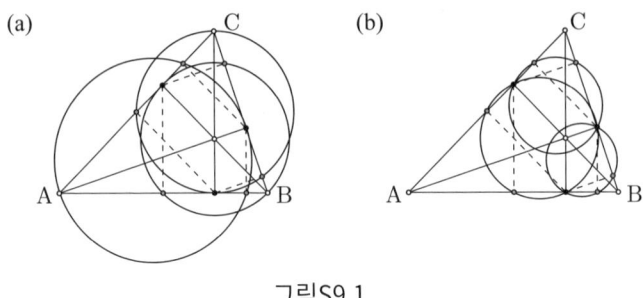

그림S9.1

9.4 삼각형 XYX_c, 삼각형 XYY_c는 공통 빗변 $\overline{XY}$를 갖는 직각삼각형이고, $\overline{XY}$는 공통외접원의 지름이므로 $\{X, Y, X_c, Y_c\}$는 같은 원 위에 있다. $\{Y, Z, Y_a, Z_a\}$, $\{Z, X, Z_b, X_b\}$에 대해서도 같은 방법으로 한다. (그림S9.1b 참조)

9.5 전망대와 지구 중심 사이의 거리는 6382.2 km이므로 멱(power)은 $53,592.84$ km^{2}이다. 수평선까지의 거리는 멱(power)의 제곱근이므로 약 231.5 km이다.

9.6 일반적으로 변 a, b, c의 대각을 $\angle A$, $\angle B$, $\angle C$로 나타낸다. 사각형 CBZY의 외접원에 대한 점 A의 멱(power)은 $c|\overline{AZ}| = b|\overline{AY}|$이고, 사각형 ACXZ의 외접원에 대한 점 B의 멱(power)은 $c|\overline{BZ}| = b|\overline{BX}|$이다. 더하면 $c^2 = a|\overline{BX}| + b|\overline{AY}|$이다. 2가지 경우에서 $|\overline{BX}| = a - b\cos C$, $|\overline{AY}| = b - a\cos C$이다. 따라서 $c^2 = a(a - b\cos C) + b(b - a\cos C) = a^2 + b^2 - 2ab\cos C$이다[Everitt, 1950].

9.7 그림S9.2에서 2개의 각을 더한 것이 y의 값을 갖는다. △DOB는 이등변삼각형이므로 $\angle DOB = 2y$, $\angle B = 90° - y$이다. 사각형 ABDC는 원에 내접하는 사각형이므로 $x + (90° - y) = 180°$이고 $x - y = 90°$이다.

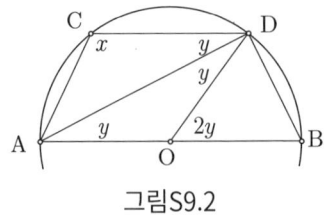

그림S9.2

10장

10.1 그림S10.1처럼 내접하는 정사각형을 45° 회전시킨다.

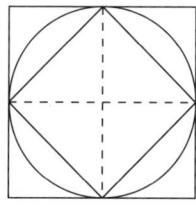

그림S10.1

10.2 이중원 사각형인 Q는 순환하기 때문에 톨레미 정리를 이용하면 $pq = ac + bd$이다. Q는 접선이므로 $a + c = b + d$이다. 따라서 산술평균-기하평균을 이용하면
$$8pq = 2(4ac + 4bd) \leq 2[(a+c)^2 + (b+d)^2] = (a+b+c+d)^2$$
이다.

10.3 그림10.21에서 두 원의 중심은 ∠AOB의 이등분선인 $\overline{OC}$ 위에 있고, $\overline{OC}$는 점 O에서 △AOB에 내린 수선이다 (그림S10.2 참조). $|\overline{OA}| = 1$이라 할 때, $|\overline{AB}| = \sqrt{2}, |\overline{OD}| = \frac{\sqrt{2}}{2}$이다.

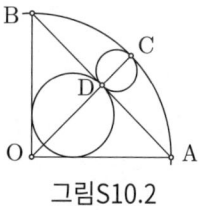

그림S10.2

따라서 지름은 $|\overline{CD}| = \frac{2-\sqrt{2}}{2}$ 이다. 도전문제 7.5a에서 △AOB의 내접원의 지름은 $R = 2 - \sqrt{2} = 2|\overline{CD}|$이다[Honsberger, 2001].

10.4 그림S10.3과 같이 $|\overline{OA}|$를 a로, 회색 부분의 넓이를 K_1으로 나타낸다. ∠B와 ∠D, ∠A와 ∠C뿐만 아니라 점 O에서의 맞꼭지각의 크기는 같다.
$$\frac{K_1}{K_2} = \frac{ae}{cg}, \frac{K_3}{K_4} = \frac{df}{bh}, \frac{K_1}{K_4} = \frac{ax}{by}, \frac{K_3}{K_2} = \frac{dx}{cy}$$

이다. 따라서

$$\frac{K_1 K_3}{K_2 K_4} = \frac{adef}{bcgh} = \frac{adx^2}{bcy^2}$$

이다. 원에 대하여 두 점 X, Y의 멱(power)을 계산하면 다음을 구할 수 있다.

$$\frac{x^2}{y^2} = \frac{ef}{gh} = \frac{(p-x)(q+x)}{(p+y)(q-y)} = \frac{pq - x(q-p) - x^2}{pq + y(q-p) - y^2}$$

간단히 하면 $pq(y-x) = xy(q-p)$ 이다[Bankoff, 1987].

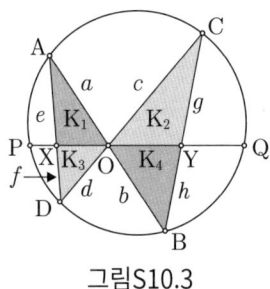

그림S10.3

10.5 그림S10.4와 같이 사각형 ABCD, 지름 DF, 현 CF를 그린다. 원에서 같은 호에 대한 원주각의 크기는 같기 때문에 ∠DAE = ∠DFC이고 △DCF는 직각삼각형이다. 따라서 ∠ADE = ∠FDC이며 같은 호에 대한 현의 길이는 같으므로 |AB| = |CF|이다.

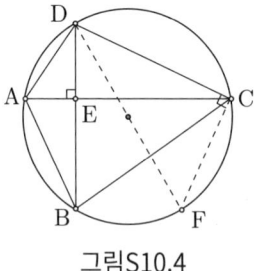

그림S10.4

$$|\overline{AE}|^2 + |\overline{BE}|^2 + |\overline{CE}|^2 + |\overline{DE}|^2 = |\overline{AB}|^2 + |\overline{CD}|^2$$
$$= |\overline{CF}|^2 + |\overline{CD}|^2$$
$$= (2R)^2$$

10.6 그림S10.5a에서 사각형 ABCD를 이중원 사다리꼴이라 하면
$\angle A + \angle C = \angle B + \angle D$, $\angle A + \angle D = \angle B + \angle C (=180°)$이다. 따라서 $\angle A = \angle B$ 이므로 사각형 ABCD는 등변사다리꼴이다. 그러므로 $\widehat{AC} = \widehat{BD}$, $\widehat{AD} = \widehat{BC}$ 이다. 따라서 $|\overline{AD}| = |\overline{BC}| = u$이다. 그림S10.5b에서 윗변과 아랫변을 각각 x, y 라 하자.

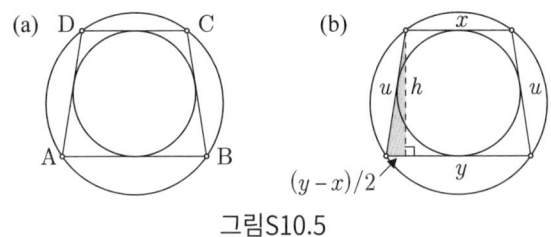

그림S10.5

그러면 $x + y = 2u$이므로 $u = \dfrac{x+y}{2}$이다. h가 사각형 ABCD의 수선일 때, 회색 삼각형에서 피타고라스 정리를 이용하면 $h = \sqrt{xy}$이다.

11장

11.1 그림S11.1과 같이 $\overline{PQ}, \overline{BP}, \overline{CQ}$를 그리면 $\triangle APB$와 $\triangle AQC$는 이등변삼각형이고 $\overline{BP}$와 $\overline{CQ}$는 평행하다. 따라서 다음과 같은 식을 얻는다.

$$\begin{aligned}\angle BAC &= 180° - (\angle PAB + \angle QAC) \\ &= 180° - \tfrac{1}{2} \times (180° - \angle APB + 180° - \angle AQC) \\ &= \tfrac{1}{2} \times (\angle APB + \angle AQC) \\ &= \tfrac{1}{2} \times 180° = 90°\end{aligned}$$

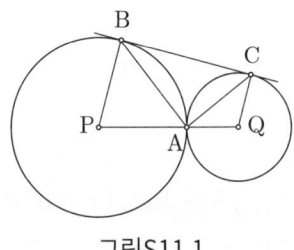

그림S11.1

11.2 9.2절에서 각의 측정 방법을 이용하면 다음과 같은 식을 얻는다.
$\angle \text{QPR} = \frac{x}{2} = \frac{z-y}{2}$ 이므로 $x+y=z$이다. (원에 대하여 접선일 필요는 없다.)

11.3 그림S11.2와 같이 주어진 원 위의 점 P와 만나게 $\overline{AO}$를 그린다. $\overline{AO}$가 $\angle BAC$를 이등분하므로 점 P가 $\triangle ABC$의 내심이려면 $\overline{BP}$가 $\angle ABC$를 이등분함을 보여야 한다. $\triangle OPB$가 이등변삼각형이므로 다음과 같은 식을 얻는다.

$\angle CBO + \angle PBC = \angle PBO = \angle OPB = \angle PAB + \angle ABP$

$\overline{OB} \perp \overline{AB}, \overline{AO} \perp \overline{BC}$이므로 $\angle CBO = \angle PAB$이고 $\angle PBC = \angle ABP$이다. 따라서 $\overline{BP}$는 $\angle ABC$를 이등분한다.

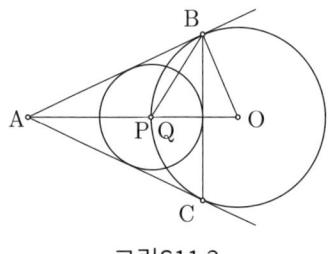

그림S11.2

11.4 초승달 모양의 방향을 그림S11.3과 같이 맞추자. 초승달의 세로축에 대한 모멘트[*]를 두 원판 각각에 대한 모멘트의 차로 계산하면 다음 식이 된다.

$$2x \cdot (\pi \cdot 1^2 - \pi x^2) = 1 \cdot (\pi \cdot 1^2) - x \cdot (\pi x^2)$$

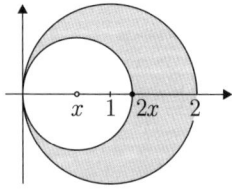

그림S11.3

식을 정리하면 $x^3 - 2x + 1 = 0$이고, 3개의 실근 $1, -\varphi, \frac{1}{\varphi}$을 가지므로 $x = \frac{1}{\varphi}$임을 보였다.

---

[*] 역자주: (원점에 대한 도형의 모멘트) = (원점에서 도형의 무게중심까지의 거리) × (도형의 넓이). 세로축에 대한 초승달의 모멘트는 큰 원과 작은 원의 모멘트의 차와 같다. 원의 무게중심은 원의 중심이다.

11.5 $\sqrt{1}$ 과 $\sqrt{4} = 2$는 원에서 각각 반지름과 지름이다. 그림S11.4에서 다른 것들을 알 수 있다.

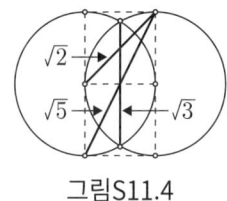

그림S11.4

11.6 원모양 창은 반지름이 r, $2r$인 2개의 호 사이에 놓여 있다. 따라서 원 모양 창의 반지름은 $\frac{r}{2}$이고 중심은 반지름이 $\frac{3r}{2}$인 2개의 호와의 교점에 있다. 그림S11.5을 참조하자.

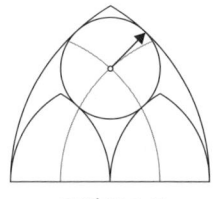

그림S11.5

11.7 그림S11.6에서 RQPST는 바깥쪽 원의 현이다. 각 원에서 점 P에 대한 방멱(power)은 상수 $|\overline{PQ}| \cdot |\overline{PS}| = c$, $|\overline{PR}| \cdot |\overline{PT}| = k$이다. $|\overline{ST}| = |\overline{QR}|$이므로 다음과 같은 식을 얻는다.

$$k = (|\overline{PQ}| + |\overline{QR}|)(|\overline{PS}| + |\overline{ST}|) = (|\overline{PQ}| + |\overline{QR}|)(|\overline{PS}| + |\overline{QR}|)$$
$$= |\overline{QR}| \cdot (|\overline{QR}| + |\overline{PQ}| + |\overline{PS}|) + c = |\overline{QR}| \cdot (|\overline{QR}| + |\overline{QS}|) + c$$

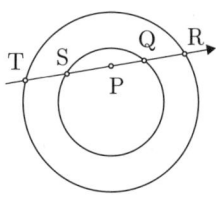

그림S11.6

따라서 $|\overline{QR}| \cdot (|\overline{QR}| + |\overline{QS}|)$는 상수이고 $|\overline{QS}|$가 최소일 때, $|\overline{QR}|$가 최대이다. $|\overline{PQ}| \cdot |\overline{PS}| = c$인 $|\overline{PQ}|$, $|\overline{PS}|$에 산술평균-기하평균을 이용하면, $\overline{QS}$의 중점이 P일 때, $|\overline{QS}|$는 최소이다. 점 P가 $\overline{QS}$의 중점이 되기 위한 필요충분조건은 두 원의 공통중심과 점 P가 만나는 선분이 $\overline{PR}$와 수직인 것이다. [Konhauser et al., 1996].

11.8 ∠OMP는 직각이므로 점 M의 자취는 원 C의 내부에 그려진 $\overline{\text{OP}}$가 지름인 원의 호이다.

11.9 닮은 삼각형의 닮음비는 다음과 같다.
$$\frac{|\text{VP}|}{r} = \frac{|\text{VP}|+r}{R} = \frac{|\text{VP}|+r+r'}{r'}$$
따라서 $R = \dfrac{2rr'}{r+r'}$ 이다.

11.10 그림S11.7에서 다음과 같은 식을 얻는다.
$$|\overline{\text{AB}}|^2 = (r_1+r_2)^2 - (r_1-r_2)^2 = 4r_1 r_2$$

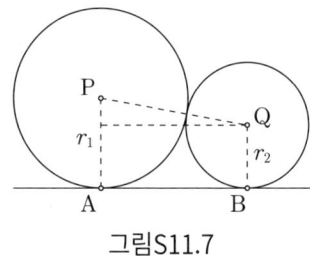

그림S11.7

11.11 도전11.10의 풀이를 이용하면
$|\overline{\text{AC}}| = 2\sqrt{r_1 r_3}$, $|\overline{\text{CB}}| = 2\sqrt{r_2 r_3}$, $|\overline{\text{AC}}| + |\overline{\text{CB}}| = |\overline{\text{AB}}| = 2\sqrt{r_1 r_2}$ 이다. 따라서 $\sqrt{r_2 r_3} + \sqrt{r_1 r_3} = \sqrt{r_1 r_2}$ 이고 양변을 $\sqrt{r_1 r_2 r_3}$ 으로 나누면 원하는 결과를 구할 수 있다.

12장

12.1 그림12.7에서 힌트와 표기법을 이용하면 다음을 얻을 수 있다.
$$A+B+C+D = T_1 + T_2 = T$$

12.2 그림S12.1과 같이 ∠PQB, ∠PRC, ∠PSC는 직각이고, 네 점 P, R, B, Q와 네 점 P, R, S, C를 지나는 원을 그린다. 따라서 ∠PRS + ∠PCS = 180°이다. 또, ∠PCS = 180° − ∠PBA = ∠PBQ = ∠PRQ이므로 ∠PRS + ∠PRQ = 180°이다. 따라서 세 점 Q, R, S는 한 직선 위에 있다.

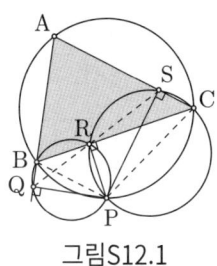

그림S12.1

12.3 꼭짓점의 개수 V(원의 교점), 모서리의 개수 E(원 위의 호), 면의 개수 F(평면의 영역)을 갖는 그래프로서 교차하는 원을 볼 수 있고, 오일러 공식을 이용하면 $V - E + F = 2$이다. 각 원은 서로 만나고, 꼭짓점은 $2(n-1)$개, 모서리는 $2(n-1)$개를 갖고 있으므로 $E = 2n(n-1)$이다. 각 꼭짓점은 2개의 원에 속하므로 $V = n(n-1)$이다. 따라서 $F = 2 + 2n(n-1) - n(n-1) = n^2 - n + 2$이다.

12.4 2개이다. 하나는 직선 AB이다. 다른 하나는 점 A에서 원 C_1에 대해 대칭인 원 C_3에 의한 직선 PAQ에 의해 결정된다. (그림S12.2 참조)

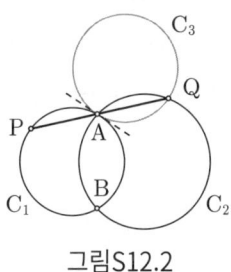

그림S12.2

12.5 그림12.16에서 회색 부분의 넓이를 K라 하자. $K = 2L + 4M - 1$이다. 여기에서 L은 정사각형의 대각선 중 하나의 끝점이 중심인 2개의 사분원 안에 있는 렌즈 모양 부분의 넓이이고, M은 정사각형의 변에 인접한 부분의 4개의 넓이 중 하나이며 1은 한 변의 길이가 1인 정사각형의 넓이이다.

따라서 $L = 2\left(\dfrac{\pi}{4} - \dfrac{1}{2}\right) = \dfrac{\pi}{2} - 1$이다. M은 중심각이 $\dfrac{\pi}{6}$인 부채꼴 2개의 넓이의 합에서 한 변의 길이가 1인 정삼각형 넓이를 뺀 것이다.

따라서 $M = 1 - 2\left(\dfrac{\pi}{12}\right) - \dfrac{\sqrt{3}}{4} = 1 - \dfrac{\pi}{6} - \dfrac{\sqrt{3}}{4}$이므로
$K = 2\left(\dfrac{\pi}{2} - 1\right) + 4\left(1 - \dfrac{\pi}{6} - \dfrac{\sqrt{3}}{4}\right) - 1 = 1 + \dfrac{\pi}{3} - \sqrt{3} \approx 0.315$이다.

12.6 빵퍼즐의 풀이는 주어진 원의 길이와 관련하여 그림S12.3a와 같이 3개의 지름이 직각삼각형을 형성한다는 사실에서 구할 수 있다. 따라서 2개의 작은 빵들의 넓이의 합은 가장 큰 빵의 넓이와 같다. 다비드와 에드거에게 가장 큰 빵을 반쪽씩 주면 그들은 3개의 빵의 $\frac{1}{4}$씩을 갖는다. (그림S12.3b 참조) 작은 빵을 나머지 빵의 상단에 놓고, 그림S12.3c와 같은 방법으로 둘레를 따라가면, 프레드의 조각(회색)은 다른 가장자리의 절반인 흰 조각을 더하는 해리의 작은 빵과 정확히 일치한다. 따라서 소년들에게 똑같이 나누어 주었고, 빵은 다섯 조각이 필요하다는 조건도 만족한다.

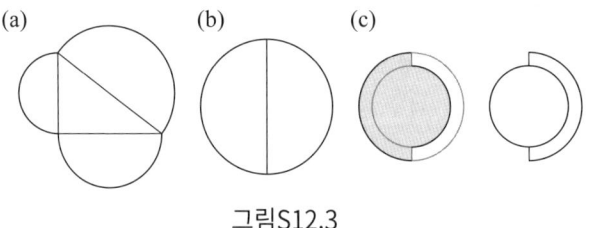

그림S12.3

12.7 반지름의 길이가 r인 원 세 개가 그림12.18과 같이 만날 때 세 원의 중심을 연결하면 한 변의 길이가 $2r$인 정삼각형이 된다. 그림12.18에서 회색 부분의 넓이는 삼각형의 넓이 $\frac{\sqrt{3}}{4}(2r)^2 = \sqrt{3}\,r^2$에서 3개의 부채꼴의 넓이 $\frac{\pi r^2}{2}$를 뺀 $\sqrt{3}\,r^2 - \frac{\pi r^2}{2} = \left(\sqrt{3} - \frac{\pi}{2}\right)r^2$이다.

12.8 할 수 있다. (그림S12.4 참조)

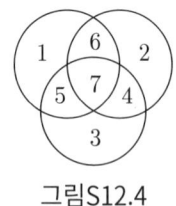

그림S12.4

12.9 $|PA| = |PB|$, $|PA| = |AB|$ 또는 $|PB| = |AB|$이면 삼각형 PAB는 이등변삼각형이다. △ABC가 정삼각형이기 때문에 그림S12.5와 같이 점 P의 위치로 가능한 곳은 모두 10군데이다[Honsberger, 2004].

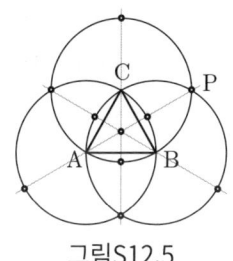

그림S12.5

12.10 그림12.19에서 각의 꼭짓점이 점 F인 세 각의 크기는 모두 120°이고 ∠A′, ∠B′, ∠C′ = 60°이다. 회색 삼각형의 외접원은 모두 점 F를 지난다. 따라서 △ABC′, △AB′C의 외접원의 중심과 만나는 선분은 공통현 AF와 수직이다. 현 BF, 현 CF에 대하여 같은 방법으로 생각한다.

13장

13.1 카펫 정리에 의해 사각형 ABCD의 넓이가 사각형 AMCP와 사각형 BNDQ의 넓이의 합과 같다는 것을 보이면 된다. (그림S13.1 참조)

사각형 AMCP의 넓이는 삼각형 ACM과 삼각형 ACP의 넓이의 합과 같다. 삼각형 ACM의 넓이는 삼각형 ABC의 넓이의 $\frac{1}{2}$이고, 삼각형 ACP의 넓이는 삼각형 ACD의 넓이의 $\frac{1}{2}$이고, 사각형 AMCP의 넓이는 사각형 ABCD의 넓이의 $\frac{1}{2}$이다. 사각형 BNDQ에 대해서도 같은 방법으로 구할 수 있다. 따라서 사각형 AMCP와 사각형 BNDQ의 넓이의 합은 사각형 ABCD의 넓이이다[Andreescu and Enescu, 2004].

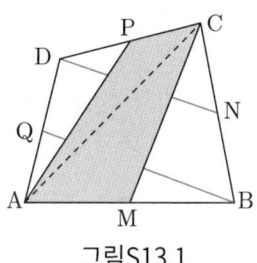

그림S13.1

13.2 결론은 사각형 ABCD의 넓이와 사각형 PMQN과 사각형 PRQS의 넓이의 합이 같다는 것을 보여야 한다. 그림S13.2에서 3개의 직사각형의 꼭짓점의 이름을 쓰고, 직사각형 PMQN과 직사각형 PQRS의 대각선(점선)을 그리고 그 교점을 O라 하자. 점 O는 $\overline{PQ}$의 중점이고, 사각형 ABCD의 가로 대칭축 위에 있고, 점 O는 $\overline{MN}$ 위에 있고, 사각형 ABCD의 세로 대칭축 위에 있다. 따라서 점 O는 사각형 ABCD의 중심이다. $|\overline{DS}| = |\overline{CN}| = |\overline{AM}|$이므로 $\overline{SM}$과 $\overline{AD}$는 평행하다.

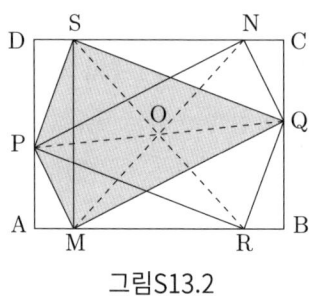

그림S13.2

회색 사각형 PMQS는 삼각형 PMS와 삼각형 QSM의 합이다. 삼각형 PMS의 넓이는 사각형 AMSD의 넓이의 $\frac{1}{2}$이고, 삼각형 QSM의 넓이는 사각형 MBCS의 넓이의 $\frac{1}{2}$이므로 사각형 PMQS의 넓이는 사각형 ABCD의 넓이의 $\frac{1}{2}$이다. 같은 방법으로 사각형 PMQS는 삼각형 PQM와 삼각형 PQS의 합이므로 사각형 PMQN의 넓이의 $\frac{1}{2}$과 사각형 PRQS의 넓이의 $\frac{1}{2}$의 합과 같다. 따라서 사각형 ABCD의 넓이는 사각형 PMQN과 사각형 PRQS의 넓이의 합과 같다 [Konhauser et al., 1996].

13.3 (a) 산술평균-기하평균 부등식에 의해 $\frac{a}{2} + \frac{b}{2} \geq \sqrt{ab}$ 이다[Kobayashi, 2002].

(b) 산술평균-제곱평균제곱근 부등식에 의해 $\frac{a^2}{2} + \frac{b^2}{2} \geq \left[\frac{a+b}{2}\right]^2$ 이다.

13.4 그림S13.3에는 외접원을 갖는 4개의 점을 표시한 세 세트가 있다. 홀로 떨어져 있는 직사각형의 네 꼭짓점, 가운데 작은 흰 원판 위의 네 점과 A, B, C, D로 표시된 점들이다. 이를 확인하기 위해 선분 BD를 원의 지름으로 생각해 보면 ∠A 와 ∠C가 직각이므로 네 점 A, B, C, D는 선분 BD가 지름인 원 위의 점이다.
외접원을 갖는 4개의 점을 표시한 네 번째 세트도 있다. 점 A와 점 A 바로 오른쪽 아래에 있는 표시되지 않은 교차점, 점 B와 점 B 바로 위에 표시되지 않은 점이다. 이 점들은 모두 점 B에서 점 A의 오른쪽 아래의 점을 연결하는 선분을 지름으로 하는 원 위의 점이다.

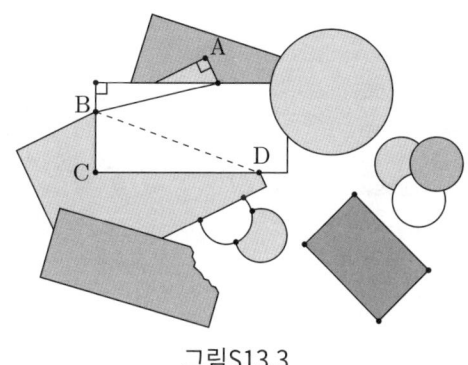

그림S13.3

13.5 A가 B를 덮은 부분의 넓이는 $\frac{1}{2}$ 이상이다. A의 가장 왼쪽 모서리, B의 가장 오른쪽 모서리, A, B의 공통모서리의 꼭짓점으로 이루어진 삼각형의 넓이를 생각한다.

14장

14.1 모나드의 반지름을 1이라 하자. 각 경우에 음이 2등분됨을 보이면 된다.
   (a) 작은 원의 넓이는 $\frac{\pi}{4}$ 이기 때문에 음은 2등분된다.
   (b) 잘린 원의 내부의 넓이는 $\frac{\pi}{2}$ 이고, 대칭 때문에 잘린 음 내부의 부분의 넓이는 $\frac{\pi}{4}$ 이다.
   (c) 힌트에서 주어진 반지름에서 모나드의 중심에 인접한 음의 부분의 넓이는
   $$\frac{\pi}{8\varphi^2} + \frac{\pi\varphi^2}{8} - \frac{\pi}{8} = \frac{(2-\varphi)\pi}{8} + \frac{(1+\varphi)\pi}{8} - \frac{\pi}{8} = \frac{\pi}{4}$$
   이다[Trigg, 1960].
   (d) 그림14.3와 같은 과정에서 7개가 아닌 4개의 영역을 이용하면 된다.

14.2 그림S14.1을 참조하자[Duval, 2007].

14.3 그림S14.2을 참조하자.[Larson, 1985].

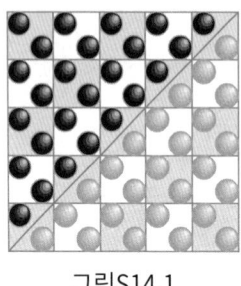
그림S14.1

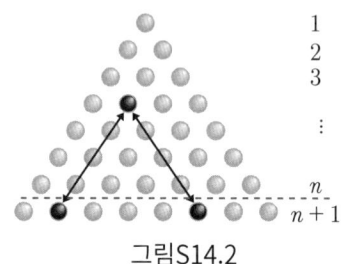
그림S14.2

14.4 $n \geq 0, k \geq 1$일 때, $N = 2^n(2k+1)$이라 하자.

2N을 $m = \min\{2^{n+1}, 2K+1\}$과 $M = \max\{2^{n+1}, 2K+1\}$의 곱으로 표현한다. $\dfrac{M-m+1}{2}$과 $\dfrac{M+m-1}{2}$은 양의 정수이고 합은 M이다. 그림S14.3과 같이 공 모양을 배열하여 2N을 표현할 수 있다.

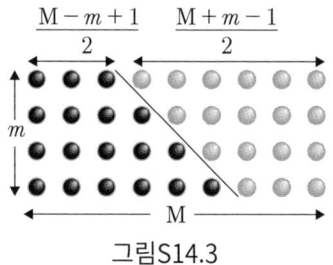
그림S14.3

따라서
$$N = \frac{M-m+1}{2} + \frac{M-m+3}{2} + \cdots + \frac{M+m-1}{2}$$
이다[Frenzen, 1997].

14.5 그림S14.4a와 같은 정육면체 $1^2 + 2^2 + 3^2 + \cdots + n^2$의 3개의 같은 모양을 그림 S14.4b와 같이 배열한다. 그림S14.4c에서 $n \times (n+1) \times (2n+1)$인 2개의 같은 모양을 갖는 직육면체를 만들 수 있다. 공식은 6으로 나누면 구할 수 있다.

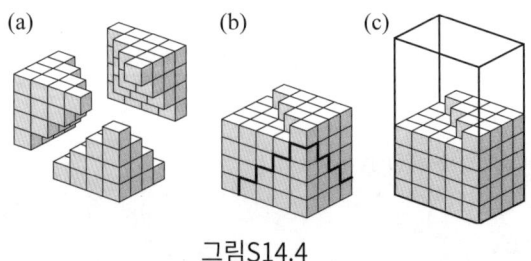
그림S14.4

14.6 대칭을 이용하여 다음을 구할 수 있다.

(a) $\dfrac{\pi}{2}$ (b) $\dfrac{\pi \ln 2}{8}$ (c) 1 (d) 0 (e) $\dfrac{1}{2}$ (f) π

14.7 점 A에서 음에 내접하는 접선을 그리고 그 접점을 T라 하자. A의 반대쪽 지름 끝에서 점 T를 지나는 반직선이 음의 경계와 만나는 점을 S라 할 때, B는 A를 지나는 T와 S 사이에 있는 경계의 어느 부분에 있다.

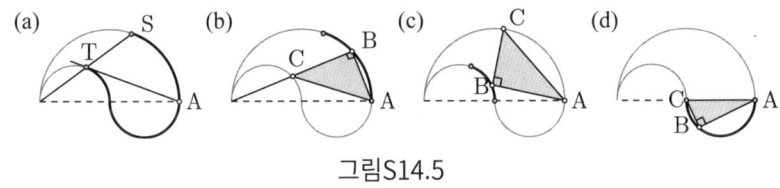

그림S14.5

그림S14.5bcd는 B가 직각인 3가지 경우에 대한 꼭짓점 C의 위치를 보여준다.

15장

15.1 $k+1$로 시작되는 m개의 연속하는 양의 정수의 합인 사다리꼴을 n이라 하자. $T_0 = 0$일 때,

$$\begin{aligned} n &= (k+1) + (k+2) + \cdots + (k+m) \\ &= T_{k+m} - T_k = \frac{(k+m)(k+m+1)}{2} - \frac{k(k+1)}{2} \\ &= \frac{m(2k+m+1)}{2} \end{aligned}$$

이다. m 또는 $2k+m+1$은 홀수이고 다른 것은 짝수이다. n은 사다리꼴이지만 2의 거듭제곱은 아니다[Gamer et al., 1985].

15.2 2개의 반복 모두 (15.1)로부터 바로 구할 수 있다.

15.3 그림S15.1를 참조하자[Nelsen, 2006].

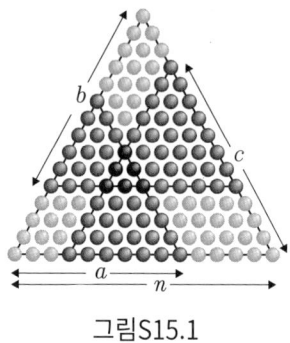

그림S15.1

15.4 15.5절에서 꼭짓점과 2개의 인접한 변에서 대각선의 정사각형의 합은 $2\pi R^2$이다. 각 꼭짓점에 대해 반복하면서 모든 대각선과 변의 정사각형을 두 번 센다. 따라서 합은 $\frac{1}{2} \cdot n \cdot 2nR^2 = n^2 R^2$ 이다[Ouellette and Bennett, 1979].

15.5 밑변에 대한 2개의 예각은 $\frac{\pi}{2} - \frac{\pi}{n}$ 이고, 나머지 $(n-2)$개의 둔각은 $\pi - \frac{\pi}{n}$ 이다. 그림 15.17b에서 회색 삼각형의 다각형 사이클로이드 각은 $\frac{\pi}{n}$ 이고 흰 삼각형의 2개의 각은 $\frac{\pi}{2} - \frac{\pi}{n}$ 이다.

15.6 그림15.18b에서 변의 길이가 d_k인 이등변삼각형의 다각형 카디오이드의 선분의 길이를 L_k이라 하자. $d_k = 2R\sin\left(\frac{k\pi}{n}\right)$ 이므로 다음과 같은 식을 구할 수 있다.

$$L_k = 4R \sin\frac{k\pi}{n} \sin\frac{2\pi}{n} = 2R\left\{\cos\frac{(k-2)\pi}{n} - \cos\frac{(k+2)\pi}{n}\right\}$$

따라서 다각형 카디오이드의 길이는 다음과 같다.

$$\sum_{k=1}^{n-1} L_k = 2R \sum_{k=1}^{n-1} \left\{\cos\frac{(k-2)\pi}{n} - \cos\frac{(k+2)\pi}{n}\right\}$$
$$= 4R\left(1 + 2\cos\frac{\pi}{n} + \cos\frac{2\pi}{n}\right)$$
$$= 8R\cos^2\frac{\pi}{n} + 8r \quad \left(단, r = R\cos\frac{\pi}{n}\right)$$

15.7 현의 기울기의 각을 θ_0라 하면 현의 길이는 다음과 같다.

$$2a(1+\cos\theta_0) + 2a\{1+\cos(\theta_0+\pi)\} = 4a$$

16장

16.1 그림S16.1과 회색 삼각형에 사인법칙을 이용하면 $\frac{a_2+b_3}{c_3+d_1} = \frac{\sin D}{\sin A}$ 이다. 같은 방법으로 다음과 같은 식을 얻을 수 있다.

$$\frac{b_2+c_3}{d_3+e_1} = \frac{\sin E}{\sin B}, \frac{c_2+d_3}{e_3+a_1} = \frac{\sin A}{\sin C}, \frac{d_2+e_3}{a_3+b_1} = \frac{\sin B}{\sin D}, \frac{e_2+a_3}{b_3+c_1} = \frac{\sin C}{\sin E}$$

방정식을 모두 곱하면 (16.2)이다[Lee, 1998].

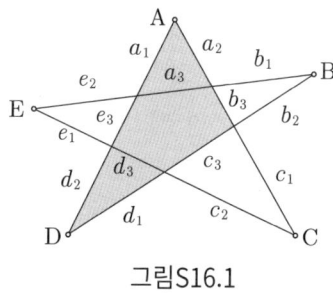

그림S16.1

16.2 (△CDE의 넓이) = (△DEA의 넓이)이므로 선분 AC와 선분 DE는 평행하다. 같은 방법으로 오각형의 각 대각선은 변과 평행하다. 따라서 사각형 ABCF(그림 S16.2a 참조)는 평행사변형이고 (△ACF의 넓이) = (△ABC의 넓이) = 1이다.

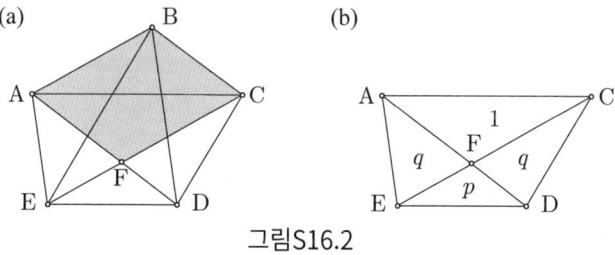

그림S16.2

$p+q=1$이고 $p=$ (△DEF의 넓이), $q=$ (△CDF의 넓이) = (△AEF의 넓이)라 하자. 삼각형 ACF와 삼각형 AEF는 같은 밑변 AF를, 삼각형 CDF와 삼각형 DEF는 같은 밑변 DF를 가지고 있으므로 $\frac{1}{q} = \frac{q}{p}$ 또는 $p=q^2$이다. (그림S16.2b 참조) $q^2+q=1$이므로 $q=\varphi-1, p=2-\varphi$이다.

따라서 오각형의 넓이는 $1+1+p+2q=\varphi+2$이다[Konhauser et al., 1996].

16.3 (a) 그림S16.3b에서 선을 지워 그림S16.3a와 같은 격자를 만들어 그릴 수 있다. 다음 그림에서 삼각형은 직각을 낀 두 변의 길이의 비가 3 : 4인 직각삼각형이다.

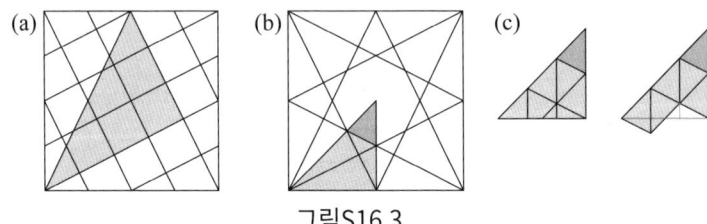

그림S16.3

(b) 그림S16.3b에서 검은 회색 부분의 넓이가 회색 부분의 넓이의 $\frac{1}{6}$이 된다는 것을 보이면 된다. (그림S16.3c 참조)

16.4 그림S16.4을 참조하자.

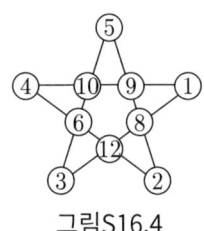

그림S16.4

16.5 $a+b+c=x+y+z$임을 보이면 된다.(그림S16.5 참조)

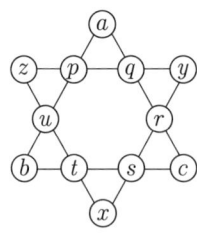

그림S16.5

마법의 수를 N이라 하자. 다음과 같은 여섯 개의 합을 구할 수 있다.

$$a+p+u+b=N=x+r+s+y$$
$$b+t+s+c=N=y+p+q+z$$
$$c+r+q+a=N=z+u+t+x$$

3개의 방정식을 더하고 각 변의 공통항 (p, q, r, s, t, u)을 제거하면 구할 수 있다. 같은 방법으로 임의의 팔각별 마방진은 각 큰 정사각형의 모서리에 있는 4개의 수의 합이 같아야 한다.

16.6 그림S16.6을 참조하자. 그림에서 $r(9, 3) = 10$이고, $r(n, 3) > n$에 대하여 n의 가장 작은 값은 9이다.

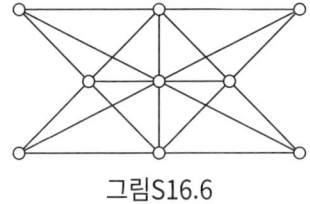

그림S16.6

16.7 그림S16.7에서 •는 수확한 나무이고, ∘는 남은 나무이다.

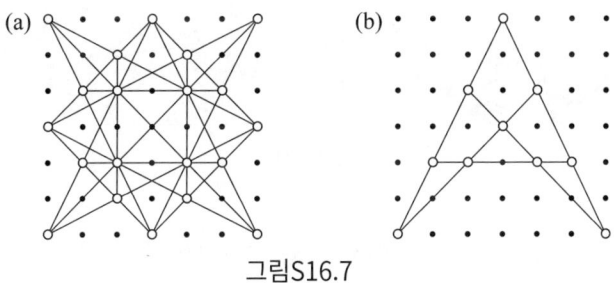

그림S16.7

16.8 그림S16.8에서 $\overline{AB}$는 십각형의 변이고, $\overline{FD}$는 {10/3} 별의 변이다. 중심 O를 지나는 지름 $\overline{BE}$와 $\overline{GC}$를 그린다. 정십각형이므로 현 AB, GC, FD는 평행하고, 현 AF, BE, CD도 평행하다. 따라서 회색 부분의 사각형은 평행사변형이므로 다음과 같은 식을 얻을 수 있다[Honsberger, 2001].

$$|\overline{FD}| = |\overline{HC}| = |\overline{HO}| + |\overline{OC}| = |\overline{AB}| + |\overline{OC}|$$

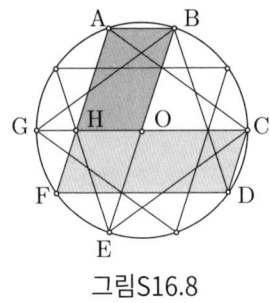

그림S16.8

16.9 그림S16.9을 참조하자.

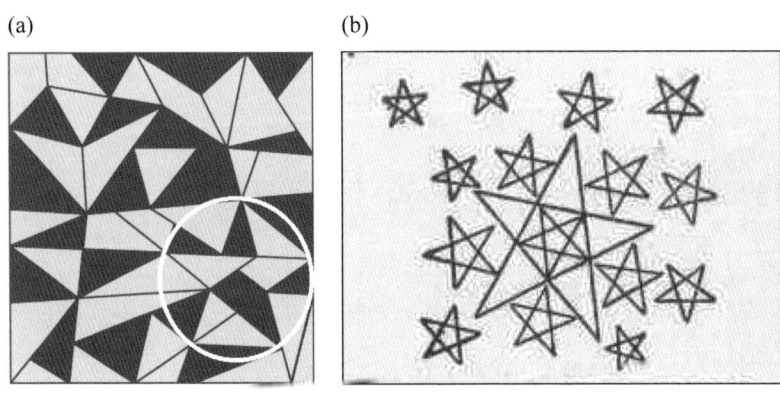

그림S16.9

16.10 그림S16.10에서 표시된 것처럼 $x \times 1$인 직사각형이라 하자. 회색 부분과 전체 직사각형이 닮았기 때문에 $\frac{x}{1} = \frac{1}{\frac{x}{2}}$이고 $x = \sqrt{2}$이다.

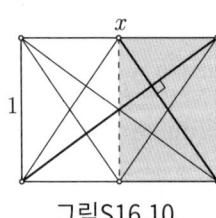

그림S16.10

17장

17.1 (a) $\frac{1}{8} + \frac{1}{16} + \frac{1}{32} + \cdots = \frac{1}{4}$

(b) $\frac{2}{9} + \frac{2}{27} + \frac{2}{81} + \cdots = \frac{1}{3}$

17.2 25×25 체스판에서 25개의 공격하지 않는 여왕의 위치에 대한 첫 번째 반복은 그림S17.1을 참조하자[Clark and Shisha, 1988].

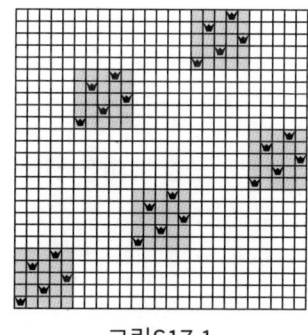

그림S17.1

17.3 처음 삼각형의 변의 길이는 1, n번 반복 후의 경계선의 길이는 L_n, 넓이는 A_n이라 하자. $A_0 = \frac{\sqrt{3}}{4}$, $L_0 = 3$ 일 때, $A_n = \frac{3}{4}A_{n-1}$, $L_n = \frac{3}{2}L_{n-1}$이다. 따라서 $A_n = \left(\frac{3}{4}\right)^n \left(\frac{\sqrt{3}}{4}\right)$, $L_n = 3\left(\frac{3}{2}\right)^n$을 구하면 된다. A_n의 공비가 1보다 작으므로 $\lim_{n \to \infty} A_n = 0$이고, L_n의 공비는 1보다 크므로 $\lim_{n \to \infty} L_n = \infty$ 이다.

17.4 n번 반복 후의 시에르핀스키 카펫의 넓이와 구멍난 내부의 둘레의 길이를 각각 A_n, P_n이라 할 때, $A_n = \left(\frac{8}{9}\right)^n$, $P_n = \left(\frac{4}{5}\right)\left\{\left(\frac{8}{3}\right)^n - 1\right\}$이다. 따라서 $\lim_{n \to \infty} A_n = 0$, $\lim_{n \to \infty} P_n = \infty$이다.

17.5 그림S17.2는 a, b, c, d의 부분은 각각 $n = 2, 3, 4, 5$를 나타낸 것이다. 그림S17.2a는 직각이등변삼각형이고, 그림S17.2b는 예각의 크기가 30°, 60°인 직각삼각형이고, 그림S17.2c는 임의의 직각삼각형이고, 그림S17.2d는 직각을 낀 두 변의 길이가 1, 2인 직각삼각형이다.

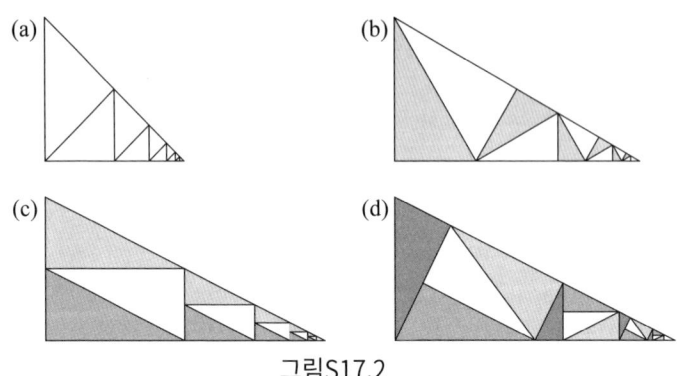

그림S17.2

17.6 $\varphi - 1 = \frac{1}{\varphi}, 1 - \frac{1}{\varphi} = \frac{1}{\varphi^2}, \cdots$ 이므로 그림17.22c에서 흰 정사각형의 넓이는 $1, \frac{1}{\varphi^2}, \frac{1}{\varphi^4}, \frac{1}{\varphi^6}, \cdots$ 이다. 앞에서 구한 넓이를 모두 더하면 원래 직사각형의 넓이인 ϕ이다.

18장

18.1 $\frac{2}{9} + \frac{2}{81} + \frac{2}{729} + \cdots = \frac{1}{4}$

18.2 (a) $a = F_n, b = F_{n+1}$이라 하면 $a + b = F_{n+2}, b - a = F_{n-1}$이다.

(b) (a)의 항등식을 이항하여 정리하면 $F_{n+1}^2 - F_n F_{n+2} = F_{n-1}F_{n+1} - F_n^2$과 같으므로 수열 $\{F_{n-1}F_{n+1} - F_n^2\}_{n=2}^{\infty}$의 항은 부호가 바뀌면서 크기가 같다. $n=2$일 때의 값을 구하면 $F_1 F_3 - F_2^2 = 1$이므로 $F_{n-1}F_{n+1} - F_n^2$은 n이 짝수이면 1이고 n이 홀수이면 -1이다. 따라서 $F_{n-1}F_{n+1} - F_n^2 = (-1)^n$이다.

18.3 그림18.12로도 나타낼 수 있다. 밝은 회색 다다미에서 나머지 부분을 a로 대체하면 된다[Webber and Bode, 2002].

18.4 그림S18.1를 참조하자.

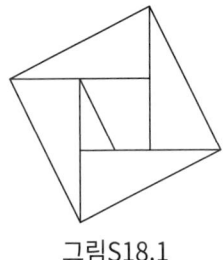

그림S18.1

18.5 (a) 그림S18.2a에서 $1 \geq 4pq$이므로 $\dfrac{1}{p} + \dfrac{1}{q} = \dfrac{1}{pq} \geq 4$이다. (b) 그림S18.2b에서 다음을 구할 수 있다.

$$2\left(p + \dfrac{1}{p}\right)^2 + 2\left(q + \dfrac{1}{q}\right)^2 \geq \left(p + \dfrac{1}{p} + q + \dfrac{1}{q}\right)^2 \geq (1+4)^2 = 25$$

따라서 $\left(p + \dfrac{1}{p}\right)^2 + \left(q + \dfrac{1}{q}\right)^2 \geq \dfrac{25}{2}$이다.

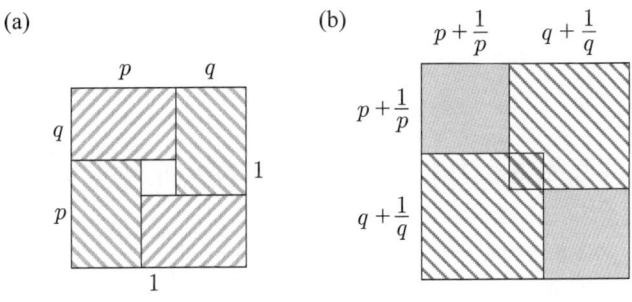

그림S18.2

18.6 힌트를 이용하여 다음을 얻을 수 있다.

$$T_{8T_n} = \dfrac{8T_n(8T_n + 1)}{2} = 4T_n(2n+1)^2$$

T_n은 제곱수이기 때문에 T_{8T_n}도 제곱수이다. $T_1 = 1$이므로 제곱수이다. 이 관계는 삼각수들의 무한한 제곱의 수를 만들 수 있다.

18.7 그림S18.3을 참조하자.

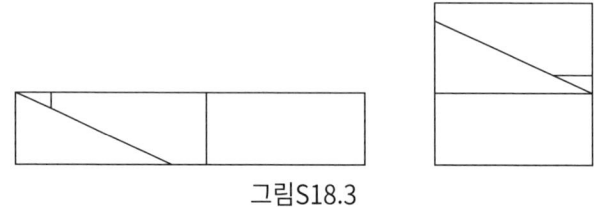

그림S18.3

18.8 그림S18.4에서 큰 정사각형의 각 변은 $F_{n+1} = F_n + F_{n-1}$이다. 그림S18.4bc에서 중앙의 작은 정사각형의 변은 F_{n-2}이다.

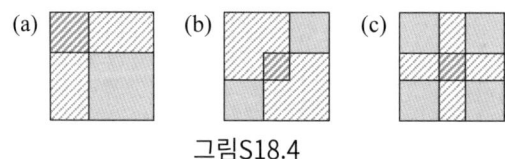

그림S18.4

19장

19.1 두 점 A, B의 좌표를 각각 $A\left(a, \frac{1}{a}\right)$, $B\left(b, \frac{1}{b}\right)$이라 하면 $M\left(\frac{a+b}{2}, \frac{\frac{1}{a}+\frac{1}{b}}{2}\right)$이다.

점 P의 좌표를 $P\left(p, \frac{1}{p}\right)$이라 하면 $\dfrac{\frac{1}{p}}{p} = \dfrac{\frac{\frac{1}{a}+\frac{1}{b}}{2}}{\frac{a+b}{2}} = \dfrac{1}{ab}$이다.

따라서 $p = \sqrt{ab}$, $\frac{1}{p} = \sqrt{\frac{1}{ab}}$이므로 $P\left(\sqrt{ab}, \sqrt{\frac{1}{ab}}\right)$이다 [Burn, 2000].

19.2 증명은 그림S19.1의 회색 부분의 2개의 삼각형의 넓이가 같다는 것을 볼 수 있다면 쉽게 구할 수 있다.

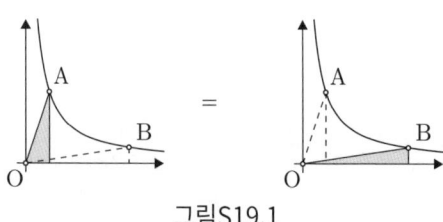

그림S19.1

19.3 (a) $x > 0$일 때, (19.2)는 $\dfrac{1}{1+x} < \dfrac{\ln(1+x)}{x} < 1$ 이고,

$-1 < x < 0$일 때, $1 < \dfrac{\ln(1+x)}{x} < \dfrac{1}{1+x}$ 이다.

(b) $\{a, b\} = \{1, 1+x\}$인 (19.3)를 이용한다.

19.4 도전문제 19.3의 (a)에 x 대신 $x^{\frac{1}{n}} - 1$을 대입하면 다음과 같은 식을 얻는다.

$$1 - x^{-\frac{1}{n}} < \dfrac{\ln x}{n} < x^{\frac{1}{n}} - 1 \ \ \text{또는} \ \ n(1 - x^{-\frac{1}{n}}) < \ln x < n(x^{\frac{1}{n}} - 1)$$

이것은 $\ln x < n(x^{\frac{1}{n}} - 1) < x^{\frac{1}{n}}$과 같으며 $n \to \infty$일 때 극한값을 갖는다.

19.5 (19.3)에서 $\{a, b\} = \{1-x, 1+x\}$이라 놓는다.

19.6 (19.3)에서 a, b 대신에 $\sqrt{a}, \sqrt{b}$를 대입하면 다음 식을 얻는다.

$$\sqrt[4]{ab} \leq \dfrac{2(\sqrt{b} - \sqrt{a})}{\ln b - \ln a} \leq \dfrac{\sqrt{a} + \sqrt{b}}{2}$$

$\dfrac{\sqrt{a} + \sqrt{b}}{2}$를 곱하면 (19.4)의 왼쪽에 있는 2개의 부등식을 구할 수 있다.
오른쪽에 있는 부등식은 산술평균-기하평균이다[Carlson, 1972].

20장

20.1 가능하다. 그 예로 그림S20.1은 스페인의 세비야에 있는 궁전인 레알 알카사르의 벽의 일부이다.

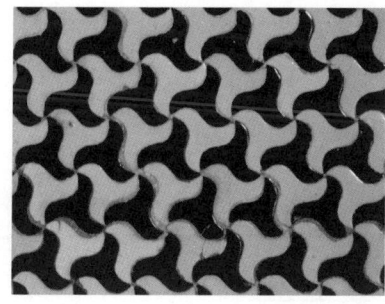

그림S20.1

20.2 그림S20.2를 참조하자.

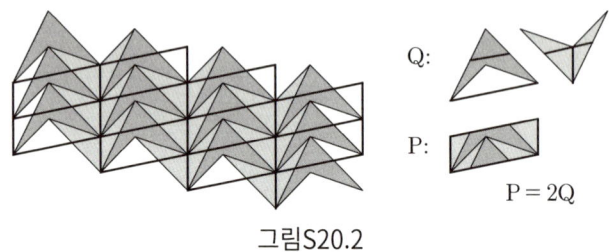

그림S20.2

20.3 바스카라의 증명이다. 18.1절을 참조한다.

20.4 힌트를 이용하면 가장 작은 정사각형의 넓이는 4이고 가장 큰 정사각형의 넓이는 10이다. 따라서 가장 작은 정사각형의 넓이는 가장 큰 정사각형의 넓이의 $\frac{2}{5}$이다. (그림S20.3 참조)

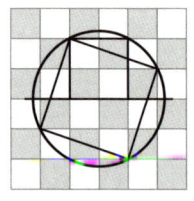

그림S20.3

20.5 힌트를 이용(그림S20.4 참조)하자. 4개의 삼각형은 벡텐 구조에서 같은 넓이이므로 가운데 삼각형의 넓이를 구한다. 20 에이커의 점선 직사각형에 둘러싸인 가운데 삼각형의 넓이는 다음과 같이 구할 수 있다.

$$20 - \left(\frac{5}{2} + \frac{9}{2} + 4\right) = 9 \text{ (에이커)}$$

따라서 실제 넓이는 $26 + 20 + 18 + 4 \times 9 = 100$(에이커)이다.

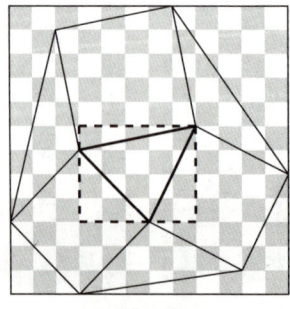

그림S20.4

20.6 그림S20.5와 같이 2개의 직사각형의 넓이의 합 $|a||x|+|b||y|$와 변의 길이가 $\sqrt{a^2+b^2}, \sqrt{x^2+y^2}$인 평행사변형의 넓이는 같다.

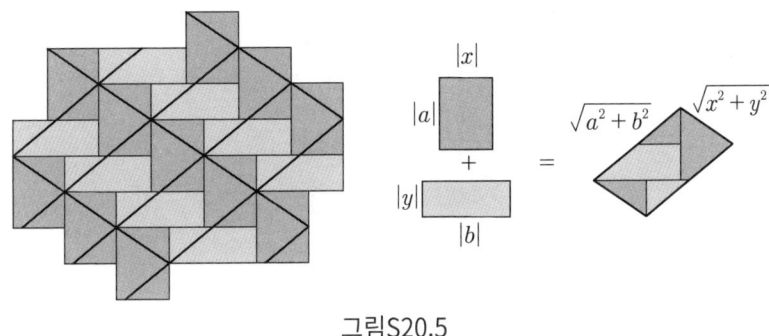

그림S20.5

주어진 변의 길이로 이루어진 평행사변형의 넓이는 변의 길이가 같은 직사각형의 넓이보다 작다.

따라서 $|ax+by| \leq |a||x|+|b||y| \leq \sqrt{a^2+b^2}\sqrt{x^2+y^2}$ 이다.

참고문헌

A. Aaboe, *Episodes From the Early History of Mathematics*. Random House, New York, 1964.

E. A. Abbott, *Flatland: A Romance of Many Dimensions*. Seeley & Co., London, 1884 (reprinted by Dover Publications, New York, 1992).

S. A. Ajose, Proof without words: Geometric series. *Mathematics Magazine*, 67 (1994), p. 230.

C. Alsina and R. B. Nelsen, *Math Made Visual: Creating Images for Understanding Mathematics*, Mathematical Association of America, Washington, 2006.

———, Geometric proofs of the Weitzenböck and Hadwiger-Finsler *inequalities*. *Mathematics Magazine*, 81 (2008), pp. 216–219.

———, *When Less is More: Visualizing Basic Inequalities*. Mathematical Association of America, Washington, 2009.

———, *Charming Proofs: A Journey Into Elegant Mathematics*, Mathematical Association of America, Washington, 2010.

T. Andreescu and B. Enescu, *Mathematical Olympiad Treasures*. Birkhäuser, Boston, 2004.

T. Andreescu and R. Gelca, *Mathematical Olympiad Challenges*. Birkhäuser, Boston, 2000.

T. M. Apostol and M. A. Mnatsakanian, Cycloidal areas without calculus. *Math Horizons*, September 1999, pp. 12–16.

J.-L. Ayme, La Figure de Vecten. http://pagespersoorange.fr/jl.ayme/Docs/ La gure de Vecten.pdf, accessed 6 June 2010.

H. H. R. Ball, A *Short Account of the History of Mathematics*. Macmillan and Co., London, 1919 (reprinted by Dover Publications, New York, 1960).

T. Banchoff and P. Giblin, On the geometry of piecewise circular curves, *American Mathematical Monthly*, 101 (1994), pp. 403–416.

L. Bankoff, The metamorphosis of the buttery problem. *Mathematics Magazine*, 60 (1987), pp. 195–210.

A. Bell, Hansen's right triangle theorem, its converse and a generalization, *Forum Geometricorum*, 6 (2006), pp. 335–342.

A. T. Benjamin and J. J. Quinn, *Proofs That Really Count*, Mathematical Association of America, Washington, 2003.

M. Bicknell and V. E. Hoggatt Jr., eds., *A Primer for the Fibonacci Numbers*, The Fibonacci Association, San Jose, 1972.

E. M. Bishop, The use of the pentagram in constructing the net for a regular dodecahedron. *Mathematical Gazette*, 46 (1962), p. 307.

J. C. Bivens and B. G. Klein, Geometric series. *Mathematics Magazine*, 61 (1988), p. 219.

W. J. Blundon, On certain polynomial associated with the triangle, *Mathematics Magazine* 36 (1963), pp. 247–248.

A. Bogomolny, The Taylor circle, from Interactive *Mathematics Miscellany and Puzzles*, http://www.cut-the-knot.org/triangle/Taylor.shtml, accessed 29 April 2010.

———, Three circles and common chords from *Interactive Mathematics Miscellany and Puzzles*, http://www.cut-the-knot.org/proofs/circlesAndSpheres.shtml, accessed 19 February 2010.

B. Bolt, R. Eggleton, and J. Gilks, The magic hexagon. *Mathematical Gazette*, 75 (1991), pp. 140–142.

J. Bonet, *The Essential Gaudi. The Geometric Modulation of the Church of the Sagrada Familia*. Portic, Barcelona, 2000.

R. Bracho López, *El Gancho Matematico, Actividades Recreativas para el Aula*. Port-Royal Ediciones, Granada, 2000.

B. Bradie, Exact values for the sine and cosine of multiples of 18°. *College Mathematics Journal*, 33 (2002), pp. 318–319.

H. C. Bradley, Solution to problem 3028, *American Mathematical Monthly*, 37 (1930), pp. 158–159.

B. Branner, The Mandelbrot set, in R. L. Devaney and L. Keen (eds.), *Chaos and Fractals* (Proceedings of Symposia in Applied Mathematics, 39), American Mathematical Society, Providence, 1989, pp. 75–105.

A. Brousseau, Sums of squares of Fibonacci numbers, in *A Primer for the Fibonacci Numbers*, M. Bicknell and V. E. Hoggatt Jr., eds., The Fibonacci Association, San Jose, 1972, p. 147.

F. Burk, Behold: The Pythagorean theorem, *College Mathematics Journal*, 27 (1996), p. 409.

R. P. Burn, Gregory of St. Vincent and the rectangular hyperbola, *Mathematical Gazette*, 84 (2000), pp. 480–485.

S. Burr, Planting trees. In D. A. Klarner (ed.), *The Mathematical Gardner*. Prindle, Weber & Schmidt, Boston, 1981, pp. 90–99.

F. Cajori, Historical note, *American Mathematical Monthly*, 6 (1899), pp. 72–73.

B. C. Carlson, The logarithmic mean, *American Mathematical Monthly*, 79 (1972), pp. 615–618.

D. S. Clark and O. Shisha, Proof without words: Inductive construction of an innite chessboard with maximal placement of nonattacking queens. *Mathematics Magazine*, 61 (1988), p. 98.

S. Coble, Proof without words: An efficient trisection of a line segment. *Mathematics Magazine*, 67 (1994), p. 354.

J. H. Conway, The power of mathematics, in A. F. Blackwell and D. J. C. MacKay, *Power*, Cambridge University Press, Cambridge, 2005, pp. 36–50.

J. H. Conway and R. Guy, *The Book of Numbers*. Copernicus, New York, 1996.

H. S. M. Coxeter and S. L. Greitzer, *Geometry Revisited*, Mathematical Association of America, Washington, 1967.

A. Cupillari, Proof without words, *Mathematics Magazine*, 62 (1989), p. 259.

W. Dancer, Geometric proofs of multiple angle formulas. *American Mathematical*

Monthly, 44 (1937), pp. 366–367.

R. de la Hoz, La proporción cordobesa. *Actos VII Jornadas Andaluzas de Educación Matemática*, Publicaciones Thales, Córdoba (1995),
pp. 65–74.

M. de Villiers, Stars: A second look. *Mathematics in School*, 28 (1999), p. 30.

D. DeTemple and S. Harold, A round-up of square problems, *Mathematics Magazine*, 69 (1996), pp. 15–27.

P. Deiermann, The method of last resort (Weierstrass substitution), *College Mathematics Journal*, 29 (1998), p. 17.

H. Dudeney, *The Canterbury Puzzles and Other Curious Problems*, T. Nelson and Sons, London, 1907 (reprinted by Dover Publications, Inc., New York, 1958).

─────, *Amusements in Mathematics*. T. Nelson and Sons, London, 1917 (reprinted by Dover Publications, Inc., New York, 1958).

T. Duval, Preuve sans parole, *Tangente*, 115 (Mars-Avril 2007), p. 10.

R. H. Eddy, A theorem about right triangles, *College Mathematics Journal*, 22 (1991), p. 420.

─────, Proof without words. *Mathematics Magazine*, 65 (1992), p. 356.

P. Erdős, Problem and Solution 3746. *American Mathematical Monthly*, 44 (1937), p. 400.

M. A. Esteban, *Problemas de Geometria*. Federación Española de Sociedades de Profesores de Matemáticas, Cáceres, Spain, 2004.

L. Euler, in: *Leonhard Euler und Christian Goldbach, Briefwechsel 1729–1764*, A.P. Juskevic and E. Winter (editors), Akademie Verlag, Berlin, 1965.

R. G. Everitt, Corollaries to the "chord and tangent" theorem. *Mathematical Gazette*, 34 (1950), pp. 200–201.

H. Eves, *In Mathematical Circles*. Prindle, Weber & Schmidt, Inc., Boston, 1969 (reprinted by Mathematical Association of America, Washington, 2003).

─────, *Great Moments in Mathematics* (Before 1650), Mathematical Association of America, Washington, 1980.

A. Flores, Tiling with squares and parallelograms. *College Mathematics Journal*, 28 (1997), p. 171.

J. W. Freeman, The number of regions determined by a convex polygon, *Mathematics Magazine*, 49 (1976), pp. 23–25.

G. N. Frederickson, *Tilings, Plane & Fancy*, Cambridge University Press, New York, 1997.

K. Follett, *The Pillars of the Earth*. William Morrow and Company, Inc., New York, 1989.

V. W. Foss, Centre of gravity of a quadrilateral. *Mathematical Gazette*, 43 (1959), p. 46.

C. L. Frenzen, Proof without words: Sums of consecutive positive integers, *Mathematics Magazine*, 70 (1997), p. 294.

B. C. Gallivan, *How to Fold Paper in Half Twelve Times: An Impossible Challenge Solved and Explained*. Historical Society of Pomona Valley, Pomona CA (2002).

C. Gamer, D. W. Roeder, and J. J. Watkins, Trapezoidal numbers. *Mathematics Magazine*, 58 (1985), pp. 108–110.

M. Gardner, *Mathematical Carnival*, Alfred A. Knopf, Inc., New York, 1975.

———, Some new results on magic hexagrams, *College Mathematics Journal*, 31 (2000), pp. 274–280.

C. Gattegno, La enseñanza por el lme matemático, in C. Gattegno et al. eds, *El Material Para la Enseñanza de las Matemáticas, 2° ed.*, Editorial Aguilar, Madrid, 1967, pp. 97–111.

P. Glaister, Golden earrings. *Mathematical Gazette*, 80 (1996), pp. 224–225.

S. Golomb, A geometric proof of a famous identity, *Mathematical Gazette*, 49 (1965), pp. 198–200.

J. Gomez, Proof without words: Pythagorean triples and factorizations of even squares. *Mathematics Magazine*, 78 (2005), p. 14.

A. Gutierrez, *Geometry Step-by-Step from the Land of the Incas*. www.agutie.com accessed 21 June 2010.

D. W. Hansen, On inscribed and escribed circles of right triangles, circumscribed triangles, and the four square, three square problem, *Mathematics Teacher*, 96 (2003), 358–364.

T. L. Heath, *The Works of Archimedes*, Cambridge University Press, Cambridge, 1897.

V. E. Hill IV, President Gareld and the Pythagorean theorem, *Math Horizons*,

February 2002, pp. 9–11, 15.

L. Hoehn, A simple generalisation of Ceva's theorem. *Mathematical Gazette*, 73 (1989), pp. 126–127.

———, Proof without words, *College Mathematics Journal*, 35 (2004), p. 282.

K. Hofstetter, A simple construction of the golden section. *Forum Geometricorum*, 2 (2002), pp. 65–66.

R. Honsberger, *Mathematical Gems*, Mathematical Association of America, Washington, 1973.

———, *Mathematical Gems II*. Mathematical Association of America, Washington, 1976.

———, *Mathematical Morsels*. Mathematical Association of America, Washington, 1978.

———, *Mathematical Gems III*, Mathematical Association of America, Washington, 1985.

———, *Episodes in Nineteenth and Twentieth Century Euclidean Geometry*. Mathematical Association of America, Washington, 1995.

———, *Mathematical Delights*. Mathematical Association of America, Washington, 1995.

———, *Mathematical Chestnuts from Around the World*. Mathematical Association of America, Washington, 2001.

D. Houston, Proof without words: Pythagorean triples via double angle formulas. *Mathematics Magazine*, 67 (1994), p. 187.

N. Hungerbühler, Proof without words: The triangle of medians has three-fourths the area of the original triangle. *Mathematics Magazine*, 72 (1999), p. 142.

R. A. Johnson, A circle theorem. *American Mathematical Monthly*, 23 (1916), pp. 161–162.

W. Johnston and J. Kennedy, Heptasection of a triangle. *Mathematics Teacher*, 86 (1993), p. 192.

N. D. Kazarinoff, *Geometric Inequalities*. Mathematical Association of America, Washington, 1961.

A. B. Kempe, *How to Draw a Straight Line: A Lecture on Linkages*. Macmillan and

Company, London, 1877.

C. Kimberling, *Encyclopedia of Triangle Centers*, <http://faculty.evansville. edu/ck6/encyclopedia/ETC.html>, accessed 6 April 2010.

Y. Kobayashi, A geometric inequality, *Mathematical Gazette*, 86 (2002), p. 293.

J. D. E. Konhauser, D. Velleman, and S. Wagon, *Which Way Did the Bicycle Go?* Mathematical Association of America, Washington, 1996.

S. H. Kung, Proof without words: The Weierstrass substitution, *Mathematics Magazine*, 74 (2001), p. 393.

─────, Proof without words: The Cauchy-Schwarz inequality, *Mathematics Magazine*, 81 (2008), p. 69.

G. Lamé, Un polygone convexe étant donné, de combien de manières peut-on le partager en triangles au moyen de diagonals? *Journal de Mathématiques Pures et Appliquées*, 3 (1838), pp. 505–507.

L. H. Lange, Several hyperbolic encounters. *Two−Year College Mathematics Journal*, 7 (1976), pp. 2–6.

L. Larson, A discrete look at $1+2+\cdots+n$. *College Mathematics Journal*, 16 (1985), pp. 369–382.

C.-S. Lee, Polishing the star. *College Mathematics Journal*, 29 (1998), pp. 144–145.

B. Lindström and H.-O. Zetterström, Borromean circles are impossible. *American Mathematical Monthly*, 98 (1991), pp. 340–341.

C. T. Long, On the radii of the inscribed and escribed circles of right triangles—A second look, *Two−Year College Mathematics Journal*, 14 (1983), pp. 382–389.

E. S. Loomis, *The Pythagorean Proposition*, National Council of Teachers of Mathematics, Reston, VA, 1968.

S. Loyd, *Sam Loyd's Cyclopedia of 5000 Puzzles, Tricks, and Conundrums(With Answers)*, The Lamb Publishing Co., New York, 1914. Available online at http://www.mathpuzzle.com/loyd/

W. Lushbaugh, cited in S. Golomb, A geometric proof of a famous identity, *Mathematical Gazette*, 49 (1965), pp. 198–200.

R. Mabry, Proof without words. *Mathematics Magazine*, 72 (1999), p. 63.

─────, Mathematics without words. *College Mathematics Journal*, 32 (2001), p. 19.

B. Mandelbrot, *Fractals: Form, Chance, and Dimension*. W. H. Freeman, San Francisco, 1977.

G. E. Martin, *Polyominoes: A Guide to Puzzles and Problems in Tiling*. Mathematical Association of America, Washington, 1991.

M. Moran Cabre, Mathematics without words. *College Mathematics Journal*, 34 (2003), p. 172.

F. Nakhli, Behold! The vertex angles of a star sum to 180°. *College Mathematics Journal*, 17 (1986), p. 338.

R. B. Nelsen, Proof without words: The area of a salinon, *Mathematics Magazine*, 75 (2002a), p. 130.

─────, Proof without words: The area of an arbelos, *Mathematics Magazine*, 75 (2002b), p. 144.

─────, Proof without words: Lunes and the regular hexagon. *Mathematics Magazine*, 75 (2002c), p. 316.

─────, Mathematics without words: Another Pythagorean-like theorem. *College Mathematics Journal*, 35 (2004), p. 215.

─────, Proof without words: A triangular sum. *Mathematics Magazine*, 78 (2005), p. 395.

─────, Proof without words: Inclusion-exclusion for triangular numbers. *Mathematics Magazine*, 79 (2006), p. 65.

I. Niven, *Maxima and Minima Without Calculus*, Mathematical Association of America, Washington, 1981.

S. Okuda, Proof without words: The triple-angle formulas for sine and cosine. *Mathematics Magazine*, 74 (2001), p. 135.

R. L. Ollerton, Proof without words: Fibonacci tiles, *Mathematics Magazine*, 81 (2008), p. 302.

H. Ouellette and G. Bennett, The discovery of a generalization: An example in problem-solving. *Two-Year College Mathematics Journal*, 10 (1979), pp. 100–106.

D. Pedoe, *Geometry and the Liberal Arts*. St. Martin's Press, New York, 1976.

Á. Plaza, Proof without words: Mengoli's series. *Mathematics Magazine*, 83 (2010), p. 140.

A. B. Powell, Caleb Gattegno (1911–1988): A famous mathematics educator from Africa? *Revista Brasiliera de Historia de Matematica*, Especial no. 1 (2007), pp. 199–209.

R. Pratt, Proof without words: A tangent inequality. *Mathematics Magazine*, 83 (2010), p. 110.

V. Priebe and E. A. Ramos, Proof without words: The sine of a sum, *Mathematics Magazine*, 73 (2000), p. 392.

A. D. Rawlins, A note on the golden ratio. *Mathematical Gazette*, 79 (1995), p. 104.

J. F. Rigby, Napoleon, Escher, and tessellations. *Mathematics Magazine*, 64 (1991), pp. 242–246.

P. L. Rosin, On Serlio's construction of ovals. *Mathematical Intelligencer*, 23:1 (Winter 2001), pp. 58–69.

J. C. Salazar, Fuss' theorem. *Mathematical Gazette*, 90 (2006), pp. 306–307.

J. Satterly, The nedians of a triangle. *Mathematical Gazette*, 38 (1954), pp. 111–113.

———, The nedians, the nedian triangle and the aliquot triangle of a plane triangle. *Mathematical Gazette*, 40 (1956), pp. 109–113.

D. Schattschneider, Proof without words: The arithmetic meangeometric mean inequality, *Mathematics Magazine*, 59 (1986), p. 11.

N. Schaumberger, An alternate classroom proof of the familiar limit for e, *Two-Year College Mathematics Journal*, 3 (1972), pp. 72–73.

K. Scherer, Difficult dissections. http://karl.kiwi.gen.nz/prdiss.html, accessed 2 April 2010.

D. B. Sher, Sums of powers of three. *Mathematics and Computer Education*, 31:2 (Spring 1997), p. 190.

W. Sierpiński, *Pythagorean Triangles*. Yeshiva University, New York, 1962.

T. A. Sipka, The law of cosines, *Mathematics Magazine*, 61 (1988), p. 113.

S. L. Snover, Four triangles with equal area, in: R. Nelsen, *Proofs Without Words II*, Mathematical Association of America, Washington, 2000, p. 15.

S. L. Snover, C. Waivaris, and J. K. Williams, Rep-tiling for triangles. *Discrete Mathematics*, 91 (1991), pp. 193–200.

J. Struther, *Mrs. Miniver*, Harcourt Brace Jovanovich, Publishers, San Diego, 1990.

R. Styer, Trisecting a line segment. http://www41.homepage.villanova.edu/ robert. styer/trisecting segment/. Page dated 25 April 2001.

J. H. Tanner and J. Allen, *An Elementary Course in Analytic Geometry*. American Book Company, New York, 1898.

J. Tanton, Proof without words: Geometric series formula. *College Mathematics Journal*, 39 (2008), p. 106.

———, Proof without words: Powers of two. *College Mathematics Journal*, 40 (2009), p. 86.

M. G. Teigen and D. W. Hadwin, On generating Pythagorean triples. *American Mathematical Monthly*, 78 (1971), pp. 378–379.

C. W. Trigg, Bisection of yin and of yang, *Mathematics Magazine*, 34 (1960), pp. 107–108.

F. van Lamoen, Friendship among triangle centers, *Forum Geometricorum*, 1 (2001), pp. 1–6.

J. Venn, On the diagrammatic and mechanical representation of propositions and reasonings. *The London, Edinburgh, and Dublin Philosophical Magazine and Journal of Science*, 9 (1880), pp. 1–18.

D. B. Wagner, A proof of the Pythagorean theorem by Liu Hui (third century A.D.), *Historia Mathematica*, 12 (1985), pp. 71–73.

S. Wagon, Fourteen proofs of a result about tiling a rectangle. *American Mathematical Monthly*, 94 (1987), pp. 601–617.

S. Wakin, Proof without words: 1 domino = 2 squares: Concentric squares, *Mathematics Magazine*, 60 (1987), p. 327.

R. J. Walker, Note by the editor, *American Mathematical Monthly*, 49 (1942), p. 325.

I. Warburton, Bride's chair revisited again!, *Mathematical Gazette*, 80 (1996), pp. 557–558.

W. T. Webber and M. Bode, Proof without words: The cosine of a difference, *Mathematics Magazine*, 75 (2002), p. 398.

D. Wells, *The Penguin Dictionary of Curious and Interesting Geometry*. Penguin Books, London, 1991.

R. S. Williamson, A formula for rational right-angles triangles, *Mathematical Gazette*,

37 (1953), pp. 289–290.

R. Woods, The trigonometric functions of half or double an angle, *American Mathematical Monthly*, 43 (1936), pp. 174–175.

R. H. Wu, Arctangent identities, *College Mathematics Journal*, 34 (2003), pp. 115, 138.

————, Euler's arctangent identity, *Mathematics Magazine*, 77 (2004), p. 189.

K. L. Yocum, Square in a Pythagorean triangle. College *Mathematics Journal*, 21 (1990), pp. 154–155.

찾아보기

ㄱ

가필드의 사다리꼴	21-28
가필드의 증명	22
각	103-115
각의 단위	106
각의 이등분선	61, 62, 69
각의 이등분선 정리	69
각의 측정	103-106
각의 삼등분선	36
격자 곱셈	254
공통현	135, 136
과수원 심기 문제	215
그레베의 점	8
그레베의 정리	8
근축	113, 150
기적의 나선	228
기하평균-조화평균	37, 38, 78, 79, 168
기하평균	17, 18, 31, 37, 72, 78, 79, 168, 171, 239

ㄴ

나무심기 문제	215-216, 218
나비 정리	118, 127, 128
나침도	213
나폴레옹 삼각형	91, 95, 98, 255
나폴레옹 삼각형의 넓이	95-98
나폴레옹 외삼각형	95
나폴레옹의 정리	91-93, 95, 97, 99, 256
내각	108, 189
내심	61, 69, 79, 111, 126
내접각	107
내접사각형	109, 112, 118-121, 126, 155
내접원	69, 71, 72, 79, 82, 111, 112, 118
내접원의 반지름	72, 111, 112, 122, 124, 126
네이피어의 막대	254
네이피어의 부등식	248
네이피어의 뼈	254
놀이 수학	9, 141, 179, 202, 214, 215

ㄷ

다각선	183-189
다각수	184, 186, 188
다각형 사이클로이드	193-197
다각형 카디오이드	196, 197
다다미	233-239
다다미 매트	235, 239
다다미 부등식	239
다섯 플라톤 다면체의 유클리드 작도	40, 41
다윗의 별	202, 208
다이아몬드	55
다이아몬드게임	210
달꼴	42, 43, 131, 139, 140, 141, 142
닮은 도형	45
닮음의 중심점	8
대조조화평균	78
대칭	178-180
데이지게임	180
도(degree)	104
도미노	54
동심원	117, 143, 145
듀드니의 퍼즐	141, 174, 179, 260
등각나선	228, 229
등변 아치	138
등분삼각형	73
등비급수	222, 224
등비급수의 합	222
등비수열	31, 229
등차수열	31, 75, 176, 177, 229
등차수열의 합	177
디도의 문제	32
디도의 반원	32
디도의 정리	33

ㄹ

라디안	106-108, 143, 195
락슈미의 별	202, 203, 211
렌즈	131, 137, 139, 142, 153
로그	247-249, 254
로그나선	228, 229
로그평균	248, 249
뢸로 다각형	155-156
뢸로 삼각형	149, 155, 156, 175
르무안 점	8, 61

ㅁ

마법수	214, 215
만델브로의 카디오이드	198
메넬라우스의 정리	45, 52, 53
멩거 스펀지	229, 230
모니아몬드	55
몽주의 정리	152, 153
무게중심	61, 65, 66, 71, 213
무리수	17, 163, 165, 207
미니버 부인의 문제	142
미켈의 정리	154

ㅂ

바르뇽 평행사변형	213
바르비에의 정리	156
바스카라의 증명	234, 254

바이어슈트라스 치환법	28
바이첸뵈크 부등식	91, 97, 98
반 라모엔의 확장	8
반내접각	107, 125
반복해서 자라는 도형	224
반원	29-41
반중심	118, 120, 121
발렌타인 고리	157
방멱	108-111, 113, 128, 152
백은비율	212
백은직사각형	212
베르트랑의 역설	145
베시카 피시스	131, 137-139
벡텐 구조	4-10
벡텐 점	7, 61, 95
벤 다이어그램	149, 155, 157
별다각형	201-205, 211-216
별 마방진	214
별꼴	203
별모양 다각형	203
별의 수	210
보로미안 고리	157, 158
보스코비치의 카디오이드	43, 175
복잡한 사각형	127
복제 타일	53-56
볼록 다각형	184, 189, 204
부등식	17, 22, 31, 72, 78, 79, 86, 88, 167, 168, 239, 244, 246-249
브라마굽타의 공식	121, 126
브래드워딘의 공식	204
블라슈케-르베그 정리	156

ㅅ

사각수	186-188
사다리꼴 규칙	188, 189
사다리꼴 수(polite number)	198
사분의	105
사이클로곤	194
사이클로이드	184, 193, 194
사이클로이드의 길이	195
사이클로이드의 넓이	193-197
사인	18, 36, 38, 39, 84-86, 240, 249
사인 법칙	67, 72, 205
산가쿠	118, 121
산술평균	17, 18, 20, 23, 37, 72, 78, 79, 168, 171, 239, 246
산술평균-기하평균 부등식	17, 31, 72, 78, 168, 246, 247
산술평균-제곱평균제곱근 부등식	23, 78, 168
삼각(삼각형)분할	122, 124, 190, 192
삼각수	176, 181, 186-188, 198, 199, 226, 237, 248, 250
삼각수의 역수	250
삼각수의 합	188
삼각함수 공식	18, 20, 23
삼각함수 부등식	85
삼각함수 항등식	38
삼각형과 교차하는 원	153
삼각형의 수심	67
3배각 공식	36, 86
샐리논	34, 36, 37

샘 로이드의 퍼즐	9, 10, 180, 219, 241
성장나선	228
세 원 정리	150
세제곱의 합	169
솔로몬의 인장	202
수심	61, 66, 67, 71
수심삼각형	68
스튜어트의 정리	62, 64, 65, 70
스핑크스 헥시아몬드	55
시에르핀스키 삼각형	231
시에르핀스키 카펫	229, 230
신발 묶는 방법	89
신부의 의자	1-4, 7, 49, 91, 95, 167, 222
쌍곡사인과 쌍곡코사인	249, 250
쌍곡선	57, 133, 134, 135, 243-250

ㅇ

아르벨로스	35
아르키메데스의 나선	229
아르키메데스의 명제	34-36
아르키메데스의 반원	34
아크탄젠트 항등식	23, 24
아폴로니오스의 정리	65, 127
양탄자 정리	163-167
어쳴의 부등식	87
언셜체의 캘리그라피	106
에스허르의 정리	98, 99
역수의 피타고라스 정리	47, 48
연결장치	184, 185

오각별	201-208
오각별 마방진	214
오각수	186, 187
완전타일링	56
외심	71, 79, 111, 120, 122-126
외접원	71, 72, 79, 109-112, 118-127, 154
외접원의 반지름	72, 118, 120-124, 194-197, 212
원	117-130, 131-148
원과 교차하는 두 직선이 이루는 각	106
원뿔곡선	133, 243
원시 피타고라스 수	84, 85
원에 내접하는 사각형	118
원에 접하는 다각형	117-130
원 위의 점들	172
원주율	117
원환	131, 143, 144
위대한 모나드	174, 179
위텐바우어 평행사변형	213
유클리드의 증명	2, 3
육각별	202, 203, 208-210, 215, 216
육각별 마방진	215
육각수	187, 188
육분의	103, 105, 106
음과 양(Yin and yang)	173-182
음과 양의 조합	176, 177
2배각 공식	38
이중원 사각형	125, 126
이중중선	120
이차평균	20

일반화된 다다미	239	주비산경(Zhou bi suan jing)	15-18
일본인의 정리	118, 121, 122, 124	준가법적 함수	79
일정한 폭을 갖는 곡선	156	중선	5, 6, 65, 66, 83, 84

ㅈ

자기닮음 도형	221
자기중심닮음 함수	58
자연로그	247, 248
자연상수	248
작은 별모양 십이면체	207, 208
적분 계산	178, 179
정다각별	202
정다각형	184, 193-196
정다각형 둘레의 길이	40
정다각형의 넓이	40
정사각형	54, 55, 139, 140
정사면체	40, 41
정십이면체	40, 41, 207, 208
정육면체	40, 41
정이십면체	40, 41
정팔면체	40, 41
제곱의 합	182, 195
제곱평균제곱근	20, 23, 78, 168
제르곤 점	71
젤로시아 곱셈	254
조각원호곡선	175
조화평균	37, 78, 239
존슨의 정리	151
종	244
종이접기	227
종이접기 부등식	171

중선 삼각형	66
중심각	106-108, 137, 143
중심닮음 함수	57-58
중점삼각형	75
지붕 트러스	62
지오데식 돔	92
직각삼각형	31, 46-50, 77-84
직각삼각형의 높이 정리	31
직각삼각형의 체바 직선	83
직각쌍곡선	243-250
직사각형 타일링	256, 257
직선	184-186

ㅊ

체바 직선	61-74
체바의 정리	61-74
체비쇼프 부등식	168
초승달	131, 139, 141, 175
측면삼각형	4-7
칠각별 마방진	215

ㅋ

카디오이드	184, 196-198
카디오이드의 넓이	196, 197
카르노의 정리	121-124
카시니의 항등식	27, 241
카탈랑 수	192
코르도바 비율	211, 212

코사인	18, 19, 36, 38, 39, 84-86, 185, 240
코사인 법칙	7, 8
코시-슈바르츠 부등식	15, 17
키페르트 정리	95, 99

ㅌ

타원	113, 133, 134, 138, 144
타원에 대한 몽주 원	113, 114
타일링	92, 93, 98, 253-258
탄젠트	26, 85, 86
탈레스의 비례 정리	30, 45, 46-48
탈레스의 삼각형 정리	30, 31, 107
테일러 원	103, 112
테트로미노	54, 55
테트리아몬드	55
토리첼리의 구성	94
톨레미의 부등식	119
톨레미의 정리	118, 119
트로미노	54
트리아몬드	55

ㅍ

파냐노의 문제	67
파포스 계산	37
팔각별	202, 211-215
팔각별 마방진	215
팔각수	187
팔분의	105
팬토그래프	52
퍼트넘(putnam) 문제	178, 179
페르마 점	61, 93-95
페르마의 문제	93-95
펜티아몬드	55
평행육각형	92
포개진 도형	163-172
포물선	134, 205, 243, 247
폭(Width)	156
폴리아몬드	55
폴리오미노	54, 55
푸스의 정리	118, 126
풍차	1
플라톤 다면체	40, 41
피보나치 나선	229
피보나치 수	235, 236, 241
피보나치 항등식	236
피셀리에-립킨 연결장치	184, 185
피타고라스 나무	222
피타고라스 세 수	163, 166, 167
피타고라스 정리	1-4, 9, 15-17, 22, 47, 48, 234, 257
피타고라스 타일링	258
핀슬러-하트비거 정리	5, 14

ㅎ

하루키의 정리	151
하트비거-핀슬러 부등식	98
한 점에서 만나지 않는 체바 직선	72
헤론의 공식	10, 67, 70, 80
현	135, 136
호	103-115, 189
호의 길이	189

홀수의 합	181, 238
확대, 축소 컴퍼스	51
활꼴	131, 140, 143, 247
황금 귀걸이	146
황금나선	229
황금벌	56
황금비	41, 56, 139, 144, 206, 207, 212, 229
황금직사각형	41, 212, 229
황금 타원	144
황소의 눈 착시	144
히포크라테스의 달꼴	43

저자 소개

로저 넬센(Roger B. Nelsen)은 1942년 12월 20일 일리노이 주 시카고에서 태어났다. 그는 1964년에 드포 대학에서 수학 학사 학위를 받았고 1969년에 듀크 대학에서 수학 박사 학위를 받았다. Phi Beta Kappa 및 Sigma Xi로 선출되었으며 2009년 은퇴하기 전에 루이스 & 클라크 대학에서 40년 동안 수학 및 통계를 가르쳤다.

그의 최신 저서에는 Proofs Without Words: Exercises in Visual Thinking, MAA 1993; An Introduction to Copulas, Springer, 1999 (2nd. ed. 2006); Proofs Without Words II: More Exercises in Visual Thinking, MAA, 2000; Math Made Visual: Creating Images for Understanding Mathematics (with Claudi Alsina), MAA, 2006; When Less Is More: Visualizing Basic Inequalities (with Claudi Alsina), MAA, 2009; Charming Proofs: A Journey IntoElegant Mathematics (with Claudi Alsina), MAA, 2010; and The CalculusCollection: A Resource for AP and Beyond (with Caren Diefenderfer, editors), MAA, 2010. 등이 있다.

클라우디 알시나(Claudi Alsina)는 1952년 1월 30일 스페인 바르셀로나에서 태어났다. 그는 바르셀로나 대학에서 수학 학사 및 박사 학위를 받았다. 그는 박사 학위 취득 이후에 매사추세츠 대학교, 애머스트, 클라우디, 카탈루냐 기술 대학교의 수학 교수로 광범위한 국제 활동을 하였으며 연구 논문, 출판물, 그리고 수학과 수학 교육에 관한 수백 개의 강의를 개발했다.

그의 최신 저서에는 Associative Functions: Triangular Norms and Copulas (with M.J. Frank and B. Schweizer) WSP, 2006; Math Made Visual. Creating Images for Understanding Mathematics (with Roger Nelsen) MAA, 2006; Vitaminas Matematicas and El Club de la Hipotenusa, Ariel, 2008, Geometria para Turistas, Ariel, 2009, When Less Is More:Visualizing Basic Inequalities (with Roger Nelsen) MAA, 2009; Asesinatos Matematicos, Ariel, 2010 and Charming Proofs: A Journey Into Elegant Mathematics (with Roger Nelsen) MAA, 2010. 등이 있다.

수학의 아이콘
: 20가지 핵심 이미지에 대한 탐구

2024년 7월 11일 초판 1쇄 발행

지 은 이 | 로저 넬센, 클라우디 알시나
옮 긴 이 | 김태수, 박대원, 박부성, 박정하, 손대원, 임문태
펴 낸 이 | 장 혁
펴 낸 곳 | 수학사랑

출판등록 | 제 399-2010-000003호
주   소 | 경기도 남양주시 수동면 외방로 62번길 44 (12025)
전   화 | 02-597-2233
팩   스 | 02-2205-5789
홈페이지 | www.mathlove.kr

한국어판 ⓒ 수학사랑, 2024, Printed in Seoul, Korea

ISBN 979-11-5517-214-8 (93410)

이 책의 내용을 무단 복제하는 것은 저작권법에 의해 금지되어 있습니다.
파본이나 잘못된 책은 구입한 서점에서 교환하여 드립니다.